실험동물시설에서 건강과 안전

Health and Safety in Laboratory Animal Facilities

Edited by

Margery Wood

Maurice W Smith

대표역자 황대연

강병철, 강현구, 김길수, 배창준,
심선보, 이병춘, 이상구, 이수해,
우종민, 지승완, 조정식, 최연식

월드 사이언스
www.worldscience.co.kr

실험동물

2010년 8월 20일 인쇄
2010년 8월 30일 발행

역자	황대연, 강병철, 강현구, 김길수, 배창준, 심선보, 이병춘, 이상구, 이수해, 우종민, 지승완, 조정식, 최연식
발행자	박선진
발행처	도서출판 월드사이언스
주 소	서울특별시 서초구 방배4동 864-31 월드빌딩 1층
등록일자	1988년 2월 12일
등록번호	제 16-1601호
TEL	(02) 581-5811~3
FAX	(02) 521-6418
URL	http://worldscience.co.kr
E-mail	worldscience@hanmail.net
정 가	15,000원
ISBN	978-89-5881-132-9

이도서의 국립중앙도서관 출판시도서목록(CIP)은 e-CIP 홈페이지
(http://www.nl.go.kr/cip.php)에서 이용하실 수 있습니다.
(CIP제어번호: CIP2010003133)

목차

Contributors

Dr Michael J Dennis Centre for Applied Microbiology and Research, Porton Down, Salisbury, Wiltshire SP4 0JG

Mr Kevin Dolan Bioscientific Events, Petts Wood, Kent BR5 IEA

Dr Malcolm R Gamble Laboratory Animals Ltd, 20 Queensbury Place, London SW7 2DZ

Dr Susan Gordon Department of Occupational and Environmental Medicine, Imperial College School of Medicine at the National Heart and Lung Institure, Manresa Road, London SW3 6LR

Dr Ian Palotai SmithKline Beecham, New Frontiers Scirnce Park, Third Avenue, Harlow, Essex CM19 5AW

Mr John Ryder Formerly of pharmaco LSR, Eye, Suffolk IP23 7PX

Mr M W Smith M. S. Management Services, Cambridge, Cambs CB1 6HY

Professor David M Taylor Cardiff University, Department of Chemistry, PO Box 912, Cardiff, Glamorgan CF1 3TB

Dr Rosemary D Tee Department of Occupational and Environmental Medicine, Imperial College School of Medicine at the National Heart and Lung Institute, Manresa Road, London SW3 6LR

Dr Margery Wood CBD, Porton Down, Salisbury, Wiltshire SP4 0JQ

서언

*Safety in th animal house*의 2판이 1981년에 "Laboratory Animal Handbook 5"로 출판된 이후, 실험동물시설의 기능과 디자인에 많은 변화가 있었다. 새로운 개념과 기술들이 실험동물 사용과 관리에 도입되었고, 건강과 안전관리 그리고 동물복지분야에서 법률이상의 우수한 실험동물 관리가 영국, 유럽연합 그리고 다른 지역에서 더욱 발달하게 되었다. 실험동물시설은 현대적 장비와 많은 기능을 수행하는 복잡한 시설로서 더 이상 단순 보관시설이 아니다.

*Safety in th animal house*를 대체하게 될 이 책은 형질전환동물과 알러지 위험불질에 대한 새로운 장을 추가하여 최근의 지식과 생각들을 기술하였다. 기고자들은 건강과 안전조항이 일상의 한 부분이며, 일상적이고 특화된 작업 실행으로 포함되어야 하며, 특별한 문제로 취급되어서는 않됨을 보여주고 있다. 이 책은 위험물과 위해에 대한 가이드라인으로 제공되고, 그들을 어떻게 제거하고 최소화하는가를 보여주지만, 각 시설들은 고유의 특성이 있으므로, 상황의 모든 관점에 익숙한 유능한 사람들에 의해서 평가되어야만 한다. 우리의 연구는 영국의 상황을 기초로 작성되었음에도 불구하고, 우리의 관점은 최선의 실행방안을 반영하였고, 이 책은 그들의 위치에 상관없이 실험동물을 이용한 작업을 수행하는 모든 장소에서 권고될 수 있다.

우리는 다음의 훌륭한 작가들에게 매우 감사한다: 검토자와 편집자의 요구와 충고에 매우 잘 응대해준 Malcolum Gamble, Susan Gordon & Rosemary Tee, Mike Dennis, Maurice Smith, Ian Palotai, David Taylor, John Ryder 그리고 Kevin Dolan.

편집자는 자료를 검토해준 동료들, 작업에서 우리를 보조해주고 정보를 제공해준 다른 많은 사람들에게 감사한다. 그들은 M Broster, M Burton, R, Fosse, B Harvey, C Hetherington, S Leary, S Peel, R Soilleux 그리고 R Wootton이다. 더불어, 우리는 이 책의 준비과정 동안 많은 충고와 도움을 준 Health and Safety Executive의 구성원들에게 감사한다.

끝으로, 이 책의 내용은 실험동물시설에서 건강과 안전관리 요구사항을 이해하기 위해 도움이 되고 읽을 수 있는 핸드북이 되기를 희망하는 작가와 편집자가 그 내용을 보증한다.

Margery Wood Maurice Smith

역자서언

생명과학의 급속한 발전과 더불어 우리나라에서 이제 실험동물분야가 신약개발과 의료분야의 핵심인프라로 인식되면서 AAALAC과 GLP 인증기관이 급속히 증가하고 있으며, 2008년 「실험동물에관한법률」이 제정되는 등 실험동물의 선진화를 위한 국내에 환경이 급변하고 있습니다. 이제 우리나라도 동물실험 결과의 신뢰성을 증진하기 위한 다양한 장치들이 마련되었으며, 연구자들도 실험동물의 중요성을 서서히 인식해가고 있습니다. 그러나 아직도 실험동물과 관련된 건강과 안전에 대해서는 연구자의 인식이 부족하며, 제도적 장치도 미흡하여 선진국에 크게 못 미치는 상황입니다.

이에 저자들은 국내 상황에서 연구자들을 비롯하여 동물실험과 관련된 많은 사람들이 쉽게 이해하고 활용할 수 있는 "실험동물시설에서 건강과 안전"에 관한 저서가 없음을 인식하고, 그 첫 서서로 영국에서 발간된 *Laboratory Animal Handbooks No 13, Health and Safety in Laboratory Animal Facilities*를 번역하여 출간하고자 합니다. 이 저서는 알레르기, 감염성 위해, 유전자변형동물, 화학적 위험물질, 방사선, 안전관리 그리고 법적요구사항을 포함하여 실험동물시설에서 발생할 수 있는 다양한 건강과 안전관리 문제를 취급하고 있습니다. 비록 이 저서가 영국의 상황에 주안점을 두고 기술되어 있지만, 기본적인 원칙 등은 모든 나라의 대부분의 기관에서 적용할 수 있는 내용을 포괄하고 있어 국내 실험동물의 선진화에 매우 활용성이 높고 가치가 있을 것으로 사료됩니다. 또한, 원문에 충실하여 번역을 하려고 노력하였음에도 불구하고, 일부 어색한 표현이나 문구가 있을 수 있으니 이 점은 널리 양해하여 주시기 바랍니다.

끝으로, 여러 가지 업무로 바쁘신 중에도 본 저서의 번역을 위해 성심성의껏 참여해주신 많은 선생님들께 진심으로 감사드리며, 출판을 위해 노력해주신 도서출판 월드사이언스 관계자 여러분들께도 진심으로 감사드린다.

2010년 8월

대표역자 황대연

역자 소개

대표역자 황대연 (부산대학교)

강병철 (서울대학교병원)
김길수 (경북대학교)
심선보 (식품의약품안전평가원)
이상구 (크리스탈지노믹스)
우종민 (식품의약품안전청)
조정식 (호서대학교)
강현구 (충북대학교)
배창준 (식품의약품안전평가원)
이병춘 (University of Calgary, Canada)
이수해 (식품의약품안전평가원)
지승완 (식품의약품안전평가원)
최연식 (한국폴리텍바이오대학)

1

실험동물시설에서 건강과 안전에 대한 개요

Malcolm R Gamble

목차

머리말 Foreword

개요 Introduction

우리는 잠을 자거나, 깨어있거나, 일상생활 속에 잠재되어 있는 위험과 끊임없이 맞부딪치면서 살고 있다. 우리는 위험을 생존하는 동안 맞부딪쳐야하는 삶의 일부로 받아들이고 있는지 모른다. 우리 주변에는 도시의 매연과 소음공해, 실험실에서 사용하는 유독약품, 전기제품 등 곳곳에 위험요소가 산재해 있다. '위험', 그 자체를 완전히 제거한다는 것은 거의 불가능한 일이다. 그렇지만 위험요소들을 인식하고 행동을 자제하거나 안전한 방법을 강구함으로써 그에 따른 사고발생률과 사고규모를 크게 줄일 수 있다. 골퍼(golfer)들 사이에서 '벙커(hazard)는 가급적 피해야 하나, 트릭(trick)은 게임 전에 일일이 확인해 두는 게 상책이다'란 말이 있다. 이 말은 위험은 가급적 피하되 위험요소들은 사전에 일일이 점검하라는 의미로 풀이될 수 있다.

이 책은 안전성평가나 안전관리 지침서가 아니며, 또한 모든 안전사고에 대한 해답의 실마리를 주지도 않는다. 보통 해결점을 찾을 수 없을 경우 여기서 다루는 내용이 동물시설관계자나 실험자가 궁금해 하는 질문들과 연관되어 있기를 바라는 마음이다.

안전을 추구하려는 것은 마음의 문제라 여겨지지만, 제1장에는 실험동물 시설로부터 발생될 수 있는 여러 가지 위해요소(hazard)들을 검토하고, 앞으로 전개될 7개 장(章)의 전체 내용을 정리하였다. 본 책에서는 실험동물시설의 특성, 주위에 산재되어 있는 위험요소들, 그리고 그 곳에서 근무하거나 방문하는 사람에게 노출되는 위험에 대해 언급할 것이다. 우리 모두는 자신 외에 타인의 건강과 안전에 대해서도 책임을 질 줄 알아야 한다.

시설 간의 유사성 Similarities between facilities

지난 10여 년간 실험동물 시설의 개발 및 전기제어장치나 자동화 장치 등의 개발과 다양화는 빠르게 진행되어왔다. 그러나 동물시설의 규모나 건축, 배치도, 기능의 변화 속에서도 개인의 보건과 복지에 직결되는 요구사항들은 지금과 크게 다를 바 없었다. 동물을 유지하거나 사용하는데 있어서 '윤리'는 동물 관계자의 가장 핵심 요소임을 알아야 한다. 따라서 윤리의 필요성은 시설증축 및 보안시설 강화의 필요성과 동등한 수준으로 각인되어야만 한다.

동물시설에 관하여 국가나, 지역 또는 학교, 연구소 등에서 제정된 법 또는 조례는 근무조건, 사육밀도, 환경 등을 결정하거나 관리하는 데 매우 큰 영향을 미친다. 직원의 안전을 도모하는 방법에는 관리부서의 설립, 적절한 교육 · 훈련, 정보 제공, 위해평가(risk assessment), 탄력적인 계획수립, 모니터링과 실무의 정기점검, 보호장구 점검 등 전체를 포괄하고 있다. 직원들의 건강은 직장의 보건검사, 복지, 응급처치, 휴게시설(7장, 8장)(National Research Council 1997)의 수용범위를 고려하여 상호 조화롭게 관리되어야 한다.

시설 간의 차이점 Differences between facilities

실험동물 시설 내에 있는 사람들이나 수많은 기기, 동물의 종류와 활동에 따라 다양한 위험요인들이 존재하며, 이들은 서로 연관되어 있다. 각 동물시설들은 모두 독립적으로 구분된 공간이지만, 전체는 하나의 시설로 서로 연계되어 있다. 실험동물 시설에 출입하는 모든 관계자(상비직원, 과학자, 수의사, 동물전문기술자, 관리인, 엔지니어, 기관사, 운전기사, 저장 및 운반하는 사람)는 그들의 활동으로 인해 기존의 내재되어 있는 위험에 새로운 위험을 부가시키게 된다. 각 개인의 업무와 활동범위에 따라 수술행위의 위험, 독성유해물질, 화학물질, 감염성 물질, 방사선 물질 등 다양한 추가적 위험발생요인이 발생되기 때문이다. 사용하는 동물의 크기, 성질 및 미생물학적, 유전학적 상태, 그리고 알레르기 및 감염성 질환도 동물시설의 중요한 위험요인이 된다.

물리적 고려사항 Physical consideration

건물의 적합성 Building suitability

1967년 4월호 Laboratory animal 저널에서 Walker와 Poppleton은 실험실로부터 분리시킨 주요 동물사육 공간을 '베리어(barrier)'라 하여, 이곳에서 특별한 병원균이 없는 새로운 랫드와 마우스를 사육하도록 제안하였다. 그는 실험에 사용되는 동물의 미생물학적 환경기준을 정하여 신체적 상태를 표준화하고자

하였다. 그러나 오늘날 '베리어구역(barrier system)'은 실험동물 및 동물실에서 근무하는 직원들 모두가 병원미생물의 감염으로부터 안전하게 작업을 하기 위한 방식으로 점차 변모되고 있다.

사육장 관리 Housekeeping

동물 사육장에서 위험을 피하는 방법은 상식적으로 우리가 가정이나 직장에서 조심하는 것과 크게 다를 바 없다. 그러나 사육장에서 보고되는 사고는 대부분 물에 의한 것으로 헛디딤, 미끄러짐, 충돌 등이다. 물은 아마도 주요한 위험요소이다. 그렇기 때문에 바닥재는 물이 있음을 쉽게 알 수 있도록 불투명한 재질로 해야 하고, 미끄러지지 않으며 쉽게 세척이 가능한 소재를 사용해야 한다. 미끄럼이 방지되는 신발을 신는 것도 좋은 방법이다. 바닥은 물이 고일만한 오목한 곳이 없도록 하며, 배수가 잘 되도록 한다. 사육공간에 유해화학물질이 유출된 경우, 제조사 또는 공급자 설명서의 대응방법에 따라 신속하고 적절하게 대처하도록 강구해야 한다. 청정지역 입구에는 신발소독액(disinfectant foot dip)과 물깔개(damp pad)를 놓는다. 그리고 미끄럼 위험 표시와 함께 grab rail을 제공해야 한다.

바닥은 정기적으로 세척하여 알레르기와 잠재적 감염유발 물질을 제거하고, 땅에 떨어진 사료는 미끄러지지 않도록 재빨리 제거해야 한다. 물 세척은 먼지를 제거하고, 호흡기 장애물질을 줄이는데 효과적이지만 부주의한 물 세척은 오히려 해로운 에어로졸(aerosol)을 발생시킬 우려가 있다.

복도는 저장 공간으로 활용해서는 안 된다. 복도의 폭은 사람이 양 방향으로 쉽게 드나들 수 있고, 손수레나 선반 등의 이동이 자유로워야 한다. 창고에는 물건을 최대한 빽빽하게 쌓아서 과도하게 물건을 집적하는 것이 일반적이므로 물건을 저장하기 위해 받침대(pallet)나 선반(racking)을 사용할 때는 매우 조심해야 한다. 담당자 이외의 다른 사람들에게 정기적으로 정밀검사를 받는 것도 좋은 방법이다. 지게차나 짐수레 차는 반드시 면허를 소유한 사람이 다루도록 해야 한다. 압축공기탱크(compressed gas cylinder)는 잘 밀봉하여 외기와의 접촉을 차단하고, 위험표지를 부착한다. 공기 조절기(gas regulator)는 정기적으로 잘 점검하여 파이프를 통한 건물 내부로의 기체 유입이 원활하도록 해야 한다. 위생은 가장 중요한 것으로 세숫대야, 일회용 살균 비누, 샤워 장비를 적절히 제공하여 직원들 각자가 개인위생에 철저하도록 지도하여야 한다. 직원용 휴게실은 동물 사육장과 분리되어 있어야 하며, 휴게실을 드나 들 때에는 외출용 복장으로 갈아입어야 한다.

청정동물시설의 생명은 직원들의 완전한 청결상태 유지에 달려있다. 직원들이 일일근무상황을 점검하거나 비상벨이 울리는 동안에 쉽게 위치소재를 파악할 수 있도록 게시판을 설치하여야 한다.

설비와 기계 Plant and machinery

보통 작업장에 위치한 주요 실험동물 설비와 기계장비는 폐기물 처리장치, 케이지(cage) 세척기, 멸균기, 가열장치, 환기장치와 유기적으로 연결되어있다. 그렇기 때문에 전기, 가스, 스팀, 물, 열, 화염, 이동장치 등과 관련된 여러 위해요인들이 조합된다. 이미 세계 여러 나라에서는 안전한 작업을 위해 실무지침서를 발간하거나 장비 사용규정과 지침, 법규 등을 강화하고 있다. 유럽의회는 규제 법률을 제정하였고 다른 여러 나라 또한 유사한 법률제정을 하거나 유럽의 법률을 받아들이고 있다.

설비와 기계장비의 정기검사는 이들을 안전하게 사용하고, 효율적으로 운영하는데 필수적이다. 모든 점검내용은 보고서를 작성하여 보관하며, 좋은 상태를 유지하기 위해서 정비사와 유기적 관계를 통해 적절한 역할 분담을 하는 것도 바람직하다.

소각로 Incinerators

소각로는 특히 위험물질이 많이 모이는 곳으로 잘못 사용하면 부상, 재산손실 및 환경오염이 유발되기 쉽다. 칼날, 바늘 등과 같이 날카로운 물품이나 의료용 폐기물 등은 분리되어야 한다. 그리고 분무용 깡통, 유기용매, 섬광액(scintillation fluid), 종이와 플라스틱 등도 종류별로 따로 분리되어야 한다. 외과 수술용 칼이나 바늘 등을 폐기할 때는 튼튼한 용기를 사용하여야 한다. 폐기물 봉투는 방수가 되며 잘 찢어지지 않는 재질이어야 한다. 폐기물 봉투에는 과도한 양의 폐기물을 담지 않도록 한다. 찢어질 수 있거나 샐 위험이 있는 물품은 이중 막으로 처리된 특수용 봉투를 사용한다. 소각로에는 온도조절을 장착하여 지나치게 가열되는 일이 없도록 방지해야 한다. 그리고 소각시간 및 화염의 세기를 조절할 수 있는 장치가 장착되어 불완전 연소가 되지 않도록 한다. 건물 내부에 위치한 소각로는 공기압과 소각량을 잘 조절하고, 공기가 건물 내부로 유입되지 않도록 설계되어 있어야 한다.

영국에서 동물사체와 같은 모든 의료 폐기물을 처리하는 소각로와 조절장치는 환경보호법(Environmental Protection Act 1990)이나 임시의 규제 절차나, 물질에 대한 규정 (Process and Substances Regulations 1991)에 의거하여 정해진 설비기준을 따라야 한다. 지방당국은 소각로의 허가 및 감찰 업무를 담당 하도록 하며 철저한 관리가 이루어지게 한다. 경영관리인은 확실한 기준에 따라 능숙하게 관리되어야 함을 인식해야만 한다. 또한 유럽연합에서도 동물폐기물의 처리와 관계된 지침을 법으로 정해놓고 있다(8장 참고).

고압멸균기 Autoclaves

최근 몇 년 동안에 고압멸균기의 규모는 커져가고, 성능은 정교해져가고 있다. 고압멸균기에 디지털 조절장치 및 출력장치를 장착하면서 손쉽게 작동상태를 확인할 수 있지만, 부가적으로 별도의 멸균 확인표식을 물건에 부착하는 것이 바람직하다. 조절기에는 비상정지버튼 및 경보장치, 비밀번호 잠금장치가 되어 있어, 의도하지 않거나 비밀번호가 잘못된 경우로부터 보호할 수 있다. 멸균 대상물질은 주의하여 적재하고, 열로 인해 태워질 수 있는 물품을 고압멸균해서는 안된다. 고압 멸균된 물건을 꺼낼 때에는 내열장갑을 사용하여 손을 보호해야 한다. 측면 벽에는 열재킷이나 화재가 날 수 있는 배관 등으로부터의 안전장치가 구비되어야 한다. 대형 고압멸균기는 안전잠금장치가 되어 있어서 열쇠를 꽂아야만 작동이 되는 것이어야 한다. 대형 고압멸균기에 물품이 과도하게 적재되어 개폐 시 문에 걸리면 자동으로 다시 열려져야 한다. 점검일정을 수립하여 정기적으로 검사하며, 챔버 내부의 압력이 정상인지를 확인하여야 한다. 검사가 끝나면 검사내용을 결과 보고서에 자세히 기록하여 보관한다.

케이지 세척장치 Cagewasher

케이지세척기는 주로 동물사육 시설의 세정실에 위치한다. 공간의 제약으로 종종 캐비닛 위에 설치해 두기도 하는데, 이런 경우는 펌프와 기동기에 연결된 전기배선이 물에 닿지 않도록 한다. 종종 케비넷 위에 설치되어 있지만 만약 공간상의 이유로 재배치가 필요한 경우 전기성 물질로부터 보호하고 습기가 생성되는 곳에 배선이 접촉되지 않도록 주의하여야한다. 터널(tunnel)형 케이지 세척기는 기어(gear)와 연결된 벨트를 통해 케이지가 운반된다. 그렇기 때문에 기어가 잘 맞물리는지, 벨트가 엉키지 않는지를 살펴보아야 한다. 비상정지 버튼은 벨트의 양 끝 부근이나 케이지를 적재하지 않는 위치에 장착되어야 한다. 세척기가 있는 공간을 밀폐하지 않으면 이러한 기기들은 에어로졸 유해물질을 만들 수 있다.

가열 및 공조설비 Heating and ventilation plant

가열 및 공조장치는 주로 건물의 기관실 내부에 위치한다. 모든 작동과 정비는 자격을 갖춘 기술자를 통해 이루어진다. 공기정화, 습도조절, 가열기, 냉각기 및 환풍기를 유지하거나 보수하는 과정에는 전문적인 기술이 요구된다. 동물 사육 관리자는 기관실이나 동물 사육실을 드나들면서 온 · 습도가 적당히 유지되는 지를 빠짐없이 살펴보아야 한다. 시 · 청각 경보장치나 건물자동제어시스템(computerized building management systems, BMS)을 이용하여 항시 시스템 작동이상 유무를 즉각적으로 알 수 있도록 운영해야 한다.

전기제품 Electricity

전기제품은 동물시설에 속한 장비 중 위험 가능성이 가장 높은 장비일 것이다. 그러므로 반드시 누전차단기를 설치하여 전기공급에 무슨 문제가 생기면 바로 차단하여 제품의 피해를 최소화하여야 한다. 퓨즈는 용량이 맞는 제품을 사용해야하며, 제대로 장착되어 있는지 수시로 점검한다. 작업장 전기설비에 관한 규칙(Electricity at Work Regulations 1989)에는 시설의 전기장치를 전문 기술자만이 점검하도록 정하였다. 실내와 복도 벽면에 설치된 스위치는 방수재질의 것을 사용하고, 주기적으로 닦아준다. 또한 전기플러그가 바닥에 위치하여 물이 닿는 일이 없도록 주의한다. 휘발성 유기용매가 놓여있는 주위의 전기제품은 불꽃이 튀어 옮겨 붙지 않도록 조심하고, 이를 저장하는 냉장고나 냉동고는 방염이 될 수 있는 것을 사용한다. 전기선과 플러그의 피복 상태는 정기적으로 검사하여 화재를 예방한다.

기타장비 Other equipment

나머지 위해요인들은 파쇄기(macerator), 고압균질기(homogenizer), 분쇄기(chopper), 칼날 등과 같이 각 기계의 고유 특성으로부터 발생될 수 있는 것들이다. 이러한 장비는 사용설명서에 따라 제대로 사용한다면 크게 문제될 것은 없다. 그렇기 때문에 각 장비마다 표준작업지침서(Standard Operating Procedures, SOP)를 만들어 사용하기를 권장한다. 특히 GLP(Good Laboratory Practice)와 GMP(Good manufacturing Practice) 기관에서는 반드시 각 장비의 SOP를 갖추고 이에 따라 실행하여야 한다.

방사선은 특정 장비 없이는 알기 어렵다는 점에서 잠재적 위험성이 매우 크다. 우리 생활에서 X선, 자외선, 마이크로파의 활용은 굳이 설명이 필요 없을 정도다. 이렇듯 주위에 산재되어 있는 방사선은 쉽게 접하고 우리생활에 큰 이익을 주는 탓에 방사선의 위험에 대해 무관심한 태도를 보이기 쉽다. 실험동물 시설 중 방사선의 안전에 관해서는 6장에서 자세히 언급하고 있다.

수동작업 *Manual handling*

작업장의 사고는 주로 물건을 들어올리거나, 옮기거나, 밀고 잡아당기는 과정에서 생기는 부상이 가장 많다. 이러한 수동작업은 특히 실험동물시설과 관련성이 크다. 동물시설관련 의료사고 중 약 50%가 '허리이상(back strain)'으로 보고된다(Aromaa 1989, quoted in Pelkonen 1994). 그래서 몇몇 나라에서는 이미 이러한 유형의 사고를 줄이기 위한 법적 대책을 강구하고 있다(7, 8장 참고).

동물시설에서 이루어지는 모든 수동작업은 철저하게 조사되어야 한다. 조사결과를 바탕으로 케이지 및 랙(rack), 사료, 깔짚 등의 운반 및 교환작업과 동물 이동 등의 수동작업에 주의를 해야 한다. 또한 신체의 위치, 체중, 신장, 물체의 모양과 작업이 이루어지는 환경 등 모든 요소를 고려하여 수동작업을 조사 · 분석해야 한다. 개인의 연령과 신장 및 능력에 맞게 일의 양을 줄이거나 다른 사람을 도와 적절히 작업을 분배한다. 지금은 누구나 작업에 필요한 훈련과정에 참여할 수 있어서 개인의 작업능력을 향상시킬 수 있다. 능력이 다양한 특정 직원들은 (임신기간과 같은 경우) 보조원이나 대체직원을 쓰는 절차가 포함되도록 조직되어야한다. 수동작업에 대한 훈련 과정은 현재 광범위하게 이용되고 있다.

환경 Environment

근무환경에 영향을 주는 여러 요소들은 세심한 검사가 필요하다. 여기서는 주로 작업장의 보건안전법(Health and Safety at Work etc. Act 1974)에서 환경기본원칙으로 정하고 있는 일부 근무환경인자들에 관해 다루고 있다. 몇몇 주요한 부분은 이 장에 고려될 것이다.

조명 Lighting

알바이노(albino) 동물의 시력에 영향을 주지 않으면서도 동물을 검사하거나 실험을 수행하기 적당한 빛의 세기가 따로 있다. 일반적으로 사람들은 밝게 빛나는 부분을 더 청결하게 하려는 습관이 있다. 그렇지만 전문가들은 적당한 빛의 세기와 색상의 조화를 유지하라고 조언한다. 조명은 접근이 쉽고 작업이 편리하도록 빈 공간의 바로 위 천장 벽판(ceiling panel)에 고정하는 것이 가장 좋다. 이러한 설비는 동물실에 관리직원의 방문을 감소시키는 효과가 있다.

급기 Air supply

공조시스템(heating, ventilation and air conditioning system, HVAC system)의 사양은 각기 다르지만 모두 관할 지역의 소방규정(fire regulation)을 따라야만 한다. 소방규정은 오작동 완충기(failsafe damper)를 통해 특정한 조절 방식을 정한다. 이런 오작동 완충기와 같은 특정한 통제는 만일 화재나 연기가 발생할 경우, 계량기, 배출구, 전신중계회선의 길이로부터 분리한다. 사육실의 공조시스템을 설계할 때 실내의 흄 후드나 클린벤치에서 환기되는 배기수준으로 계산해서는 안 된다. 또한 환풍기를 통해 감염성 생물과 독성 화학물질이 다른 공간으로 전파되는 일이 없도록 설계되어야 한다.

통풍의 방향 및 환기를 조절하여 깨끗한 공기와 더러운 공기가 완전히 분리되어야 한다. 공조시스템은 100% 신선한 공기를 공급할 수 있어야 하고, 알레르기 유발물질(allergens)등 유해물질이 제거되도록 공기정화 기능도 필수적이다. 정기적으로 차압, 환기횟수, 자동온도조절장치 등을 점검하여 동물과 직원들의 건강과 안전은 물론, 작업을 수행하는데 있어서 과학적 유효성(validity)을 증진시켜야 한다.

소음 Noise

소음은 오늘날 많은 직장이나 휴게공간에서 유해영향을 끼치는 주 원인으로 인식된다. 90 데시빌(dBA)이상의 소음이거나, 그 이하의 소음이라도 장시간 노출될 때에 우리 몸은 회복될 수 없는 손상을 입게 된다. 소음은 불편한 환경을 만들어 부주의한 사고를 유발시키며, 시끄러운 공간을 피하려는 인간의 심리로 인해 작업을 대충 마무리하게 만든다.

개는 본능적으로 먹이를 주거나 누군가가 사육장에 접근하여 흔들 경우 심하게 짖는다. 이러한 이유로 개를 사육하는 직원들은 주기적으로 소음에 노출된다. 비록 벽, 천장, 바닥에 방음소재를 사용하여 노출을 줄일 수 있으나 소음의 반사 시간만 줄여줄 뿐, 직접적으로 소음의 강도는 거의 줄일 수 없다.

소음측정은 지정된 사람에 의해 이루어져야 한다. 만일 측정결과에서 방음보호구의 착용이 필요하다고 나왔다면, 반드시 방음보호구를 착용해야 한다. 이러한 곳에서는 눈으로 확인할 수 있는 불법침입경보나 화재경보장치가 설치되어야 한다. 또한 전화기, 초인종의 작동여부를 알아차릴 수 있는 부가적 장치도 마련되어 있어야 한다. 만약 소음 평가서에 장치의 필요성이 요구될 경우, 소리를 감소시켜 귀를 보호해주는 장비를 의무적으로 착용하는 것은 필요하다; 이러한 평가서는 명시자격이 있는 사람만이 할 수 있다.

화재 *Fire*

화재는 지금까지 소개된 것 중에 가장 피해 규모가 큰 위해요인으로 위해 범위가 넓고, 사고 피해가 즉각적으로 발생한다. 실험동물시설 내에서 발생되는 화재는 주로 전기기기나 화학물질의 부주의한 사용에 기인한 것이 대부분이다. 그러므로 평상시 비상통로의 위치를 숙지하고 수시로 방화문, 소방장비, 화재경보기 등이 정상 위치에 있는지, 정상으로 작동하는지 확인해야 한다.

관할 소방서는 사육 시설과 비상연락체제를 갖추어야 하고, 특히, 시설물을 새로 설계하거나 건축하는 동안 소방규정에 따라 적절한 종류와 수량의 화재경보 표지판과 소화기를 확보하도록 한다. 소화기마다 인식표를 부착하고, 정기점검 및 유지 · 보수에 각별히 신경을 쓰도록 하며 점검결과는 잘 기록해둔다. 전기기기의 상태를 주기적으로 점검하고 노후한 전선 피복은 미리 교체한다. 가연성 화학물질을 담을 수 있는 적절한 용기를 제공하고 주위 환경을 깨끗하게 정돈해야한다. HVAC 시스템이 자동출입문 개폐기 등에 화재가 발생할 경우 적절하게 작동하는지도 사전에 철저히 점검하도록 한다.

미생물학적 고려사항 Biological considerations

실험동물 알레르기 Laboratory animals allergy

실험동물에 대한 알레르기(laboratory animal allergy, LAA)는 근로자의 건강에 문제를 유발시키는 매우 중요한 인자이다. 알레르기 문제의 발생원인과 관리방법은 2장에서 자세히 언급할 것이다. 알레르기는 동물의 건강상태와 아무런 연관성이 없다. 영국의 Health and Safety Commission [1] 보고서에서는 실험동물에 관련된 업무에 종사하는 3만 명의 근로자를 조사한 결과, 15~35%에 해당하는 근로자들에게서 동물과 관련된 알레르기성 질환이 나타났다고 발표하였다. 건강에 영향을 주는 유해물질인 알레르센 등은 건강상의 유해물질 관리서인 COSHH평가서에 포함되어있다. 어떤 증상이 발견되었을 때 이것이 동물의 알레르기로 인한 것인지를 진단하기란 쉽지 않다. 왜냐하면 지금까지 발견된 증상은 비루증 [2], 재채기, 두드러기, 빈혈 등과 같이 매우 다양하고, 증상의 정도도 개인마다 다르기 때문이다.

지금까지 보고된 알레르기의 원인동물로는 설치류가 가장 많았다. 그렇지만 설치류 외에, 포유류, 곤충, 새를 사육하는 모든 사육시설의 직원들 또한 호흡기나 피부접촉을 통하여 알레르기 유발물질에 노출되지 않도록 하며, 노출이 되더라도 그 양이 최소화될 수 있도록 적절한 대비책을 강구하여야 한다. 그리고 동물의 사육배치와 작업 동선을 잘 고려하여 알레르기 물질과의 접촉을 최소화해야한다. 가능한 효과적인 공조시스템을 통해 실외로 방출시키는 것이 좋다. 동물의 나이, 성별, 종(species)에 따라 머리카락, 털, 비듬, 인체조직, 소변 등의 배설물에 묻어나오는 알레르기 물질의 종류와 양은 각기 다르다. 시간당 15~20회로 환기회수를 조정하고, 공기정화기를 통하여 깨끗한 공기만이 실내에 들어올 수 있도록 HVAC 시스템을 잘 설계할 필요가 있다. 여과막은 쉽게 세척이 가능한 것을 사용하도록 한다. 차압을 이용하여 알레르기 물질이

1) Health And Safety Commission (1990) What you should know about allergy to laboratory animals. Education Services Advisory Committee. Sudbury: HSE Books

2) 코 점액이 지나치게 많이 나오는 증상

사육지역으로부터 문을 통과하여 복도로 이동되도록 조정하는 것도 좋은 방법이다. 공기배기나 다른 공기의 압력을 발생시켜 더러운 공기를 빼내는 것 등도 효과적일 수 있다. 불순물을 정전기를 일으켜 침전시켜 제거하는 장치를 설치하는 것은 선택사항이다

감염 *Infection*

일반적으로 실험동물은 자연발생적으로 다양한 종류의 미생물을 체내 · 외에 지니고 있다. 이러한 미생물은 보통 숙주동물들에게는 해가 없지만 사람에게 전염되면 일부 병원성 세균이 문제를 일으킬 수 있다. 또한 미생물들이 새로운 숙주에 감염되어 보다 해로운 종으로 돌연변이 되는 일이 발생한다. 미생물의 종류와 특성에 따라 피부, 소화기, 호흡기, 눈의 결막 및 비뇨생식기 등 감염부위가 다르다. 작업지침을 제정하여 직원들로 하여금 반드시 파상풍 등의 예방접종을 하도록 규정하여야 한다.

미생물로부터의 위험을 예방하는 가장 좋은 방법은 어떠한 미생물이 존재하는지를 파악하는 것이다. 하나의 시료에서 채취한 검사결과를 바탕으로 병원성 미생물이 없다고 판단하기는 불충분하다. 사육중이거나 구매한 동물은 정기적으로 미생물검사를 꾸준히 하고 표시동물(미생물학적으로 깨끗하고 특별히 감염되기 쉬운 경우)은 잠재성을 가질 수 있으므로 실험동물 사육장에 경고표시를 함으로서 감염위험으로부터 보호할 필요가 있다. 실험동물을 이용하여 장시간 실험이 필요하다면 모니터링용 검사 동물을 따로 두어 미생물의 감염여부를 조사하도록 한다. 미생물 보균동물로 판정된 동물은 도태시키거나 격리사육하고, 감염미생물이 다른 동물로 전파되지 않도록 각별한 신경을 써야한다.

정기 건강검진은 미생물의 감염위험이 있거나 의심되는 곳에서 작업하는 직원들에게 필수적이다. 특히 형질전환 동물과 같은 유전자 변형 동물(genetically modified animal)은 세균에 대한 내성이 약하기 때문에 여러 미생물에 감염될 위험성이 크다. 그러므로 이러한 동물을 취급하는 직원들은 훨씬 큰 위험에 노출되어 있다고 할 수 있다.

화학적 고려사항 Chemical considerations

살균 Disinfectants, 세척 cleaning 및 멸균제 sterilizing agents

실험동물을 다루는 실험실은 다양한 종류의 화학물질에 노출되어 있으므로 이동 과정에서 보관장을 열거나 사용공간을 깨끗이 할 필요가 있다. 이 곳에서 근무하거나 방문하는 사람은 산, 알칼리, 세정제, 물때 및 유지 제거제, 표백제와 기타 멸균제, 염색제, 약품, 여러 종류의 용기나 병들을 흔히 접하게 된다. 이들은 주로 자극성 물질, 부식제, 독성물질이거나 잠재적 발암물질들이다. 5장과 7장에서는 이러한 위험을 감지하고 위험을 예방하는 단계에 대해 상세히 언급하고 있다. 건강 위해성 물질 규정(The Control of Substances Hazardous to Health 1988~1999, COSHH)은 위험성 물질의 안전성을 평가하는 자료로 쉽게 이용할 수 있도록 하고 있다. 규정에 따라서 잘 알려진 발암물질과, 발암 가능성이 높은 물질에 노출되는 직원들 모두는 반드시 건강 검진을 받아야한다. 정기적인 안전검사나 엄격한 관리유지, 표준작업지침서(SOPs)에 충실하게 따르고 취급교육을 받음으로서 위험을 줄일 수 있다

마취가스 Anaesthetic gases

흡입마취제를 취급하는 사람은 자신도 가스 흡입의 위험에 노출되어 있음을 지각하여야 한다. 비록 일회용 장비를 사용하는 곳이 증가하고 있지만, 여전히 환기가 원활하지 않은 실험실과 수술실에서 마취가스는 빈번히 사용되고 있다. Green은 일부 마취 가스에서 악성종양의 가능성이 있다고 보고하였다.[3)]

물림 Bites과 긁힘 scratches

모든 실험동물들을 주의 깊게 보살피고 제대로 다룬다면 이들로부터 물리거나 긁히는 등의 부상 위험이 거의 없을 것이다. 대부분 부상의 크기는 경미하지만 상처부위를 통해 방사선 물질 또는 화학물질의 오염과 병원미생물 감염의 위

---

3) Green NG (1979) Euthanasia. In: Animal Anesthesia (Green CJ, ed.). Laboratory Animal Handbooks No. 8. London: Laboratory Animals Lts, pp 237-41

험을 수반하므로 반드시 적절한 치료가 뒤따라야 한다. 만일 독을 지닌 동물에게 물렸다면, 재빨리 적절한 해독제를 처방받아야 한다.

병원성 미생물이 없는 동물을 사용함으로써 감염의 위험을 줄일 수도 있다. 무균복, 장갑, 보호안경 등의 개인보호장구를 제대로 착용하고, 사고가 일어났다면 신속한 응급처치를 받을 수 있도록 한다. 최소한의 질병을 가진 모든 직원은 즉시 지역 응급센터를 이용하고 사고경위는 기록되어야한다.

개인보호장구 Personal protective equipment, PPE

노동법(Work Regulation)에 따라 1992년 이후로 영국은 개인보호장구의 사용을 법으로 정하고 있다. 작업장에서 건강과 안전법(Health and Safety at Work etc. Act 1992)에서 PPE는 보호하는데 필요한 최후의 수단(the last resort)이어야 한다고 기술하고 있다. 실험동물에 관계된 모든 시설물과 장비는 PPE의 필요성을 제거하거나 줄이는 방향으로 고안되어야 한다. 안전한 근로환경의 조성은 어떻게 작업이 이루어지는지 지속적으로 관찰하여 어떠한 개인보호장구가 필요한지를 살피는 것이 중요하다. 현재 영국의 여러 회사에서 각 특성에 맞는 PPE를 제조 · 판매하고 있다.

PPE는 사용법에 따라 바르게 사용하고, 항상 좋은 상태로 유지하여야 한다. PPE 공급업체는 착용방법에 대하여 상세히 설명해야한다. PPE를 착용하게 되면 육체 활동이 둔화된다. 가령 두꺼운 장갑은 손의 민첩성과 감각을 떨어뜨리며, 호흡기는 시야의 범위를 감소시키며 착용하는데 피곤함을 느끼게 한다. 그러므로 사업주나 PPE 공급업체는 직원들에게 PPE의 필요성과 착용하지 않을 때 발생되는 피해를 충분히 납득시켜야한다. PPE는 물리적, 생물학적, 화학적 위해물질로부터 보호하기 위하여 사용한다. 그러므로 보건이나 안전의 목적과 무관하게 지급되는 물품이나 제복(uniform)들은 PPE와 구분하여 보관 · 사용해야 한다.

폐기물처리 Waste disposal

정부는 환경보호와 개선에 책임이 있다. 또한 회사와 연구소는 환경보존을 위하여 관할지역 내의 환경개선 정책에 적극 참여하여 폐기물 양을 줄이거나 재활용을 하는데 노력하여야 한다. 정부는 폐기물 발생으로 인한 오염을 감안하여, 환경평가에 대한 적절한 조치를 취한다.

폐기물은 구성물질과 위해여부에 따라 구분된다. 폐기물의 종류에 따라 적용되는 법적 규제도 차이가 난다. 화학물질과 방사선의 폐기물 처리에 관해서는 다음 장에 자세히 언급되어 있다. 동물사체, 깔짚과 사료, 감염성 폐기물 및 날카로운 물질을 취급하는 사람은 직접적인 위해를 받을 수 있다. 폐기물의 처리과정을 간소화하는 것도 좋은 방법 중 하나지만, 이 방법을 적용할 수 있는 범위는 다소 제한적이다. 사업주는 폐기물 발생원에서부터 최종 처리장소(소각로, 매립지)까지 이동하는 데 필요한 적합한 폐기물 봉투 및 장비를 제공하여야 한다.

보안 Security

실험동물시설 내 직원들은 동물의 권익을 옹호하는 동물애호가나 동물보호단체로부터의 갖가지 위협, 공격, 폭력의 위험에 직면해있다. 시설 내에는 외부인으로부터 발생되는 소란과 폭력을 신속히 감지하고 반응할 수 있는 보안장치가 절실히 요구되고 있다. 실제로 실험동물시설에는 불법침입이나 공격을 차단하기 위해 신변을 보호할 수 있는 장비의 수요가 나날이 증가되고 있다.

실험실 또는 동물시설에서 혼자 일하는 직원들은 갑작스런 사고나 질병의 발생을 대비하여 이들을 보호할 안전장치가 마련되어 있어야 한다. 특히 다른 사람의 시야 밖에서 장시간동안(30분 이상) 혼자 근무해야만 하는 직원들에게는 자동비상경보(lone-worker alarm)를 지급하여 외부직원이나 보안업체에 손쉽게 연락이 닿을 수 있도록 조치한다. 패닉버튼이나 움직임의 부족을 감지하는 장치를 가지는 라디오 알람 전달 장치 등의 사용은 보안 직원이 지속적인 모니터링을 가능하게 한다.

참고문헌 References

Green NG (1979) Euthanasia. In: *Animal Anaesthesia* (Green CJ, ed.). Laboratory Animal Handbooks No. 8. London: Laboratory Animals Ltd, pp 237–41

Health And Safety Commission (1990) *What you should know about allergy to laboratory animals*. Education Services Advisory Committee. Sudbury: HSE Books

National Research Council (1997) *Occupational Health and Safety in the Care and Use of Research Animals*. Washington: National Academic Press

Pelkonen KHO (1994) Health and safety in work with laboratory animals. In: *Welfare and Science* (Bunyan J, ed). Proceedings of the 5th FELASA Symposium, Brighton, 1993. London: Royal Society of Medicine Press, pp 141–4

Walker AIT, Poppleton WRA (1967) The establishment of a specific-pathogen-free (SPF) rat and mouse breeding unit. *Laboratory Animals* **1**, 1–5

2

알레르기성 위험물질

Susan Gordon and Rosemary D Tee

목차

서론 Introduction

실험동물 알레르기(Laboratory animal allergy, LAA)는 실험동물을 다루는 사람들 사이에 가장 널리 알려진 직업병이다. 실험동물을 다루는 제약회사, 대학, 연구기관 등에 있는 사람들은 알레르기에 노출이 된다. 가장 흔한 증상으로는 비염, 결막염, 두드러기, 천식 등이 있으며, 이들은 흡입, 접촉, 동물 배설물 및 분비물을 통해 발생한다. 실험동물알레르기와 천식을 앓고 있는 거의 모든 사람들은 실험동물에서 유래한 알레르겐에 특이적인 IgE 항체를 가지고 있다.

1989년 1월 이후부터 영국의 흉부 외과 의사들은 직업적 호흡기질환 관련직업 조사사업 [(Surveillance of Work Related and Occupational Respiratory Disease, SWORD) project]을 통해 새로운 폐질환에 대해 보고해 왔다(Meredith *et al.* 1991). 이 보고서에서 일반 근로자들의 경우 1989년과 1990년 사이에 천식에 걸린 사람이 보통의 경우 일년 평균 10만명 당 0.22명인데 반해, 실험동물을 다루는 직업에 종사는 사람의 경우 19명이었다고 보고하고 있다. 실험동물은 직업적인 천식을 일으키는 세 가지의 주요 원인 중에 하나로 주목되고 있고, 그 비율은 현저히 증가하고 있다(Ross *et al.* 1995).

영국 내무부는 현재 매년 수행되는 동물실험의 수만 보고하고 있어서 동물실험에 종사하는 사람의 정확한 수를 알기는 어렵지만, 1980년도에는 32,000명 정도였다고 보고하고 있다(Home Office 1987). 표본 조사를 통해 실험동물 관련 종사자의 약 17~44% 정도가 실험동물 알레르기를 앓고 있는 것으로 조사되었다(Cockcroft et al. 1988).

랫드나 마우스의 소변에 포함된 단백질을 대상으로 피부단자시험을 실시했을 때 민감한 사람에서 즉각적인 천식반응이 일어난다는 것은 잘 알려진 사실이다(Agrup *et al.* 1986, Cockcroft *et al.* 1981, Schumacher *et al* 1981, Slovak & Hill 1981, Venables *et al.* 1988). 전 세계적으로 동물의 접촉을 통해 알러지에 충분히 노출되고 증상이 나타나는 개개인에 대한 LAA의 감염 비율은 계속적으로 증가하고 있는 것이 분명하다(Aoyama et al. 1992, Bryant et al. 1995, Fuortes *et al.* 1996). 마우스나 랫드의 뇨단백질 추출물은 피부단자 시험을 통해 즉시 유도되고, 흡입할 경우 민감한 노동자들에게는 천식 증상이 나타나게 된다(Newman Taylor *et al.* 1977). 실험동물 알레르기의 원인이 된 주된 종은 랫드와 마우스이며, 이 종에서 발생하는 항원의 종류에 대한 자세한 정보는 계속 논의되고 있다. 또한 알레르기 현상은 토끼, 기니픽, 메뚜기와 같은 곤충을 다루는 사람들에게서도 종종 발생한다. 영국은 직장에서 건강과 안전에 대해 소개하도록 한 규정을 따르도록하고 있다. 1974년부터는 직장에서 노동자가 질병에 걸릴 경우 고용주에게 책임이 있고, 과실에 대한 보상의 의무를 가지게 되었다. 실험동물에 대한 직장에서의 알레르기는 1999년의 건강규제에 따라 위험물질의 범위 내에게 통제되고 있다(Health and Safety Commission 1999). 게다가, 실험동물에 의해 야기된 직업상의 천식은 보고된 1995년도의 "상해, 질병과 위험한 사건에 대한 규제(RIDDOR)"에 따라 건강과 안전에 중요한 질병으로 관리되고 있다. 직업상의 천식은 직업상의 질병으로 규정되어 상해보험금을 받을 자격이 있다.

이 장에서 사용되는 용어의 정의 Definitions of terms used in the text

알레르겐(Allergen) : 특이적으로 IgE 항체 반응을 유도하는 물질.

알레르기(allergy) : 항원과의 반응에 의해 나타나는 과민반응. 특히, 항체에 의해 유도되는 즉각적인 과민반응을 의미.

아나플락시스(Anaphylaxis) : 알레르겐의 노출에 의해 발생하는 급성 과민반응. 일반적으로 아나플락시스라 하고 침입 장소가 제한적임.

항체(antibody) : 면역글로블린의 분자적 성질을 나타내는 면역반응에 의해 유도되는 단백질로 항원과 특이적으로 결합함.

항원(antigen) : 인체에 들어왔을 때 특이적이고 즉각적인 반응을 유도하는 물질. 이들은 항체형성을 유도하거나 세포 매개성 면역반응 유도, 혹은 면역글로블린 항 독성을 유도.

천식(asthma) : 자발적 혹은 약물투여에 의해 짧은 순간 기도가 좁아지는 현상.

아토피(atopy) : 흡입된 알레르겐에 의해 IgE 항체를 생산하는 유전적 기질을 가진 사람에게 나타나는 증상. 의학적으로 가족력 혹은 개인력을 가지는 하나 혹은 여러 개의 항원 (예를 들면, 집 먼지 진드기 (Dermatophagoides pteronyssinus), 풀 먼지, 고양이 털)을 대상으로 한 피부단자시험에서 양성을 나타냄.

CIE(Crossed immunoelectrophoresis) : 항원을 포함한 시료를 분리하는 기술.

처음 한 방향으로는 전기영동에 의해 분리되고, 다시 오른쪽 각도로 토끼 항체에 특이적인 물질을 전기영동으로 분리하는 기술.

CRIE(Crossed raioimmunoelectrophoresis) : 환자의 혈청에서 IgE 항체와 결합하는 항원을 확인하는 기술. 이 항원-항체 복합체는 방사능 사진촬영 후에 X-ray 필름에서 볼 수 있음.

면역글로블린(Immunoglobulin E, (IgE)) : 사람에게서 천식항체 혹은 동일세포지향성 항체활동과 관련된 면역글로블린. 항원과 반응하여 히스타민과 다른 혈관작용약제(vasoactive agent)가 방출되며, 보통 혈청에 낮은 농도 (20~500 ng/mL)로 존재하지만 천식이나 비염환자에서는 그 농도가 올라감.

RAST(Radio allergo sorbent) : 항원의 특이적 IgE의 농도를 측정할 수 있는 *in vitro* 방사선 면역 분석법.

RAST저해(inhibition)법 : RAST법을 변형한 측정법으로서 공기 중의 여과된 물질을 면역분석으로 측정.

RUA(rat urinary aeroallergen) : RAST저해법으로 랫드의 소변에 존재하는 알레르겐의 농도를 측정하는 기술.

피부단자시험 : 알레르겐 추출물을 인체에 투여하여 부어오르는 크기를 측정함으로써 특이적 알레르기 항원을 측정하는 기술

직업적 천식 : 작업장에서 발생하는 천식

최대 순환 측정(Peak flow measurements) : peak flow meter을 이용하여 일어났을 때부터 잠잘 때까지 반복적으로 내쉬는 숨의 비율에 대한 최고점 (PEFR)을 측정하고 기록하는 것. 한 달 동안 측정되고, 만약 일하는 동안 폐의 기능이 악화되거나 직장에서 나왔을 경우에도 증상이 심해질 경우 휴일이나 일할 때 모두 행한다.

코트(Cohort) : 일정 기간 동안의 계획된 집단군

교차군 연구(Cross-sectional study) : 특정 기간과 집단 내에서 질병과 관심 있는 다른 변수와의 상관관계를 밝히는 연구

발생비율(Incidence rate) : 특정기간에 특정한 사람들에게서 새로운 질병이 일어난 수를 퍼센트로 표현하여 일정기간동안 질병으로 발전할 위험성을 나타낸다.

장기연구(Longitudinal study) : 어떤 노출에 대해 신뢰할 만큼의 충분한 시간을 가지고 질병의 발병률을 조사하는 것.

질병유행율(Prevalence rate) : 특정 기간동안 존재하는 질환의 발생률로서 전체 인구에 대한 질환을 앓고 있는 인구의 퍼센트로 표현됨.

전염병학 Epidermiology

실험동물에 노출되는 종사자에 대한 여러 개의 교차군 연구가 보고되었다(Agrup *et al.* 1986, Cockcroft *et al.* 1981, Lincoln *et al.* 1974, Schumacher *et al.* 1981, Slovak & Hill 1984, Venables *et al.* 1988). 이러한 연구의 결과들은 상당히 일관성이 있는데, 실험동물 알레르기의 발생빈도는 약 30%이다. 또한 노출되는 종사자의 약 10%가 천식으로 발전한다(대략 LAA을 가진 사람의 3분의 1정도). 증상은 한 달에서 길게는 몇 년 동안 나타나며, 평균 2~3년 동안 나타난다. 보고되어온 증상 중 가장 보편적인 증상은 비염과 결막염이다. 접촉성 두드러기의 경우 알러지 감염자 중 4~14%로 나타나므로 LAA의 증상이라 할 수 있다. 천식은 다른 알레르기 증상이 나타난 후에 발생하며, IgE의 수치가 높아지는 특징이 있다. 이 항체반응은 다른 관련된 증상에서 발견되는 것과 달라 약 50%에서는 IgE가 측정되지 않는다. 천식은 아토피 환자보다 5배 많으나 비염이나 두드러기로 발전하는 위험성은 거의 없다.

실험동물에 대한 알레르기를 가진 종사자는 다른 실험동물에 대해서도 여러 가지로 민감해진다. 랫드와 마우스에 대해서는 약 60~70% 정도 민감해진다. 기니픽에 대해서는 약 30~40%가 민감해지고, 토끼에 대해서는 70%까지 민감해진다. 토끼에 대한 높은 수치는 알레르기보다는 몇몇 자연적인 자극제로 인한 증상과 혼동될 수도 있다(Aoyama *et al.* 1992).

교차군 연구의 가장 큰 문제는 질병을 앓고 있는 환자만을 대상으로 한다는 것이다. 흉부 증상과 작업 기간과의 상관관계를 조사한 두 개의 논문에 따르면 흉부 증상을 앓고 있는 환자는 실험동물과의 노출을 피하고 작업장을 떠났다(Kiddy *et al.* 1989, Venables *et al.* 1988). 이러한 이유로, 지속적으로 실험동물알레르기에 노출된 경우를 언급한 논문은 없다.

작업장을 떠난 사람을 포함하여 몇 년간 조사한 코트 혹은 장기연구는 발병률에 대한 정보를 제공해 준다. 미국 정부연구소(American governmental research institute)에서의 연구는 2년 동안 약 13%의 발병률을 기록하였지만 7년 동안의 영국 제약회사(British pharmaceutical company)에서의 연구는 이 보다 약 2/3 정도 떨어졌는데 이는 영국 작업장의 작업환경이 좋고 작업자가 마스크를 착용하기 때문이었다(Botham et al. 1987, Botham & Teasdale 1987). 아토피를 앓고 있는 종사자는 그렇지 않은 종사자보다 실험동물알레르기를 앓을 확률이 약 7배 증가하였다. 그러나, 처음 3년간 분석한 결과, 아토피 위험의 증가는 그렇지 않은 사람에 비해 2배 높았고, 초기 증상에 따르면, 아토피가 LAA의 감염에 앞서 전염됨을 암시한다.

곤충도 잠재적인 알레르겐으로 고려된다. 나방이나 파리의 일부 종 등이 이에 해당한다(Bauer & Patnode 1984). 이외 초파리(Spieksma *et al.* 1986), 미국의 screw-worm(Wirtz 1980), 영국의 집파리(Tee *et al.* 1985)와 독일의 chironomids(Baur 1982)이 있다. 연구된 바에 따르면 다양한 종류의 여치(Soparkar *et al.* 1993)와 메뚜기는 알레르기의 증가요소는 아니다. 35개의 연구 중 하나에서는 알레르기 증상의 높은 전염성을 나타내었다. 메뚜기에 대한 양성 피부 단자 시험은 모두 9개의 증상을 나타내었지만 증상을 나타내지 않은 사람은 26명 중 오직 3명 이었다. 아토피는 메뚜기 알레르기를 향상시키는 요인이 아니다. 이 외에 IgE 반응을 증진시켜서 직업적인 천식을 일으키는 다른 곤충으로는 바퀴벌레(Blatella and Periplaneta specise Chapman 1993)와 대벌레(Perlman 1958) 등이 있다.

실험동물 알레르기의 진단과 발병기작 Diagnosis and pathogenesis of LAA

실험동물 알레르기의 진단은 임상적으로 동물노출에 의한 병력과 알레르기 증상과의 상관관계를 기초로 하여 이뤄진다. 눈이나 코의 증상은 콧물이 나오거나 염증유발, 결막염으로 나타난다. 천식에 걸리면 주기적으로 숨을 헐떡거리고, 재채기를 하는 흉부증상을 나타낸다. 일반적인 증상인 피부 발진은, 접촉성의 두드러기 일종이다(Agrup & Sjostedt 1985). 발진이 나타나는 것은 보통 얼굴이나, 손 그리고 겨드랑이 등 접촉한 부위에서만 나타난다(Rudzki *et al.*

1981). 때때로 부종이 나타나지만 심한 조직 증상과 같은 과민성 증상은 극히 드물다(Teasdale *et al.* 1993, Watt & Mcsharry 1996). 일단 사람에게 감작이 되면, 두드러기는 노출이 된 직후 매우 빨리 진행이 되는데 보통 10분 내에 이뤄진다. Hunskaar과 Fosse(1990)가 공동 출간 한 13개의 연구에 따른 데이터에는 증상의 전형적인 전염 비율이 나타나 있는데, LAA에 전염된 10명중 여덟 명은 rhinoconjunctivit을 나타내고 네 명은 천식, 네 명은 두드러기를 나타낸다. 진보된 증상의 형태는 많은 환자들에게 괴로움을 준다. 그러나 천식은 매우 늦게 진행된다. 또한 동물과의 첫 접촉을 통해 결막염을 동반한 비염이 발생한다(Agrup *et al.* 1986, Davies *et al.* 1983a, Lutsky 1980). 천식은 실험동물 알레르기의 맨 마지막 단계에서 발생한다. 따라서 결막염 없이 천식이 발생하는 경우는 거의 없다.

IgE반응에서 양성이 나타나면 실험동물 알레르기에 걸렸음을 확신할 수 있으며, 최근에는 흡입시험은 거의 필요로 하지 않는다. 직장과 관련된 천식은 일하는 동안 peak flow가 하락하거나 쉬는 동안 수치가 상승하는 등의 지속적인 peak flow 비율을 측정함으로써 확인할 수 있다. 천식을 앓는 거의 모든 작업자는 피부단자시험이나 *in vitro* RAST 시험에서의 양성을 나타내는데 이 두 시험법을 통해 얻는 결과 사이에는 많은 상관관계가 있다(Davies *et al.* 1983a). 천식이 아닌 실험동물 알레르기 증상을 가진 사람의 약 50%가 IgE 수치가 높으므로 이 두 시험법은 천식을 가지지 않은 사람을 검사하는 데는 적합하지 않다.

실험동물 알레르겐으로 인해 천식을 겪을 위험을 가진 사람들이 증가하는 것은 논의 되어야한다. 비염이나 두드러기의 위험은 아토피를 가지지 않은 사람에 비해 그렇지 않은 사람의 비율이 높은 것은 아니다. 아토피는 아마도 고용에 있어 장애물이 되지 못할 것으로 여겨진다.

알레르기 위험요소와 그 원인물질 Allergenic hazards and their sources

최근 연구를 통해 임상적으로 중요한 공기 알레르겐의 대부분이 생화학적으로 활성이 있다는 것이 밝혀졌다. 이것들의 폭 넓은 성질에 대한 연구에 따르면, 대부분이 효소활성을 가지거나 효소작용을 방해하고 조절하는 기능을 가졌거나 Rat n1과 Mus m1 처럼 수송단백질인 경우가 많았나(Stewart & Thompson 1996).

랫드 Rat(Rattus norvegicus)

1977년에 랫드와 마우스의 소변은 알레르겐의 중요한 원인물질로 인식되어 왔다(Newman Taylor *et al.* 1977). 성체 수컷동물의 소변에 있는 저분자구성물은 민감한 사람들에게 있어서 기관지 수축반응을 일으키며 더불어 피부단자시험 시 양성반응을 일으키는 원인물질이다. EMSA(Electrophoresistic mobility assay)를 통해 소변 속에 중요한 21-kDa인 전알부민(prealbumin)이라는 알레르겐을 발견하였는데, 이를 Rat n1A라 명명하고, 현재는 Rat n 1.01이라 부른다. 또한, 17-kDa 단백질을 발견하여 이를 Rat n1B라 명명하고, 현재는 Rat n 1.02라 부른다(Longbottom 1980, 1983, Gordon et al. 1993a). 또한 알레르겐의 아미노산서열이 밝혀졌다. 이 단백질들은 하나의 동일한 원형 단백질에서 다른 형태로 구성된 것으로 단백질을 구성하는 lipocalin 계열에 속한다(Bayard *et al.* 1996). 세 번째 주요 단백질은 최근에 밝혀졌는데 23-kDa의 분자량을 가졌다(Gordon *et al.* 1993a). 연구에 따르면 랫드 소변에 민감한 83명의 피시험자 모두가 이 단백질에 대해 IgE 양성이었고, 44, 51, 63, 68, 75-kDa의 분자량을 가진 다섯 개의 추가적인 알레르겐에 대해서도 반응을 나타내었다.

랫드 소변의 구성은 주령과 성에 따라 달라진다. 전알부민(Prealbumin) (Rat n 1.01)은 성체의 암컷과 수컷 랫드 모두에서 존재한다(Longbottom 1983, Gordon *et al.* 1993a). 계통별로 분류된 랫드의 소변 알레르겐의 구성에 차이는 없다(Lutsky *et al.* 1985). α_{2u}-globulin (Rat n 1.02)은 복잡한 호르몬의 작용에 의해 간에서 합성되며, 중요한 페르몬의 성질을 가지고 있다(Bond 1962, Roy *et al,* 1983). 테스토스테론은 이 작용에 중요한 역할을 하므로 alpha$_{2u}$-globulin의 증가는 성체 수컷 랫드에서 이뤄진다(Roy & Neuhaus 1967). 신장을 통해 분비되는 alpha$_{2u}$-globulin는 40일령의 성체 수컷 랫드에서 발견되고(Roy & Neuhauss 1967), 성성숙기에 최고조에 달한다(Gordon *et al.* 1993a). 암컷 랫드에서의 α_{2u}-globulin 존재에 대한 의견은 아직 논란의 여지가 있다. 그러나 최근 두 연구에서 비록 많은 양은 아니지만 암컷 랫드에서의 α_{2u}-globulin이 수컷의 단백질과 면역학적으로 비슷한 것으로 확인되었다(Vandoren *et al.* 1983, Gordon *et al.* 1993a). 소변이나 더럽혀진 깔짚과 같은 오염된 재료들은 랫드 알레르겐으로 인식되어야 한다. 하지만 랫드의 대변은 주요한 알레르겐 원인물질이 아닌 것으로 밝혀졌다(Walls & Longbottom 1983 a, b).

모든 계통의 랫드는 α_{2u}-globulin을 생산하고, 이것이 독성물질과 결합하기 때문에(Burek *et al*. 1988) 자발적으로 만성적인 신장질환으로 발전한다(Borghoff *et al*. 1988). 이 질환은 모든 수컷 랫드에게 영향을 미치나 그 심각성은 암컷 랫드 보다는 덜 하다(Borghoff *et al*. 1990). 또한 수컷 랫드는 성숙기에 접어들면 소변에서 높은 수준의 혈장 단백질을 분비한다(Alt *et al*. 1980, Burek *et al*. 1998, Dinh *et al*. 1965, Roy & Neuhaus 1966). Sprague Dawley 랫드의 경우는 만성적인 신장병으로 발전하지만 Wistar 랫드보다 대략 두 배 비율로 발생한다(Weaver *et al*. 1975). 알부민 (분자량 68-kDa)과 transferrin (분자량 75-kDa)은 랫드에 민감한 환자의 약 30%에서 알레르기를 유발한다(Gordon *et al*. 1993a). 랫드 조직을 다루거나 절개할 때뿐만 아니라 나이 든 랫드로부터 배출되는 소변을 취급하는 것도 랫드 혈청 단백질에 노출되는 결과를 낳는다.

자세하게 연구된 것은 아니지만(Walls & Long bottom 1983 a, b), 랫드 알레르겐의 또 다른 유발원인으로 침과 털이 있다(Ohman *et al*. 1975, Walls & Longbottom 1983 a, b). α_{2u}-globulin과 유사한 서열을 가진 단백질이 하악선(submaxillary gland)에서 추가적으로 발견되었고(Laperche *et al*. 1983), 피지선에서 변형되었다(Mancini *et al*. 1989). 수컷 랫드 털을 처리한 77명의 피험사의 혈장에서 분리된 알레르겐을 Immunoblotting 기술로 분리하였을 때, 55, 51, 19, 17-kDa에서 다섯 가지의 주요 알레르겐이 발견되었는데, 이 모두는 매우 높은 분자량을 가진 물질이었다(Gordon *et al*. 1993b). 알레르겐 교차반응(cross-reactivity)의 상당부분은 랫드의 소변과 털에서 발견되었다.

요약하자면, 랫드 알레르겐의 주요 원인물질은 소변과 털 그리고 혈청이다. 이들에 대한 노출은 직접적인 접촉 혹은 더러워진 깔짚을 통해 이뤄진다. 공기에 의한 알레르겐의 노출 가능성 또한 존재하므로 더러워진 옷이나 장비 혹은 랫드가 있던 구역을 통해서도 노출이 이뤄진다.

마우스 Mouse(*Mus musculus*)

마우스 소변 내 존재하는 전알부민(prealbumin)의 대부분은 간에서 유래한 17.5-kDa의 단백질로서 *Mus m* 1이라 부르며 랫드의 α_{2u}-globulin과 같은 방식으로 소변에서 분비된다(Finlayson *et al*. 1965, Longbottom 1980, Lorusso *et al*. 1986, Reuter *et al*. 1968, Sirganian & Sandberg 1979). 마우스 소변이 페르몬의 성질을 가졌다는 연구는 최근에 밝혀졌고(Lombardi *et al*. 1992), 두 개의 페르몬이

랫드와 마우스에 공통으로 존재한다(Bacchini *et al.* 1992). 전알부민과 유사한 단백질 서열을 가진 단백질이 하악선, 눈물선, 유선과 같은 몇몇의 분비선에 발견된다(Shaw *et al.* 1983). 소변 내 존재하는 전알부민에서 추출한 침샘 항원 간 유사성은 Finlayson(1965)논문에 나와 있으나 Price & Longbottom(1987)논문에는 없다. 두 개의 주요 알레르겐이 발견되었는데 소변 유래의 전알부민(*Ag* 1 혹은 *Mus m* 1)과 털 유래의 전알부민이(*Ag* 3 혹은 *Mus m* 2) 그것이다(Price & Longbottom 1987). 털 유래의 알레르겐은 소변 유래의 전알부민과 비슷한 분자량 (16-kDa)을 가졌으나 다당류잔기(polysaccharide residue)를 가지고 있다. 털 유래의 알레르겐은 털 소낭과 염소조직의 피부각질층, 사람의 털에서 분비된다(Longbottom & Price 1987, Price & Longbottom 1989). 피부와 혈청에 존재하는 알부민은 민감한 사람에게 있어서 알레르겐으로 작용한다(Ohman *et al.* 1975, Schumacher 1980, Sirganian & Sandberg 1979).

계통이 다른 마우스 소변 단백질 간에 작은 차이점이 확인되었으나 (Finlayson *et al.* 1974), 이들은 알레르기 유발성에 영향을 미치지는 않는다 (Schumacher *et al.* 1981). 랫드의 α_{2u}-globulin과 마우스 전알부민 간에 상당한 정도의 유사성이 있다(Clark et al. 1984, Hastie *et al.* 1979). 정제된 α_{2u}-globulin 이 MUP 활성 클론의 증식을 유도한다는 사실(Gurka *et al.* 1989)과 RAST저해법 실험을 통해서 이 두 단백질 간에 교차반응이 확인되었다(Gordon *et al.* 1994b, Long bottom 1983).

요약하지면, 마우스 알레르겐의 주요 원인물질은 동물의 소변과 오줌에 있으며 더렵혀진 깔짚 또한 알레르기 위험요소임을 인식하여야 한다.

기니픽 *Guineapig (Cavia porcellus)*

기니픽에 대해 민감한 피험자를 대상으로 한 피부단자시험과 RAST 저해시험을 통해 기니픽의 털, 침, 소변의 순서로 가장 중요한 알레르기 원인물질임이 밝혀졌다. 대략 피험자의 반정도는 기니픽 혈장과 알부민에 특이적인 IgE를 가지고 있었다. 전기영동법에 의해 기니픽의 피부에서 많은 단백질이 발견되었다(Ohman *et al.* 1975, Walls *et al.* 1985 a, b). 피부에서의 주요 알레르겐은 10~22-kDa의 분자량을 가졌고, 기니픽 소변에는 많은 산성 단백질을 포함하고 있었는데, 이들 중 가장 심한 알레르겐 물질은 75~50-kDa의 분자량을 가졌다. CRIE 연구를 통해 기니픽과 관련된 배설물 중에서 14개의 엘레르겐을 발견하였는데 이들 중 4개가 비듬, 털, 침, 소변이었다(Walls *et al.* 1985 a, b). 기니픽의 대변에서는 알레르겐이 거의 발견되지 않았다.

기니픽에서는 털이 가장 중요한 알레르겐의 원인물질이며, 이를 제외하면 기니픽을 다룰 때 있어서 알레르기 위험요소는 랫드와 마우스에서와 동일하다.

토끼 Rabbit (Oryctolagus cuniculus)

토기 알레르겐은 소변, 털, 침, 비듬, 피부 등에서 모두 발견된다(Ohman *et al.* 1975, Price & Long bottom 1986, 1988a, Warner & Longbottom 1991). CIE를 통해 주요 토끼 알레르겐인 Ag R1이 밝혀졌고, 17-kDa의 당단백질인 것으로 나타났다. Ag R1은 침과 털에서 주로 발견된다. 알부민과 면역글로블린 경사슬 이중체(immunoglobulin light chain dimer)는 피부, 혈장, 소변에서 작은 부분의 알레르겐으로 확인되었다.

다른 동물들 Other mammals

일반 사람의 약 30%는 고양이와 개에 대해 알레르기를 가지고 있다. 고양이(Schou, 1993)와 개에서 생기는 알레르겐이 최근에 밝혀졌다. 이 두 종에서 발생하는 알레르겐의 중요한 분비원은 피부, 침, 소변이다. 주요 알레르겐인 Fel d1과 Can f1은 피부와 침에서 고농도로 존재한다. 흥미롭게도 이량체(dimeric) Fel d1 분자의 α-chain은 토끼의 uteroglobulin과 28%의 서열유사성이 있다(Morgenstern *et al.* 1991). 피부에서도 발견되는 혈상단백질인 알부민은 아마도 작은 부분을 차지하는 알레르겐이지만 고양이와 개 사이에 발견되는 알레르기 교차반응에 영향을 미칠지도 모른다.

비록 털 길이 등과 같은 털가죽의 특성이 알레르겐의 확산에 영향을 미칠지라도 특징적으로 야기되는 알레르겐에 대한 증거는 적다. 저빌(McGivern *et al.* 1985), 원숭이(Petry *et al.* 1985), 모빌원숭이(A J Newman Taylor, personal communication)에서의 알레르겐에 대한 연구는 거의 없다. 이들 종에 대한 직업적 알레르기는 아마도 흔하지 않은 것으로 사료된다. 비록 원숭이 알부민에 대한 피부시험이 보고되기는 했지만 이들의 알레르겐에 대한 어떠한 자세한 연구도 수행되지 않았다(Simon 1941).

곤충 *Insects*

몇몇 종의 곤충은 직업적 알레르기와 관련이 있고 알레르겐에 대한 자세한 연구가 수행되었다. 이들에게 알레르겐을 유발하는 물질들은 배변, 분비물, 털, 비늘, 허물에 존재한다. 파리를 키우는 케이지에서 먼지와 함께 있는 공기 중의 파리 알레르겐은 아마도 배변에서 유래된 것으로 추측된다. 유사하게, 배설물이나 장내 막은 대부분 Schistoceraca gregaria나 locusta migratoria와 같이 공기로 운반되는 메뚜기 알레르겐이 원인이다(Tee *et al.* 1988).

기타 알레르기 유발 위해물질 *Other allergenic hazards*

새로운 깔짚과 사료는 랫드와 기니픽에 대해 민감한 사람들에게는 알레르기를 유발하지 않는 것으로 관찰되었다(Walls & Longbottom 1983b, Walls *et al.* 1985b). 그러나 보관된 사료와 깔짚은 보관 중 진드기로 오염될 수 있다. 집 진드기(*Dermatophagoides pteronyssinus*)와 마찬가지로 보관 중에 생기는 진드기(*Lepidolgyphus destructor*)는 여러 환경에서 존재하면 중요한 직업적 알레르기의 유발물질이 되어 농부들 사이에 주요한 알레르겐의 원인이 되거나(van Hage-Hamsten 1992) 제빵업자의 높은 감작 비율에 영향을 미친다(Tee *et al.* 1992).

포름알데하이드(Burge *et al.* 1985)나 글루타알데하이드(Cullinan *et al.* 1992)와 같은 화학물질도 간호사나 방사선 사진사와 같은 직업을 가진 사람들에게 호흡기 알레르기를 일으킨다. 이러한 경우 발병성이 매우 복잡하고 부분적으로 그들의 자극적 특성에 기인한다. 포름알데하이드에 의해 기관지 수축을 일으키는 환자의 혈청에서 포름알데하이드에 대해 특이적 IgE 유도를 확인한 하나의 연구결과보고서가 있다(Grammer et al. 1993).

고무장갑에 의해 접촉성 두드러기나 천식이 발생할 수 도 있다(for review see Levy *et al.* 1992). 고무에 대해 특이적 IgE 반응을 일으키는 사람은 5% 미만으로 적지만(Committee Report 1993), 규칙적으로 고무장갑을 착용하는 사람은 위험에 노출되어 있다. 저자극성 장갑은 즉시 내성에 견디므로 이러한 곳에 이용할 수 있다(Cormio *et al.* 1993). 슥 현재 공기 중에 있는 고무 알레르겐을 정량하는 것은 가능하다. 최근 연구에서는 장갑의 개수와 형태 (예를 들면, 가루가 있는 것과 없는 것)에 따라서 알레르겐 위험성의 정도에 영향을 미침을 보여주고 있다(Heilman *et al.* 1996, Swanson *et al.* 1994).

비록 이 장에서 알레르기를 일으키는 원인물질이 천식이나 특정한 직업적 환경에서 리노결합을 일으키는 것으로 증명되었지만 동물과 노동자들의 관련성에 대해서는 잘 알려지지 않았다.

동물사육시설에서 공기 유래 알레르겐의 측정 Measurement of airborne allergens in animal facilities

측정방법 Methods of measurement

공기 유래 알레르겐의 정량은 식물의 화분립이나 진드기 몸체처럼 뚜렷한 형태를 가진 물질이나 곰팡이 포자처럼 배양이 가능한 물질 혹은 이소시안산염과 같이 화학적으로 측정이 가능한 물질에 한정되어 있다(Newman Taylor & Tee 1989). 동물알레르겐과 같이 형태가 없는 알레르겐의 정량적 측정은 면역학적 측정법에 의해 가능하다.

공기에서 유래된 동물알레르겐 측정을 위한 여러 형태의 면역학적 측정법이 있으나 이들 모두는 적당한 동물 단백질에 특이적으로 결합할 수 있는 항체가 있어야만 된다. 다클론항체 측정법은 RAST 저해법(first described by Agarwal *et al.* 1981)과 같은 특이적 인간 IgE를 이용하는 측정법과 토끼나 다른 동물에서 사용되는 특이적 IgG 항혈청 측정법을 포함한다. 항혈청에 기초한 다클론항체 측정법의 장점은 이들이 다양한 공기 유래 알레르겐을 측정할 수 있다는 점에 있지만, 항혈청용액(pool)이 고갈되었을 때 측정의 표준화에 문제가 발생한다. 후자의 문제는 단일클론항체가 개발되면서 해결되었다. 최근에 측정법은 두개의 다른 중복되지 않은 항원인식부위(epitope)에서 유래한 단일클론항체를 이용하는 방향으로 발전하여왔다(Platts-Mills *et al.* 1989). 이 측정법은 집 먼지 진드기의 주요 알레르겐(Der p 1 and Der f 1)과 고양이의 주요 알레르겐 (Fel d1)을 측정하는데 사용되어 왔다(Chapman *et al.* 1988, Lombardero *et al.* 1988). 이 방법은 다클론항체를 이용하는 측정법보다 민감하고, 진드기와 고양이 알레르겐을 측정하는 데 있어서 전 세계적으로 표준화된 측정법으로 이용되어 왔다. 하지만 단일클론항체의 특성 상 이 측정법은 오직 적당한 마커로서 이용될 수 있는 한 종류의 주요 알레르기 구성물만 측정이 가능하다. 적절한 마커 (Rat n 1)는 랫드 사육실의 공기 중 먼지에서 확인할 수 있고(Gordon *et al.* 1996), 단일세포에서 유래하는 항체의 분석이 발전하고 있다(Renstrom *et al.* 1996b). 그러나 이러한 알레르겐은 적어도 세 개의 주요한 알레르겐 중 하나이므로 랫드 노출 정량법에 대한 적합성을 판단하는 데는 추가적인 연구가 필요하다(Renstrom *et al.* 1996a). 다른 종의 동물에 있어서 마커 단백질의 발굴과 측정법의 발전은 아직 미미한 상태이다.

환경에서 공기 유래 알레르겐의 측정은 직업적 알레르겐 노출의 통제와 에어로알레르겐 노출에 의한 알레르기 질환의 증가 원인에 대한 연구의 성장에 의해 점점 중요해지고 있다. 랫드(Corn *et al.* 1988, Davies *et al.* 1983b, Edwards *et al.* 1983, Eggleston *et al.* 1989, Gordon *et al.* 1992a, Hollander *et al.* 1996, Lewus *et al.* 1988, Platts-Mills *et al.* 1986, Price & Longbottom 1988b, Sakaguchi *et al.* 1989 and 1990, Swanson *et al.* 1985)와 마우스(Gordon *et al.* 1997a, Hollander *et al.* 1996, Ohman *et al.* 1994, Twiggs *et al.* 1982)로부터 공기 유래 알레르겐을 측정하는 방법은 이미 확립되어 있다. 동물과 연구자 간에 공기 유래의 알레르겐을 절대적인 측정치로 비교하기는 어렵다. 예를 들어 랫드에서 보고된 알레르겐의 수준은 $10^{-10}g/m^3$에서 $10^{-6}g/m^3$이다. 최근 랫드 소변의 공기 유래 알레르겐을 측정을 하기 위해 채용된 필터링과 추출법에 의하면 결과에 영향을 미치는 가장 중요한 요소는 추출완충액에서의 Tween 20의 포함여부이다. 0.5%의 Tween 20은 알레르겐 추출을 10배 증가시켰다(Gordon *et al.* 1992b). 또 다른 요소로는 측정방법과 표준물질 등이 있다(Hollander *et al.* 1999, Renstrom *et al.* 1999). 분석 연령 표준화는 현재 가장 빠르게 시도되고 있다.

노출 데이터 Exposure date

보고된 바에 따르면 알레르겐의 단위는 다양하게 나타나지만, 동물알레르겐은 이와 달리 그 수가 매우 일정하게 관찰된다. 공기 중 알레르겐의 농도는 동물 사육실에서 가장 높은데 특히 청소작업과 같은 상태에서 높다(Edwards *et al.* 1983, Swanson *et al.* 1984, Twiggs *et al.* 1982). 동물과 함께 일할 때 개인적인 노출은 정지상태에서 보다 3~10배 높다(Davies *et al.* 1983b, Eggleston *et al.* 1989, Gordon *et al.* 1992b, Price & Longbottom 1988b). 안정된 상태에서의 랫드 사육실의 공기 중 알레르겐 농도는 300ng/m^3(Edwards *et al.* 1983)에서 2.3ng/m^3 (Eggleston et al. 1989)사이이다. 반면 작업하는 동안 발생하는 공기 중 알레르겐 농도는 3.6μg/m^3(Price & Longbotom 1988b)에서 15ng/m^3(Eggleston et al. 1989) 사이이다. 마우스에서 관찰된 공기 중 알레르겐의 농도는 위와 비슷한 변화(Gordon *et al.* 1997a, Hollander *et al.* 1996)를 보인다.

랫드, 마우스, 기니픽 알레르겐은 1~15μm의 큰 먼지를 발생한다. 알레르겐 유발 입자의 직경은 공기 유입 경로에서 축척되는 부위를 결정하여 질병 증상을 결정지으므로 알레르겐 유발 입자의 크기 분포는 중요하다. 일반적으로 10~15μm 보다 큰 입자는 주로 코에 축척되고, 2.5μm 보다 작은 입자는 폐로 들어가며, 중간 크기인 2.5~10μm는 기관지에 축척된다. 공기 중에 측정되는 입자 크기의 분포는 연구 조건에 따라 달라진다(Platts-Mills *et al.* 1986). 동물 알레르겐의 약 30%는 호흡기성 입자로 확인되었다(Corn *et al.* 1988, Swanson *et al.* 1990). 동물 사육장의 공기 중 먼지는 보통 적게 나타나고 전체 먼지의 측정값을 알레르겐 노출값으로 대신하지 못한다(Nieuwenhuijsen *et al.* 1994).

노출 반응 Exposure-response

질병에 관한 실험동물 알레르겐 노출은 주당 근무시간과 같이 동물 접촉 빈도나 작업기술과 같은 노출 평가를 통한 질적 방법으로 연구되었다. 교차군 연구(Cross-sectional study)로부터의 결과는 변수가 많기 때문에(Agrup *et al.* 1986, Beeson *et al.* 1983, Cockcroft *et al.* 1981), 최근의 결과는 증상과 노출 사이의 관계(Aoyama *et al.* 1992, Kibby *et al.* 1989)에서 찾는다.

Botham과 그의 동료들이 수행한 장기적인 연구에서는 개개인이 호흡기 보호를 했을 경우 실험동물 알레르기 사고가 일관되게 감소를 나타내었다(Botham *et al.* 1987, Botham & Teasdale 1987). 이것은 알레르겐에 대한 노출 시간을 줄일 수 있다면 실험동물 알레르기를 크게 줄일 수 있음을 명확히 제시하고 있다. 그러나 최근 연구에서 이러한 증상에 대해 보고된 바는 적으나, 동물에서 나타나는 알레르기 반응이 줄어드는 것에 대한 발생 빈도는 동일하게 유지됨이 확인되었다(Botham *et al*. 1995).

랫드의 공기 중 알레르겐 노출을 정량화하려는 연구는 거의 없으며, 이러한 측정의 부족은 노출과 증상의 발병률 사이에서 발견되는 여러 요소가 관여하기 때문이다. 실험동물 알레르기의 유행과 발병률상에 랫드 소변 노출의 상관관계에 대한 조사연구가 최근에 보고되었다(Cullinan *et al*. 1994). 일부 종업원의 RUA 노출은 Corn과 Esmen의 방법을 이용하여 측정하였다(1979). 노출측정에 대한 이러한 연구에서, 종업원들은 그들이 수행하는 작업의 유사성에 따라 그룹 혹은 구역으로 분류되었다. 각 구역내에 대표적인 작업자의 노출을 측정함으로써, 전체 작업의 노출을 측정할 수 있었다. 공기 중 알레르겐 노출그룹을 낮은 단계 (0.04μg/m^3), 중간 단계 (1.07μg/m^3) 그리고 높은 단계 (31.80μg/m^3)로 분류하는 것은 증상의 유행이 노출증가 경향을 증가시킴을 보여주지만, 이들의 상관관계는 피부증상과 민감도(랫드 소변에 대한 양성 피부단자시험)에 대해서만 유의성이 있음을 보여준다. 이러한 관찰은 소위 "생존자 효과(survivor effect)"라 명시한다. 피부증상은 호흡 증상에 비해 즉시 내성이 생기므로 호흡증상을 가진 사람들은 다음 노출 시 증상이 줄어들게 된다.

비록 전염병학적 목적의 노출 데이터는 간략하게 세 가지로 요약되지만, 작업장은 9개의 노출 그룹으로 나누었다. 이 연구에서 6개의 주요 직업분류와 연관된 랫드 소변의 알레르겐 농도는 그림 1(Gordon *et al*. 1994a)에 나타내었다. 필터는 Gordon *et al*(1992a)에 의해서 권고된 추출조건을 사용하여 준비하였으며, 공기알레르겐 농도는 소변 표준물질을 사용하여 RAST 저해법으로 측정하였다. 비록 분류된 모든 직업에서 발생하는 측정가능한 랫드 소변의 공기알레르겐 노출을 연구하였음에도 불구하고, 랫드를 매일 관리하는 것은 고농도의 공기알레르겐에 노출되는 것이다. 비교에 따르면, 랫드를 사육하는 사육실 안의 정지상태의 랫드 소변의 공기 유래 알레르겐 농도는 3.4μg/m^{3}이고, 사육실 복도는 0.1μg/m^{3}였다. 각 작업 기술 그룹 내에서 RUA 농도에 대한 변이는 크다. 비록 공조기 위치 등과 같은 위치에 대한 변이와 작업순서에서 변수는 이러한 73%의 변이(Nieuwenhuijsen *et al*. 1995a)를 설명할 수 있을지 모르나 노출의 이질성에 작용하는 요소는 거의 설명하지 못한다.

비록 질병의 위험성을 갖는 다른 노출 사이의 상관관계는 알지 못하지만, Cullinan과 그의 동료들의(1999) 관찰은 랫드의 어떠한 노출은 감작 및 질병으

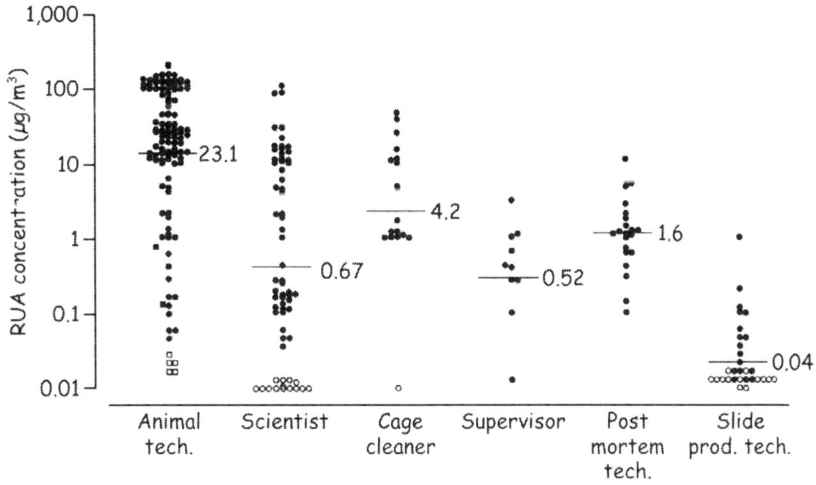

그림 1. 각 작업 구역별 랫드 소변유래 공기 중 알레르겐

● : 뚜껑 개방형 케이지에서 사육, ■ : Isolator에서 사육, (–) : 평균값

로의 발전할 위험성과 관련이 있는 것으로 고려되어야함을 제시하고 있다. 이러한 코호트(cohort)에서 작업자들은 5년동안 연구되었고, 부분적 교차 분석에 대해 대체로 비슷한 결과를 나타낸다. 이것은 모든 형태의 증상은 노출 후 처음 12개월 내에 가장 공통적이며, 랫드 소변의 피부단자시험에서의 양성증상과 밀접하게 관련이 있음을 확인하여 준다. 눈과 코 증상은 피부 증상 다음으로 가장 공통적이다. 흥미롭게도 작업과 관련된 이러한 증상들은 랫드 소변의 피부단자시험을 통한 검사 전에 보고되는 경향이 있다. 랫드 소변의 공기 유래 알레르겐 농도는 실제적으로 피부나 눈, 코의 증상과 관련이 있으며, 랫드 소변의 피부단자시험에서는 명확하지만 가슴 증상과는 관계가 없다. 이러한 발견은 각 결과와 양성적으로 연관된 아토피 상태나 흡연에 비의존적임을 보여준다. 그러나 잔존물의 영향은 무시할 수 있다(Cullinan *et al.*, 1999).

알레르기의 방지 Management and prevention of allergy

안전작업 실행에 관한 일반적인 기준은 모든 신규채용 종사자에게 제공되어야 하며, 업데이트된 기준은 기존 종사자들에게 제공되어야 한다. 모든 종사자는 알레르기 유발 유해물질과 실험동물에 노출되는 것, 발생할 수 있는 모든 증상과 발생되지만 보고되지 않은 잠재적으로 심각한 결과를 의식하고 있어야 한다(Health and Safety Executive 1994).

주기적으로 종사자들을 모니터링해야 하며, 여기에는 설문지나 피부단자시험이 포함되어야 한다. 이것은 종사자 채용시점부터 시작해야 한다. 어떤 연구자는 아토피 환자가 실험동물을 다루는 일을 하지 말아야 한다고 주장(Lincoln *et al*. 1974, Pattersin 1964, Schumacher *et al*. 1981)하는 반면, 대부분의 다른 연구자는 아토피는 실험동물 알레르기로 발전하지 않는다고 한다(Newill *et al*. 1986, Newman Taylor & Gordon 1993). 모니터링에서, 고용 집단의 1/3정도가 제외되는 것은 용인되지 않는다.

어떤 연구에서는 흡연이 실험동물 알레르기를 증가시키는 요인이라고 하지만 흡연은 결코 절대적인 요인은 아니다. 다른 애완동물의 알레르기가 실험동물 알레르기를 악화시킨다는 증거는 없다. 또한 천식이나 기관지염에 걸린 사람이 실험동물 알레르기에 걸리기 쉽다는 증거는 없다. 그러나 만약 근로자가 이 질병들로 인해 호흡에 지장이 생기게 되면 실험동물 알레르기로 발전해 보다 심각하게 영향을 미칠 수도 있다. 만약 알레르기 증상이 보인다면, 매달 폐기능에 대한 검사를 실시하여야 한다. Intal (Phone-Poulenc Rorer)과 같은 계속적인 약물은 이러한 증상을 억제하기위해 처방될 수있다. 만약 천식이 발생했다면, 비록 그 것이 그들의 직업을 잃게 되더라도, 종사자는 가능하면 빠른 시일 내에 동물과의 접촉을 피하도록 권고를 해야 한다.

비록 알레르기의 발생은 관련된 알레르겐의 노출과 관련이 있다고 믿어지지만(ABPI 1987, Andersson *et al*. 1990, ESAC 1990), 환기 구조와 같은 건물구조와 질병의 발생률 간의 상관관계에 대해 밝혀진 자료가 부족한 상황이다. 그러나 실험동물 알레르기를 줄이기 위한 노력에서 첫째로 공기 중의 알레르겐의 양을 줄일 수 있는 환경 제어에 초점이 맞춰져야 한다. 건물, 환기구조, 동물 사육, 작업순서, 개인적인 위생, 개인 보호 장구(Hunskaar & Fosse 1993)를 포함하여 공기 중 알레르겐을 줄이기 위한 몇몇의 시도가 있어왔다. 기술자, 운전자, 세탁업자 등과 같은 관련된 작업자들도 간접적으로 노출될 수 있는 여지가 있다.

동물 엘레르겐노출을 측정하는 민감한 방법의 출현은 환경, 혹은 상태, 조사되는 엘레르겐의 농도를 감소시키기 위해 계획된 조정연구를 효과적이게 만들었다. Edward와 동료들(1983)은 동물 알레르겐의 수준은 공조율과 상대습도를 증가시킴으로서 감소시킬 수 있음을 증명하였지만, 유효성있는 감소는 동물의 건강을 결정하고 작업을 편안하게 할 수 있는 조건에서 달성될 수 있다. 그러나, 공조기술에서 최근의 발전은 좀더 실용적인 기능을 제공하고 있다 (Jones *et al.*, 1995).

두 가지 연구는 랫드(Gordon *et al.* 1992a)와 마우스(Sakaguchi *et al.* 1990) 알레르겐의 전파에 더러운 깔짚의 중요성을 증명하고 있다. 이것은 동물이 직접 접촉되지 않는 흡수 패드를 사용함으로서 깔짚과의 직접 접촉하지 못하도록 유지한다면, 소변 내 공기 유래 알레르겐의 농도를 확실히 줄일 수 있다(그림 2). 만약 이러한 것의 사용이 불가능하다면 크기가 큰 깔짚을 사용하는 것이 좋기 때문에 톱밥보다는 나뭇조각이 낫다. 공기 중 알레르겐의 농도를 줄일 수 있는 가장 간단한 방법은 케이지 내 동물의 밀도를 낮추는 것이다(그림 3) (Gordon *et al.* 1992b, Nieuwenhuijsen *et al.* 1995b). 이것이 여의치 않다면

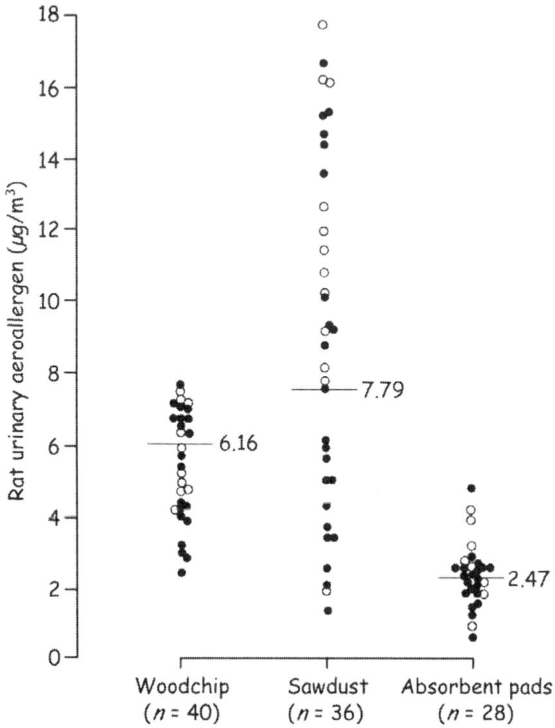

그림 2. 짚 형태가 랫드 소변 유래 공기 알레르겐 농도에 미치는 영향

○ : 청소한 날 측정한 수치, – : 평균값

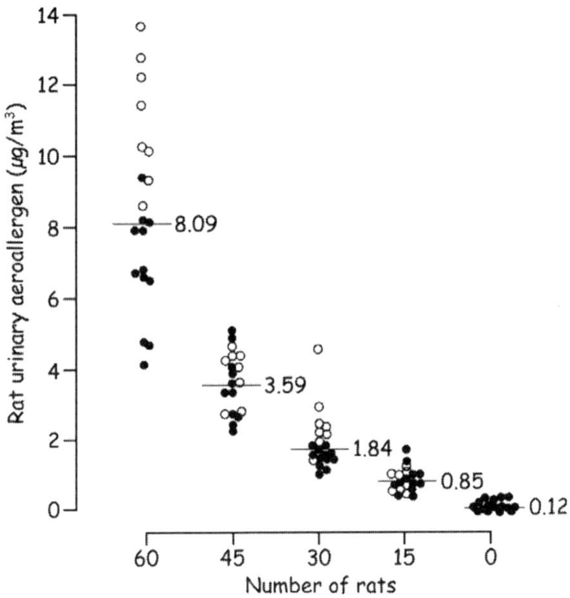

그림 3. 사육 밀도가 랫드 소변 유래 공기 알레르겐 농도에 미치는 영향
○ : 청소한 날 측정한 수치, – : 평균값

flexible film isolator나 filter-top 케이지가 효과적이다. 그러나 동물에게 일어날 수 있는 잠재적인 건강 문제 때문에 만약 케이지 내 환기 장치가 추가적으로 제공된다면, 이것의 일시적인 사용은 심사숙고해야 한다(Keller *et al.* 1989). 비록 각 케이지가 양압의 환경인 Barrier 시스템에서 사육된다 할지라도, 개별 환기가 되는 케이지를 사용하는 것은 알레르겐의 누수를 최소화 하면서 많은 동물을 사육 가능하도록 할 것이다(Gordon *et al.* 1997b).

HEPA 필터를 거친 공기를 순환시킨다면 알레르겐의 생성속도를 줄일 수 있어서 좋다(Swanson *et al.* 1990). 동물을 다루면서 발생하는 알레르겐의 오염을 방지하기 위해 환기가 되는 작업대를 마련한다면 그렇지 않은 경우보다 알레르겐의 노출을 약 25배정도 줄일 수 있다. 그러나, 적절하지 않은 케비넷 환기는 보호요인을 감소시킨다(Gordon *et al.*, 1997b). 동일한 연구는 더러운 깔짚을 제거하기 위해 진공장치(vaccum system)을 시험하였고, 알레르겐의 노출을 더 많이 줄일 수 있는 반면 작업 시간은 길어짐을 발견하였다. 이러한 장비가 주는 안전성은 아직은 분명하지 않아서 추가적인 호흡기 보호 장비의 사용이 고려되어야 한다.

개별 보호 장구가 실험동물알레르기의 증상을 완화시킬 수 있다는 연구보고가 있다. 공기 분사식 호흡장치 헬멧은 천식 증상을 약 75%정도 줄일 수 있는 것으로 나타났다(Slovak *et al.* 1985). 그러나 이런 장구를 쓰고 작업하기는 쉽지 않다. 필터에는 많은 알레르겐을 포함하고 있으므로 교환할 때 주의해야 한다. 따라서, 환기장치가 되어 있는 작업 장소에서 하는 것이 가장 이상적이다. 수술할 때 쓰는 간단한 마스크보다 스프레이 페인팅 할 때 사용하는 미세먼지 마스크가 더 효과적이다. 하지만 입김이 마스크의 안쪽에 축척되기 때문에 마스크를 재사용할 수는 없다. 얼굴 마스크의 모양은 최근 상당히 좋아지기는 하였지만 알레르기를 막는 이들의 효과에 대한 연구결과는 거의 없다.

대부분의 현대식 동물시설에서는 미생물오염을 막기 위해서 작업하는 동안 특수한 옷을 입도록 하고 있다. 이것은 가운, 모자, 마스크 그리고 신발을 포함한 완전한 수술복에서부터 간단한 실험복까지 가능하다. 옷을 디자인할 때는 옷소매 안쪽으로 알레르겐이 침투하지 않도록 해야 한다. 만약 오염된 아마포가 시설 밖으로 배출되어야 한다면, 뜨거운 물을 담을 수 있는 세탁봉투가 사용되어야만 한다. 사람들이 동물 작업을 하지 않을 때는 독립된 시설을 제공하여야 한다. 이곳에는 동물시설 내에 적절한 샤워시설과 세척시설, 평상복을 분리하여 보관하는 락커를 갖는 탈의실, 별도의 사무실, 그리고 휴게실을 포함하여야 한다.

동물을 다루는 작업 경로는 작업자 주변에 알레르겐의 확산을 방지하기 위한 방향으로 계획되어야 한다. 여기에는 몇몇 가이드라인이 보고되어 왔다(ABPI 1987, Andersson *et al.* 1990, Bland *et al.* 1987, ESAC 1990). 더러운 깔짚은 동물시설에 있어서 가장 심각한 알레르겐의 근원이며, 케이지는 개방된 방에서 청소되어서는 안된다. 환기작업대와 같은 전용장비가 제공되어야 하는데 무엇보다도 더렵혀진 깔짚의 접촉을 최소화하여야 한다.

결막염이나 두드러기의 의학적 증상은 매우 심각할 수 있으며, 계속적으로 노출된 천식환자들은 더욱 심각한 증상으로 발전 할 수 있다. 그러나, 증상의 심각성은 매우 다양하며, 개인의 노출과 내성에 의존적이다(Eggleston *et al.* 1995). 실험동물 알레르겐의 조기발견은 그들의 노출을 감소시키거나 혹은 작업자의 재배치와 같은 사전예방법을 적용할 수 있으며, 심각한 질병으로의 진행을 막을 수 있다 (ABPI 1987). 증상을 가진 작업자는 증상의 원인이 되는 동물에 더 이상 노출되지 않도록 해야 한다. 연구 과제를 끝내야 한다든가 새로운 일자리를 바로 찾지 못해서 즉각 그렇게 하는 것이 불가능하다면, 짧고 제한된 시간 내에 일을 끝내야 한다. 그러나 노출을 줄이고 치료를 받아야 하며 호흡기 보호구를 착용해야 한다. 실험동물 알레르기의 사회적인 영향은 매우 많으며, 삶의 질에 영향을 줄 수 있다(Hunakaar & Fosse 1990). 비록 면역치료가 공통적인 환경 알레르겐에 대한 과민감도의 치료를 위하여 미국에서 일반화되기는 했지만, 이와 같은 치료는 위험을 동반할 수 있으며, 그래서 영국에서 알레르기 증상의 약리학적 관리는 더욱더 선호되고 있다.

결론 Concluding statement

실험동물을 다루는 사람의 1/3은 알레르기 증상을 보이며, 이중 약 10%는 천식으로 발전한다. 그래서 알레르기 증상에 대한 조기진단을 실시해야 하며 가능성이 있는 작업자는 더 이상 노출이 되지 않도록 해야 한다.

발병률을 줄이기 위해서는 작업자에 의해 흡입되는 공기 중 알레르겐의 농도를 줄여야한다. 보다 장기적인 연구는 실제 질병 발생률을 제시하기 위하여 요구된다. 공기 알레르겐 측정 방법의 발전과 더불어, 노출-반응 관계는 결정될 수 있어야 하며, 공기 알레르겐을 줄이기 위한 수단의 효율성은 평가 되어야 한다. 이러한 것이 통제방법을 위한 권장된 표준이 될 것을 희망하지만, 이것은 음압 아이소레이터의 사용이 동물 알레르겐의 발생을 완전히 막는 유일한 방법이 될 수 있을 가능성이 있다.

참고문헌 References

ABPI (The Association of the British Phamaceutical Industry) (1987) *Advisory note onl allergy to laboratory animals* (Dewdney JM, Johnson RD, Skidmore IF, Slovak AJM, Teasdale EL, Williams CA, eds). London: ABPI

Agarwal MK, Yunginger JW, Swanson MC, Reed CE (1981) An immunochemical method to measure atmospheric allergens. *Journal of Allergy and Clinical Immunology* **68**, 194-200

Agrup G, Belin L, Sjostedt L, Skerfving S (1986) Allergy to laboratory animals in laboratory technicians and animal keepers. *British Journal of Industrial Medicine* **43**, 192-198

Agrup G, Sjöatcdt L (1985) Contact urticaria in laboratory technicians working with animals. *Acta Dermato-Venereologica* **65**, 111-115

Alt JM, Hackbarth H, Deerherg F, Stolte H (1980) Proteinuria in rats in relation to age-dependent renal changes. *Laborotory Animals* **14**, 95-101

Andersson S, Baneryd K, Lindh G (1990) *Working with laboratory animals.* Arbetesskydsstyrelsen, Publikasjonsservice, AFS; 11, 29

Aoyama K, Ueda A, Manda F, Matsushita T, Ueda T, Yamauchi C (1992) Allergy to laboratory animals: an epidemiological study. *British Journal of Industrial Medicine* **49**, 41-47

Bacchini A, Caetani E, Cavaggioni A (1992) Pheromone binding properties of the mouse, *Mus musculus. Experientia* **48**, 419-421

Bauer M, Patnode R (1984) Health hazard evaluation report HETA-81-121-1421. West Virginia: NIOSH (National Institute for Occupational Safety and Health)

Baur X (1982) Chironomid hemoglobin. A major allergen for humans. *Chirononmus* **2**, 24-25

Bayard C, Holmquist L, Vesterberg O (1996) Purification and identification of allergenic α_{2u}-globulin species of rat urine. *Biochmica et Biophysica Acta* **1290**, 129-134

Beeson MF, Dewdney JM, Edwards RG, Lee D, Orr RG (1983) Prevalence and diagnosis of laboratory animal allergy. *Clinical Allergy* **13**, 433-442

Bellas TE (1990) Occupational inhalant allergy to arthropods. *Clinical Reviews of Allergy* **8**, 15-29

Bland SM, Evans RE, Rivera JC (1987) Allergy to laboratory animals in health care personnel. *Occupational Medicine* **2**, 525-546

Bond HE (1962) A sex-associated protein in liver tissue of the rat and its response to endocrine manipulation. *Nature* **198**, 242-244

Borghoff SL Short BG, Swenberg JA (1990) Biochemical mechanisms and pathobiology of α_{2u}-globulin nephropathy (Review). *Annual Reviews of Phamacology and Toxicology* **30**, 349-367

Botham PA, Davies GE, Teasdale EL (1987) Allergy to laboratory animals: a prospective study of the incidence and of the influence of atopy on its development. *British Journal of Industrial Medicine* **44**, 627-632

Botham PA, Lamb CT, Teasdale EL, Bonner SM, Tomenson JA (1995) Allergy to laboratory animals: a follow up study of its incidence and of the influence of atopy and pre-existing sensitisation on its development. *Occupational and Environmental Medicine* **52**, 129-133

Botham PA, Teasdale EL (1987) Allergy to laboratory animals, *Biologist* **34**, 162-163

Bryant DH, Boscato LM, Mboloi PN, Stuart MC (1995) Allergy to laboratory animals among animal handlers. *The Medical Journal of Australia* **163**, 415-418

Burek JD, Duprat P, Owen R, Peter CP, Van Zwieten MJ (1988) Spontaneous renal disease in laboratory animals (Review). *International Review of Experimental Pathology* **30**, 231-319

Burge PS, Harries MG, Lam WK, O'Brien IM, Patchett PA (1985) Occupational asthma due to formaldehyde. *Thorax* **40**, 255-60

Chapman MD (1993) Dissecting cockroach allergens. *Clinical and Experimental Allergy* **23**, 459-461

Chapman MD, Aalberse RC, Brown MJ Platts-Mills TAE (1988) Monoclonal antibodies to the major feline allergen *Fel d*1. *Journal of Immunology* **140**, 812-818

Chapman MD, Heymann PW, Wilkins SR, Brown MJ, Platte-Mills TAE (1987) Monoclonal immunoassays for major dust mite (*Dermatophagoides*) allergens, *Der p*1 *and Der f*1, and quantitative analysis of the allergen content of mite and household dust extracts. *Journal of Allergy and Clinical Immunology* **80**, 184-194

Clark AJ, Clissold PM, Shawi RA, Beattie P, Bishop J (1984) Structure of mouse urinary protein genes: different splicing configurations in the 3' non-coding region. *EMBO Journal* **3**, 1045-1052

Cockcroft A, Edwards J, McCarthy P, Andersson N (1981) Allergy in laboratory animal workers. *Lancet* **i**, 827~830

Committee Report (1993) Task force on allergic reactions to latex. *Journal of Allergy and Clinical Immunology* **92**, 16-18

Cormio L, Turjanmaa K, Talja M, Andersson LC, Ruutu M (1993) Toxicity and immediate allergenicity of latex gloves. *Clinical and Experimental Allergy* **23**, 618-623

Corn M, Esmen NA (1979) Workplace exposure zones for classification of employee exposures to physical and chemical agents. *American Industrial Hygiene Association Journal* **40**, 47-57

Corn M, Koegel A, Hall T, Scott A, Newill C, Evans R (1988) Characteristics of airborne particles associated with animal allergy in laboratory workers. *Annals of Occupational Hygiene* **32** (Supplement I), 435-446

Cullinan P, Cook A, Gordon S, Nieuwenhuijsen MJ, Tee RD, Venables KM, McDonald JC, Newman Taylor AJ (1999) Allergen exposure, atopy and smoking as determinants of allergy to rats in a cohort of laboratory employees. *Eur Respir J* **13**, 1139-1143

Cullinan P, Hayes J, Cannon J, Madan I, Heap D, Newman Taylor AJ (1992) Occupational asthma in radiographers. *Lancet* **340**, 1477

Cullinan P, Lowson D, Nieuwenhuijsen MJ, Gordon S, Tee RD, Venables KM, McDonald JC, Newman Taylor AJ (1994) Work-related symptoms, sensitisation and estimated exposure in workers not previously exposed to laboratory rats. *Occupational and Environmental Medicine* **51**, 589-92

Davies GE, Thompson AV, Niewola Z, Burrows GE, Teasdale EL, Bird DJ, Phillips DA (1983a) Allergy to laboratory animals: a retrospective and a prospective study. *British Journal of Industrial Medicine* **40**, 442-449

Davies GE, Thompson AV, Rackham M (1983b) Estimation of airborne rat-derived antigens by ELISA. *Journal of Immunoassay* **4**, 113-126

Dinh B-L, Tremblay A, Dufour D (1965) Immunochemical study on rat urinary proteins: their relation to serum and kidney proteins (chromatographic separation of the major urinary protein). *Journal of Immunology* **95**, 574-582

Edwards RG, Beeson MF, Dewdney JM (1983) Laboratory animal allergy: the measurement of airborne urinary allergens and the effects of different environmental conditions. *Laboratory Animals* **17**, 235-239

Eggleston PA, Ansari AA, Adkinson NF, Wood RA (1995) Environmental challenge studies in laboratory animal allergy. Effect of different airborne allergen concentrations. *Journal of Allergy and Clinical Immunology* **151**, 640-646

Eggleston PA, Newill CA, Ansari AA, Pustelnik A, Lou S-R, Evans R III, Marsh DG, Longbottom JL, Corn M (1989) Task-related variation in airborne concentrations of laboratory animal allergens: Studies with *Rat n*I. *Journal of Allergy and Clinical Immunology* **84**, 347-52

ESAC (Education Services Advisory Committee) (1990) *What you should know about allergy to laboratory animals*. Sheffield, UK: HMSO

Finlayson JS, Asofsky R, Potter M, Runner CC (1965) Major urinary protein complex of normal mice: origin. *Science* **149**, 981-982

Finlayson JS, Potter M, Shinnick CS, Smithies O (1974) Components of the major urinary protein complex of inbred mice; Determination of NH_2-terminal sequences and comparison with homologous components from wild mice. *Biochemical Genetics* **11**, 325-335

Fuortes LJ, Weih L, Jones ML, Burmeister LF, Thorne PS, Pollen S, Merchant JA (1996) Epidemiologic assessment of laboratory animal allergy among university employees. *American Journal of Industrial Medicine* **29**, 67-74

Gordon S, Kiernan LA, Nieuwenhuijsen MJ, Cook AD, Tee RD, Newman Taylor AJ (1997a) Measurement of exposure to mouse urinary proteins in an epidemiological study. *Occupational and Environmental Medicine* **54**, 135-140

Gordon S, Tee RD, Lawson D, Newman Taylor AJ (1992a) Comparison and optimization of filter elution methods for the measurement of airborne allergen. *Annals of Occupational Hygiene* **36**, 575-587

Gordon S, Tee RD, Lawson D, Wallace J, Newman Taylor AJ (1992b) Reduction of airborne allergenic urinary proteins from laboratory rats. *British Journal of Industrial Medicine* **49**, 416-22

Gordon S, Tee RD, Newman Taylor AJ (1993a) Analysis of rat urine proteins and allergens by sodium dodecyl sulfate-polyacrylamide gel electrophoresis and immunoblotting. *Journal of Allergy and Clinical Immunology* **92**, 298-305

Gordon S, Tee RD, Newman Taylor AJ (1993b) Comparison of proteins and allergens in rat hair and urine. *Clinical and Experimental Allergy* **23** (Supplement l), 56 (abstract)

Gordon S, Tee RD, Newman Taylor AJ (1996) Analysis of the allergenic composition of rat dust. *Clinical and Experimental Allergy* **26**, 533-541

Gordon S, Tee RD, Nieuwenhuijsen M, Lawson D, Newman Taylor AJ (1994a) Measurement of airborne rat urinary allergen in an epidemiological study.

Clinical and Experimental Allergy **24**, 1070-1077

Gordon S, Wallace L Cook AD, Tee RD, Newman Taylor AJ (1997b) Reduction of exposure to laboratory animal allergens in the workplace. *Clinical and Experimental Allergy* **27**, 744-751

Gordon S, Welch JA, Tee RD, Newman Taylor AJ (1994b) Allergenic cross-reactivity between rat and mouse urine. *Clinical and Experimental Allergy* **24**, 176 [abstract]

Grammer LC, Harris KE, Cugell DW, Patterson R (1993) Evaluation of a worker with possible formaldehyde-induced asthma. *Journal of Allergy and Clinical Immunology* **92**, 29-33

Gurka G, Ohman J, Rosenwasser LR (1989) Allergen-specific human T cell clones: Derivation, specificity, and activation requirements. *Jonrnal of Allergy and Clinical Immunology* **83**, 945-954

Hastie ND, Held WA, Toole JJ (1979) Multiple genes coding for the androgen regulated major urinary proteins of the mouse. *Cell* **17**, 449-457

Health and Safety Commission (1999) *General COSHH ACOP and carcinogens ACOP and biological agents ACOP. Control of substances hazardous to health regulations 1999*. L5. Sudbury: HSE Books

Health and Safety Executive (1994) *Preventing asthma at work-how to control respiratory sensitisers. Sudbury*: HSE Books

Heilman DK, Jones RT, Swanson MC, Yunginger JW (1996) A prospective, controlled study showing that rubber gloves are the main contributor to latex aeroallergen levels in the operating room. *Journal of Allergy and Clinical Immunology* **98**, 325-330

Hollander A, Gordon S, Renstr m A, Thissen J, Doekes G, Larsson P, Malmberg P, Venables KM, Heederik D (1999) Comparison of methods to assess airborne rat and mouse allergens levels I: Analysis of air samples. *Allergy* **54**, 142-149

Hollander A, van Run P, Spithoven J, Heederik D, Doekes G (1996) Exposure of laboratory animal workers to airborne rat and mouse urinary allergens. *Clinical and Experimental Allergy* **26**, 617-626

Home Office (1987) *Statistics of experiments on living animals, Great Britain 1986*. London: HMSO

Hunskaar S, Fosse RT (1990) Allergy to laboratory mice and rats: a review of the pathophysiology, epidemiology and clinical aspects. *Laboratory Animals* **24**, 358-374

Hunskaar S, Fosse RT (1993) Allergy to laboratory mice and rats: a review of its prevention, management and treatment. *Laboratory Animals* **27**, 206-221

Jones RB, Kacergis JB, MacDonald MR, McKnight FT, Turner WA, Ohman JL, Paigen B (1995) The effect of relative humidity on mouse allergen levels in an environmentally controlled mouse room. *American Industrial Hygiene Association Journal* **56**, 398-401

Keller LSF, White WJ, Snider MT, Lang CM (1989) An evaluation of intra-cage ventilation in three animal caging systems. *Laboratory Animal Science* 39, 237-242

Kibby T, Powell G, Cromer J (1989) Allergy to laboratory animals: A prospective and cross-sectional study. *Journal of Occupational Medicine* **31**, 842-846

Laperche Y, Lynch KR, Dolan KP, Feigelson P (1983) Tissue-specific control of alpha$_{2u}$-globulin gene expression: constitutive synthesis in the submaxillary gland. *Cell* **32**, 453-460

Levy DA, Charpin D, Pecquet C, Leynadier F, Vervlo t D (1992) Allergy to latex. Allergy **47**, 579-587

Lewis DM, Bledsoe TA, Dement JM (1988) Laboratory animal allergies. Use of the radioallergosorbent test inhibition assay to monitor airborne allergen levels. *Scandinavian Journal of Work and Environmental Health* **14** (Supplement 1), 74-76

Lincoln TA, Bolton NE, Garrett AS (1974) Occupational allergy to animal dander and sera. *Journal of Occupational Medicine* **16**, 465-469

Lombardero M, Carreira J, Duffort O (1988) Monoclonal antibody based radioimmunoassay for the quantitation of the main cat allergen (*Fel d*1 or cat-1). *Journal of Immunological Methods* **108**, 71-76

Lombardi JR, Vandenbergh JG, Whitsett JM (1976) Androgen control of the sexual maturation pheromone in house mouse urine. *Biology of Reproduction* **15**, 179-186

Longbottom JL (1980) Purification and characterisation of allergens from the urines of mice and rats. In: *Advances in Allergology and Immunology* (Oehling A, Glazer E, Arbesman C, eds). Oxford: Pergamon Press: pp 483-490

Longbottom JL (1983) Characterisation of allergens from the urines of experimental animals. In: *Proceedings of XIth International Congress of Allergology and Clinical Immunology* (Kerr TW, Ganderton MA, eds) London and Basingstoke: Macmillan Press: pp 525-529

Longbottom JL, Price JA (1987) Allergy to laboratory animals: characterisation and source of two major mouse allergens Agl and Ag3. *International Archives of Allergy and Applied Immunology* **82**, 450-452

Lorusso JR, Moffat S, Ohman JL (1986) Immunologic and biochemical properties of the major mouse urinary allergen (Mus *ml). Journal of Allergy and Clinical Immunology* **78**, 928-937

Luczynska CM, Arruda LK, Platte-Mills TAE, Miller JD, Lopez M, Chapman MD (1989) A two-site monoclonal antibody ELISA for the quantification of the major *Dermatophagoides* spp. allergens; *Der p*1 and *Det f*1. *Journal of Immunological Methods* **118**, 227-235

Lutsky I (1980) Occupational asthma in laboratory animal workers. In: *Occupational asthma* (Frazier CA, ed). New York: Van Nostrand Reinhold Co: pp 193-208

Lutsky II, Fink JN, Kidd J, Dahlberg MJE, Yunginger JW (1985) Allergenic properties of rat urine and pelt extracts. *Journal of Allergy and Clinical Immunology* **75**, 279-284

Mancini MA, Majumdar D, Chatterjee B, Roy AK (1989) Alpha2u-globulin in modified sebaceous glands with pheromonal functions: localisation of the protein and its mRNA in preputial, meibomian and perianal glands. *Journal of Histochemistry and Cytochemistry* **37**, 149-157

McGivern D, Longbottom JL, Davies D (1985) Allergy to gerbils. *Clinical Allergy* **15**, 163-165

Meredith SK, Taylor V, McDonald JC (199l) Occupational respiratory disease in the United Kingdom: a report to the British Thoracic Society and the Society of Occupational Medicine by the SWORD project group. *British Journal of Industrial Medicine* **48**, 292-298

Morgenstern JP, Griffith IJ, Brauer AW, Rogers BL, Bond JF, Chapman MD, Kuo Mei-chang (1991) Amino acid sequence of *Fel d*l, the major allergen of the domestic cat: protein sequence analysis of cDNA cloning. *Proceedings of the National Academy of Science* **88**, 9690-9694

Newill CA, Evand R, Khoury MJ (1986) Preemployment screening for allergy to laboratory animals: Epidemiologic evaluation of its potential usefulness. *Joumal of Occupational Medicine* **28**, 1158-1164

Newman Taylor AT, Gordon S (1993) Laboratory animal and insect allergy. In: *Asthma in the workplace* (Bernstein IL, Chari-Yeung M, Malo J-L, Bernstein DI, eds). New York: Marcel Dekker Inc: pp 399-414

Newman Taylor AJ, Longbottom JL, Pepys J (1977) Respiratory allergy to urine proteins of rats and mice. *Lancet* ⅱ, 847-849

Newman Taylor AJ, Tee RD (1989) Occupational lung disease. *Current Opinion in Immunology* **1**, 684-689

Nieuwenhuijsen MJ, Gordon S, Harris JM, Tee RD, Venables KM, Newman Taylor AJ (1995a) Variation in rat urinary aeroallergen levels explained by differences in site, task and exposure groups. *Annals of Occupational Hygiene* **39**, 819-825

Nieuwenhuijsen MJ, Gordon S, Harris JM, Tee RD, Venables KM, Newman Taylor AJ (I995b) Determinants of airborne allergen exposure in an animal house. *Occupational Hygiene* **1**, 317-324

Nieuwenhuijsen MJ, Gordon S, Tee RD, Venables KM, McDonald JC, Newman Taylor AJ (1994) Exposure to dust and rat urinary aeroallergens in research establishments. *Occupational and Environmental Medicine* **51**, 593-596

Ohman JL, Hagberg K, MacDonald MR, Jones RR, Paigen BJ, Karcergis JB (1994) Distribution of airborne mouse allergen in a major breeding facility. *Journal of Allergy and Clinical Immunology* **94**, 810-817

Ohman JL, Lowell FC, Bloch KJ (1975) Allergens of mammalian origin: Ⅱ. Characterisation of allergens extracted from rat, mouse, guinea pig and rabbit pelts. *Journal of Allergy and Clinical Immunology* **55**, 16-24

Patterson R (1964) The problem of allergy to laboratory animals. *Laboratory Animal Care* **14**, 466-469

Perlman F (1958) Insects as inhalant allergens. Considerations of aerobiology, biochemistry, preparation of materials and clinical observations. *Journal of Allergy* **29**, 302-328

Petry RW, Voss MJ, Kroutil BS, Crowley W, Bush RK, Busse WW (1985) Monkey dander asthma. *Journal of Allergy and Clinical Immunology* **75**, 268-271

Platte-Mills TAE, Chapman MD, Heymann PW, Luczyuska CM (1989) Measurement of airborne allergen using immunoassays (Review). *Immunology and Allergy Clinics of North America* **9**, 269-283

Platts-Mills TAE, Heymann PW, Longbottom JL, Wilkins SR (1986) Airborne allergens associated with asthma: Particle sizes carrying dust mite and rat allergens measured with a cascade impactor. *Journal of Allergy and Clinical Immunology* 77, 850-857

Price JA, Longbottom JL (1986) Allergy to rabbits I. Specificity and non-specificity of RAST and crossed-radioimmunoelectrophoresis due to the presence of light chains in rabbit allergenic extracts. *Allergy* **41**, 603-12

Price JA, Longbottom JL (1987) Allergy to mice I. Identification of two major mouse allergens (Agl and Ag3) and investigation of their possible origin. *Clinical Allergy* **17**, 43-53

Price JA, Longbottom JL (1988a) Allergy to rabbits II. Identification and characterization of a major rabbit allergen. *Allergy* **43**, 39-48

Price JA, Longbottom JL (1988b) ELISA method for measurement of airborne levels of major laboratory animal allergens. *Clinical Allergy* **18**, 95-107

Price JA, Longbottom JL (1989) Allergy to mice II. Further characterisation of two major mouse allergens (AG 1 and AG 3) and immunohistochemical investigations of their sources. *Clinical and Experimental Allergy* **20**, 71-77

Renstrom A, Gordon S, Hollander A, Spithoven J, Larsson PH, Venables KM, Heederik D, Malmberg PL (1999) Comparison of methods to assess airborne rat or mouse allergen levels Ⅱ: Factors influencing allergen detection. *Allergy* **54**, 150-157

Renstr m A, Gordon S, Larsson PH, Tee RD, Newman Taylor AJ, Malmberg PL (1996a) Comparison of a monoclonal enzyme linked immunosorbent assay (ELISA) and a radioallcrgosorbent (RAST) inhibition method for aeroallergen measurement. Clinical and Experimental Allergy 27, 1314-1321

Renstr m A, Larsson PH, Malmberg PL (1996b) A new amplified monoclonal rat allergen assay used for evaluation of ventilation improvements in animal rooms. Journal of Allergy and Clinical Immunology 100, 649-655

Reuter AM, Kenncs F, Leonard A, Sassen A (1968) Variations of the prealbumin in serum and urine of mice according to strain and sex. Comparative Biochemistry and Physiology 25, 921-928

Ross DJ, Sallie BA, McDonald JC (1995) SWORD '94: surveillance of work-related and occupational respiratory disease in the UK. Occupational Medicine 45, 175-178

Roy AK, Chatterjee B, Demyan WF, Milin BS, Motwani NM, Nath S, Schiop MJ (1983) Hormone and age-dependent regulation of 2u-globulin gene expression (Review). Recent Progress in Hormonal Research 39, 425-461

Roy AK, Neuhaus OW (1966) Identification of rat urinary proteins by zone and immunoelectrophoresis. Proceedings of the Society of Experimental Biology and Medicine 121, 894-899

Roy AK, Neuhaus OW (1967) Androgenic control of a sex-dependent protein in the rat. Nature 214, 618-620

Rudzki E, Rebandel P, Rogozinski T (1981) Contact urticaria from fat tail, guinea pig, streptomycin and vinyl pyridine. Contact Dermatitis 7, 186-188

Sakaguchi M, Inouye I, Miyazawa H, Kamimura H, Kimura M, Yamazaki S (1989) Evaluation of dust respirators for elimination of mouse aeroallergens. Laboratory Animal Science 39, 63-66

Sakaguchi M, Inouye S, Miyazawa H, Kamimura H, Kimura M, Yamazaki S (1990) Evaluation of counter measures for reduction of mouse airborne allergens. Laboratory Animal Science 40, 613-615

Schou C (1993) Defining allergens of mammalian origin (Review). Clinical and Experimental Allergy 23, 7-14

Schumacher MJ (1980) Characterisation of allergens from the urine and pelts of laboratory mice. Molecular Immunology 17, 1087-1095

Schumacher MJ, Tait BD, Holmes MC (1981) Allergy to murine antigens in a biological research institute. Journal of Allergy and Clinical Immunology 68, 310-318

Shaw PH, Held WA, Hastie ND (1983) The gene family for major urinary proteins: Expression in several secretory tissues of the mouse. Cell 32, 755-761

Simon FA (1941) Device for rapid performance of skin test by scratch methods. Journal of Allergy 12, 191-192

Sirganian RP, Sandberg AL (1979) Characterisation of mouse allergens. Journal of Allergy and Clinical Immunology 63, 435-442

Slovak AJM, Hill RN (1981) Laboratory animal allergy: a clinical survey of an exposed population. British Journal of Industrial Medicine 38, 38-41

Slovak AJM, Orr RG, Teasdale EL (1985) Efficacy of the helmet respirator in occupational asthma due to laboratory animal allergy (LAA). American Industrial Hygiene Association Journal 46, 411-415

Soparkar GR, Patel PC, Cockcroft DW (1993) Inhalant atopic sensitivity to grasshoppers in research laboratories. Journal of Allergy and Clinical Immunology 92, 61-65

Spieksma FTM, Vooren PH, Kramps JA, Dijkman JH (1986) Respiratory allergy to laboratory fruit flies (Drosophila melanogaster). Journal of Allergy and

Clinical Immunology 77, 108-113
Stewart GA, Thompson PJ (1996) The biochemistry of common aeroallergens. Clinical and Experimental Allergy 26, 1020~1044
Swanson MC, Agarwal MK, Reed CE (1985) An immunochemical approach to indoor aeroallergen quantitation with a new volumetric air sampler: Studies with mite, roach, cat, mouse and guinea pig antigens. Journal of Allergy and Clinical Immunology 76, 724-729
Swanson MC, Agarwal MK, Yunginger JW, Reed CE (1984) Guinea pig derived allergens. Clinicoimmunologic studies, characterisation, airborne quantitation and size distribution. American Review of Respiratory Disease 129, 844-849
Swanson MC, Bubak ME, Hunt LW, Yunginger JW, Warner MA, Reed CE (1994) Quantification of occupational latex aeroallergens in a medical centre. Journal of Allergy and Clinical Immunology 94, 445-451
Swanson MC, Campbell AR, O'Hollaren MT, Reed CE (1990) Role of ventilation, air filtration, and allergen production rate in determining concentrations of rat allergens in the air of animal quarters. American Review of Respiratory Disease 141,1578-1581
Teasdale EL, Davies GE, Slovak A (1993) Anaphylaxis after bites by rodents. British Medical Journal 286, 1480
Tee RD, Gordon DJ, Gordon S, Crook B, Nunn AJ, Musk AW, Venables KM, Newman Taylor AJ (1992) Immune response to flour and dust mites in a United Kingdom bakery. British Journal of Industrial Medicine 49, 581-587
Tee RD, Gordon DJ, Hawkins ER, Nunn AJ, Lacey J, Venables KM, Cooter RJ, McCaffery AR, Newman Taylor AJ (1988) Occupational allergy to locusts: an investigation of the sources of the allergen. Journal of Allergy and Clinical Immunology 81, 517-525
Tee RD, Gordon DJ, Lacey J, Nunn AJ, Brown M, Newman Taylor AJ (1985) Occupational allergy to the common house fly (Musca domestica): use of immunologic response to identify atmospheric allergen. Journal of Allergy and Clinical Immunology 76, 826-831
Twiggs JT, Agarwal MK, Dahlberg MJE, Yunginger JW (1982) Immunochemical measurement of airborne mouse allergens in a laboratory animal facility. Journal of Allergy and Clinical Immunology 69, 522-526
van Hage-Hamsten M (1992) Allergens of storage mites. Clinical and Experimental Allergy 22, 429-431
Vandoren G, Mertens B, Heyns W, Van Baden H, Rombauts W, Verhoeven G (1983) Different forms of 2u-globulin in male and female rat urine. European Journal of Biochemistry 134, 175-181
Venables KM, Tee RD, Hawkins ER, Gordon DJ, Wale CJ, Farrer NM, Lam TH, Baxter PJ, Newman Taylor AJ (1988) Laboratory animal allergy in a pharmaceutical company. British Journal of Industrial Medicine 45, 660-666
Walls AF, Longbottom JL (1983a.) Quantitative immunoelectrophoretic analysis

of rat allergen extracts. I Antigenic characterisation of fur, urine, saliva and other rat-derived materials. Allergy 38, 419-431

Walls AF, Longbottom JL (1983b) Quantitative immunoelectrophoretic analysis of rat allergen extracts. Ⅱ Fur, urine and saliva studied by crossed radioimmunoelectrophoresis. Allergy 38, 501-512

Walls AF, Newman Taylor AJ, Longbottom JL (1985a) Allergy to guinea pigs: Ⅰ. Allergenic activities of extracts derived from the pelt, saliva, urine and other sources. Clinical Allergy 15, 241-251

Walls AF, Newman Taylor AJ, Longbottom JL (1985b) Allergy to guinea pigs: Ⅱ. Identification of specific allergens in guinea pig dust by crossed radioimmunoelectrophoresis and the investigation of the possible origin. Clinical Allergy 15, 535-546

Warner JA, Longbottom JL (1991) Allergy to rabbits. Ⅲ. Further identification and characterization of rabbit allergens. Allergy 46, 481-491

Watt AD, McSharry CP (1996) Laboratory animal allergy: anaphylaxis from a needle injury. Occupational and Environmental Medicine 53, 573-574

Weaver RN, Gray JE, Schultz JR (1975) Urinary proteins in Sprague-Dawley rats with chronic progressive nephrosis. Laboratory Animal Science 25, 705-710

Wirtz RA (1980) Occupational allergies to arthropods. Bulletin of the Entomological Society of America 26, 356-360

3

감염성 위해

M J Dennis

목차

서론 Introduction

실험동물분야는 다른 과학 분야와 더불어 지속적으로 발전하고 있다. 지난 십년에 걸쳐 놀랄 만한 발전이 있었으며, 실험동물의 유용성 및 고품질의 실험동물에 대한 수요가 이것을 나타내 준다. 대부분의 상업적 공급업체들은 바이러스가 전혀 없는 설치류를 공급하고 있고, 베리어시설 및 SPF 환경에서 동물을 생산하고 있다. 윤리적 이유를 포함하여 여러 원인 때문에 야생에서 포획한 동물은 연구에 사용하지 않고 있으며, 규격화된 시설에서 생산한 동물을 사용하고 있다. 영장류는 특별한 경우로 분류하여, 정부 당국이 동물의 수출입을 더욱 엄격하게 관리하고 있다. 일반적으로 과학계에서는 널리 알려진 바와 같이, 포획 및 수송으로부터 오는 스트레스를 받은 동물보다 사육한 동물이 과학적으로 더 유용한 것으로 알려져 있다.

이런 요인들 때문에 실험동물의 과학적 가치는 지속적으로 증가하고 있으며, 인수공통전염병과 같은 위험도 꾸준히 감소하고 있다. 하지만 이와는 반대로 과학의 발전은 연구자 및 동물관리자들에게 매우 위험할 수 있는 모델동물의 개발을 초래하기도 하였다. 그 예로 형질전환동물과 면역결핍동물의 개발은 더 많은 종류의 감염원에 쉽게 감염될 수 있는 동물을 낳았고, 장기 및 조직을 인간에게로 이식하는 행위는 인류 감염의 또 다른 원인이 되고 있다.

위해물질과 위해성 Hazards and risks

감염관리에 관한 법률과 지침은 위해성 평가 및 폐기물 처리 등의 내용을 포함하고 있으며, 본 저서의 7장과 8장에서 다루었고 미생물학적 위해성 평가 처리에 대한 지침은 이 장의 맨 마지막 부분에서 다룰 것이다. 실험동물 이용과정에서 야기되는 감염성 위험과 위해에 대한 적절한 평가가 필요하며, 적절한 주의가 요망된다. 다음의 고려사항은 위해성 평가 과정에 매우 중요한 사항이다.

다른 실험과는 달리 동물실험은 미생물과 동물이 매개하는 인수공통감염원에 의한 감염 위험이 있다. 따라서 동물을 수용하는 모든 시설은 어느 정도는 감염원에 노출되어 있다고 보아야 한다. 동물시설 출입자의 감염원에 대한 위해성은 실험적 감염과 인수공통감염으로 구분 할 수 있다.

실험적감염 Experimental infections

동물을 이용한 감염원 연구는 미생물을 사용하는 다른 실험보다 더 위험하다고 봐야 한다. 왜냐하면 동물의 이용이 예상치 못한 다양한 변수들을 내포하고 있고 실험 중간에 동물을 감염시키는 단계 또는 검체 채취 과정에서 동물의 예상치 못한 행동에 의해 감염원에 노출될 수도 있기 때문이다.

감염원의 분류 Categorization of infectious agents

영국을 포함하여 많은 국가들에서는 연구자와 사회적 환경에 미치는 위해성에 따라서 감염원을 분류하고 있다. 감염원에 의한 위험성 평가는 다양한 변수들에 의존한다. 질병의 정도, 감염도, 감염 경로 및 예방 또는 치료법의 유무 등이 여기에 속한다.

영국의 고병원균자문위원회(ACDP)는 생물학적 원인체를 네 부류로 구분하고 있다.

제1부류. 인간에게 질병을 일으키지 않는 생물학적 원인체

제2부류. 인간에게 질병을 일으킬 수 있지만 주변으로 전파되지 않고 예방 및 치료법이 용이한 생물학적 원인체

제3부류. 인간에게 심각한 질병을 유발하며 주변으로 쉽게 전파되지만 예방 및 치료법이 용이한 생물학적 원인체

제4부류. 인간에게 심각한 질병을 유발하며 주변으로 쉽게 전파되면서 예방 및 치료법이 없는 생물학적 원인체

최근 ACDP의 "위해성에 따른 생물학적 원인체의 분류"(제4판)는 다양한 원인체를 분류하고, 이러한 분류 리스트는 생물학적 위험원의 일반적인 분류를 포함하는 European Community Directive(ECD) 93/88/EEC를 내포하고 있다. 비록 몇몇 개별 미생물만 차이가 있을 지라도 대부분의 국가들에서 위해성에 따른 분류 기준은 유사하게 적용되고 있다. 영국과 기타 유럽 연합국가들은 ECD 93/88/EEC를 채택하고 있다. 미국의 경우, 미국의 건강과 윤리서비스부서(US Departments of Health and Human Service, DHHS)(미생물과 생의학 연구실에서 생물안전, CDC-NIH, 1993)에서 관련 업무를 담당하고 있고, 캐나

다는 질병통제실험센터(Laboratory Center for Disease Control, LCDC)가 맡고 있으며, 호주는 오스트리아 표준협회(Standard Association of Australia(AS) 2243, part 3, 1991)에 관련 내용이 있다.

영국 농수산식품부(MAFF)의 특정동물병원체령(UK Minisstry of Agriculture Fisheries and Food, MAFF) 1998은 면허가 없이는 어떤 특정 미생물도 동물 내로 도입하거나 개인적으로 소유하는 것을 금지하고 있다. MAFF의 주 관심사는 병원체의 전파를 막는 것이므로 ACDP 권고안보다 더 강력하게 특정 미생물의 사용에 대해 제약을 두고 있다.

특정 미생물에 대한 위해성평가 및 감염위험도를 평가할 때는 다음의 몇 가지 사항을 주지해야 한다. 미생물의 동물에 대한 감염성, 감염부위, 감염원의 배출 여부 및 경로, 인간에 대한 감염성 및 감염을 유발할 수 있는 양 등이 있다. 표 1은 미국 국립보건원(US NIH)에서 제시한 인간에게 감염을 유발시키는 다양한 미생물의 최소 수를 나타내고 있다 (표 1).

감염경로는 어떤 미생물의 감염도를 결정하기도 하지만, 실험 과정에서는 인간에게 비정상적 경로를 통해 감염을 유발할 수도 있다. 예를 들면, 피부의 상처 부위를 통해 감염시키는 특정 세균은 극히 작은 수로도 질병을 유발시킬 수 있다. 실험 과정에서는 충분한 수의 미생물이 생성되므로 호흡기와 같은 다른 경로를 통해서도 질병을 유발할 수 있다. 많은 경우, 특정 경로에 의한 감염에 필요한 미생물의 수는 종에 따라서 다양하고, 동일 종 내에서도 계통에 따라

표 1 인간에 감염을 일으키는 감염원

Disease agent	Type	Route of infection	Dose+
Venezuelan equine encephalitis	Virus	Subcutaneous	1*
Parainfluenza 1	Virus	Intranasal	1
Poliovirus	Virus	Ingestion	2
Rubella	Virus	Pharyngeal	≥10
Coxsackie A21	Virus	Inhalation	≥18
Rubella	Virus	Subcutaneous	30
Rubella	Virus	Intranasal	60
SV40	Virus	Nasopharyngeal	10^3
Coxiella burnettii	Rickettsia	Inhalation	10
Rickettsia tsutsugamushi	Rickettsia	Intradermal	3
Francisella tularensis	Bacterium	Inhalation	10
Shigella flexneri	Bacterium	Ingestion	180
Bacillus anthracis	Bacterium	Inhalation	≥1300
Vibrio cholerae	Bacterium	Ingestion	10^8
Escherichia coli	Bacterium	Ingestion	10^8
VTEC 0157	Bacterium	Ingestion	40

+ 인간에게 감염을 유발시키는 미생물의 최소 수

서 달라진다. 일반적으로, 바이러스 및 리케치아는 세균보다 감염력이 강하지만, *Francesella tularensis*는 예외적으로 10개의 미생물만 흡입하여도 발병할 수 있음을 표 1에서 볼 수 있다 (표 1).

어떤 미생물이 숙주에 침투하여 질병을 유발할 수 있는 능력에 대해 언급할 때 감염성 및 비감염성의 개념을 유의해서 사용해야 한다. 왜냐하면 이 개념은 절대적인 용어가 아니라 상대적으로 사용되기 때문이다. 많은 비감염성 미생물도 심각한 질병을 유발할 수 있다. 미생물 흡입량이 감염시킬만큼 충분히 많거나 특정 동물에게는 비감염성이지만 다른 동물에게는 감염성인 경우도 있다. 예를 들면, SI9 백신은 *Brucella abortus*(Stableforth 1953)로부터 가축을 보호해 주지만 인간은 그렇지 못하다. 뿐만 아니라 비감염성 미생물이 동물 숙주를 옮겨 다니는 과정에서 감염성으로 바뀌거나 특정 동물 숙주에서 병원성 인자들이 선별적으로 선택되어 감염성 미생물만 생존하는 경우도 있다. 연구자의 실수에 의해 비감염성이 감염성으로 바뀔 수도 있다.

앞에서도 언급한 것처럼 최근 면역결핍 동물(예, nude 마우스와 랫드, SCID 마우스, 형질전환동물 등)의 개발을 통해 인간이 병원성균에 쉽게 감염되는 동물을 양산해 내고 있다. SCID마우스는 인간의 조직이식에 사용되는데, 정상적으로는 마우스에게 감염되지 않으나 사람에게만 감염되는 세균이 이식된 조직에 감염될 경우 마우스를 감염시킬 수 있고, 이는 다시 인간을 감염시킬 수 있다.

감염성 원인체의 위험도는 동물시설을 출입하는 사람들의 건강과 면역 상태에 달려 있다. Vaccinia 바이러는 평소에는 문제가 없지만 습진이 있는 사람에게는 심각한 질병을 유발할 수 있다. 정상 면역방어기작이 선천적 또는 후천적 원인에 의해 손상을 입어 면역결핍이 될 수도 있다 (예, HIV감염, 항암치료, 면역억제제 투여, 방사선치료, 임신 등). 이런 상황에서는 평상시에 아무 문제가 없던 미생물도 기회 감염균이 될 수 있고 때로 심각한 질병을 유발하기도 한다. 게다가 항생제 치료는 정상적으로 장내 미생물 균총의 불균형을 유발하여 특정 병원체의 증식을 유발할 수도 있다(Crubb *et al.* 1988).

감염경로 및 기작 Routes and mechanisms

감염성 질환 연구에 있어서 동물실험은 몇 단계로 구성되어 있으며, 모든 과정에서 어느 정도 위해성과 위험물질이 포함되어 있다: 동물의 감염, 질병 유발 및 시료채취, 부검, 사체 처리 등.

감염 방법 Methods of infection

동물을 감염시키는 가장 보편적인 방법은 주사기를 이용해 직접 주입시키는 것이다. 이 과정은 동물시설 내에서 수행되고 있는 가장 위험한 과정 중의 하나이다. "사고에 의한 감염"에 대한 설문 조사에서 약 25%가 주사기 때문에 일어난 사고였다(Sulkin & Pike 1951, Pike *et al*. 1965, Pike 1976). 주요 감염경로는 작업자가 주입할 때, 보조원이 동물을 보정하고 있을 때, 에어로졸을 흡입할 때, 손 또는 기타 신체의 오염에 의해 감염이 일어났다.

사고에 의한 감염원 주입은 매우 위험하다. 이러한 주입은 보정하기 어려운 동물을 취급하는 과정에서, 경험이 부족하거나 미숙련자의 실수에 의해 일어난다. 작업용 글로브가 장착된 isolator 또는 안전 캐비닛을 사용하거나 작업에 불편을 주는 제약이 있는 환경에서 실험할 때 주사기의 위험은 매우 높다. Collins와 Kennedy(1987)는 한 조사에서 주사바늘에 의한 감염이 50회나 되었다고 보고한 바 있다. 이와 같은 사고는 주사바늘을 끼우거나 뺄 때 주로 발생하였다. 예를 들면 혈액을 튜브에 넣을 때 주사바늘을 제거해야 하는데 이런 과정에서 사고가 발생할 수 있는 것이다. 또한 주사기에서 주사바늘 커버를 제거할 때도 주의하지 않으면 찔릴 수 있는 가능성이 매우 높다.

주사기로 작업하는 과정에서는 에어로졸이 발생하기 쉽다. 주사기에 감염원을 채운 다음 주사기 안에 있는 공기 방울을 제거하기 위해 공기 중으로 주사액을 밀어내는 과정에서 에어로졸이 종종 발생한다. 고무 뚜껑이 있는 시약용기에서 주사기를 이용해 시약을 빼낼 때도 에어로졸이 발생할 수 있다고 보고되고 있으나 분명하지는 않다. 고속 촬영사진에 의하면 주사기를 이용해 고무마개에서 바늘을 빼낼 때 시약이 몇 방울 떨어지는 것이 포착되었다(Darlow, 1972). 이 작은 시약 방울들이 에어로졸이 될 수 있으며, 크게는 떨어진 표면을 오염시킬 수도 있다.

주사바늘이 주사기에 꼭 끼어 있지 않으면 주사기 내의 액이 방출될 수 있다. 동물에 주사할 때나 용기에 주사바늘을 꽂을 때도 실수로 바늘이 날아가거나 주사기로부터 분리되기도 한다. 기니픽에 피하주사를 할 경우, 수포를 만들기 위해서는 2기압 정도가 필요한데 이는 매우 위험한 상황을 연출할 수 있다. 위험의 정도는 감염성 여부, 감염력, 미생물의 농도에 따라 다르다. 에어로졸의 전파에는 실험실의 공조도 한 몫을 하고 있다. 0.5 ml의 세균 배양액을 50.6 m^3의 실험실에 공조를 꺼놓고 방출하고 나서 10분 동안 공기를 채취하여 배양한 후 세균의 집락을 세어 보면 235개나 관찰되었다. 반면 공조를 시간당 11 환기의 속도로 켜 놓으면 동일한 시간에 124개만 검출되었으나 실험실 내부로 더 넓게 퍼져 나갔다(Hanel & Alg 1955). 따라서 공조시스템은 에어로졸이 더 넓게 더 빨리 퍼져 나가게 만든다. 에어로졸은 주사기를 떨어뜨리거나 부러질 때도 발생할 수 있고, 감염원이 들어있는 용기가 넘어지거나 뚜껑을 제거하는 과정에서도 발생할 수 있다.

주사기와 관련된 또 다른 위험으로는 만약 피스톤이 주사기 몸체에 꽉 끼어 있지 않으면 주사기 내부의 액이 뒤로 흘러내려 작업자의 손을 오염시킬 수 있다는 것이다. 피스톤과 주사기가 아무리 잘 맞더라도 모세관 현상에 의해서 감염원이 누출될 수 있고, 일회용 주사기의 경우 한 번 사용하고 나면 주사기 내의 밀봉이 깨져 내용물의 정량적 방출이 어려워진다.

동물에서 호흡기 감염 연구는 에어로졸 생성의 위험을 내포하고 있다. 에어로솔 물방울 내부에 원인체의 생존여부는 온도, 상대 습도, 물방울의 크기, 화학적 성분 등에 의해서 정해진다. 또한 실험적 요인에 의해서도 에어로졸 내의 미생물의 생존이 달라진다. 건조 및 표면 압력은 미생물의 생존에 치명적이다. 반면에 염농도 또는 단백질 성분의 함량은 오히려 미생물을 보호하는 효과를 나다낸다. 에어로졸 내의 방울의 크기는 흡입된 미생물이 호흡기의 어디에 정착할 지를 결정한다. 반경 1~3 μm의 입자는 기도 하부에 주로 정착하고, 5 μm 이상의 입자는 주로 비강 또는 인두에 정착하는 것으로 알려져 있다. 다양한 모델동물의 사용에서, 기관하부는 특정감염에 취약할 경우 감염을 유발하는 데 필요한 흡입 입자의 수는 입자 크기에 따라 급격히 증가한다. 반면 기관하부에 감염부위가 있을 경우 입자 크기는 미미하다. 이들 요인은 Dennis에 의해서 검토되었다(1986).

비강내 감염은 종종 콧구멍 전방에 수포를 유발하는데 증발에 의한 에어로졸 위험에 의해 유발될 수 있으며, 이는 접종 미생물의 농도와 밀접한 관계가 있다. Reitman 등(1954)은 박데리오파지를 마우스 비강 내 접종하는 과정에서 10^8/ml의 농도로 10마리를 접종할 경우 27개 입자가 회수되었다. 이 수치는 10^3/ml로 농도를 낮출 경우 0.1개로 회수된 입자 수가 감소되었다.

실험적으로 발생한 에어로졸에 직접 노출시켜 동물을 오염시킬 경우, 실험과정이 아무리 잘 통제되더라도 위험하다. 이런 종류의 시험 목적은 호흡기 감염으로 알려진 감염원의 자연적 감염경로를 재현하거나 다른 경로로 감염을 일으키는 오염원에 의한 위험을 확인하는 것이다. 이런 실험에 있어서 에어로졸 노출은 Henderson기기(Henderson, 1952)와 같은 특별 장비 내에서 실시해야 하거나 특수 container내에서 동물을 노출시켜야 한다. (Lillie & Thomson, 1972). 1차적으로는 비강 주변의 털이 미생물에 오염되고, 2차적으로는 동물의 몸 전체가 오염원이 될 수 있다. 또한 털을 핥거나 오염원을 섭취함으로써 재감염을 일으킬 수 있다. 두 가지 사례 모두에서 동물은 피부에서 오는 잠재적 감염의 위험과 에어로졸 흡입에서 오는 위험을 야기할 수 있음을 기억해야 한다.

감염 후 기간 Post-infection period

다음 단계는 감염 후 유지 시간이다. 이 시기에는 일반적으로 일상적인 동물 관리는 사육사들이 참여하고, 시료채취에는 연구자들이 관여할 것이다. 일정 시간 사육 후에 감염된 동물은 상처 난 부위의 고름 또는 혈액 같은 산물이나 기침, 콧물, 호흡, 사정과 같은 체액 등을 분비하게 되는데 많은 감염원들은 오줌 또는 변과 같은 형태로 분비되어 깔짚, 털, 케이지 표면, 바닥, 벽 등을 순식간에 오염시킨다.

동물사육사들은 감염동물을 관리할 때 여러 경로를 통해 에어로졸에 의한 감염원 노출 가능성이 있다는 것을 인지하고 있어야 한다. 감염된 깔짚이 날리는 경우 감염성 에어로졸을 생산한다. 이런 깔짚이 날리는 현상은 케이지 교환 또는 케이지 세척, 동물 취급 시에 빈번하게 일어나며 동물의 자연적 행동에 의해 오염이 가장 많이 일어난다(Weihe 1975). 이런 동물의 행동에 의한 오염은 동물이 야행성, 주행성에 따라서도 그 양상이 달라진다. 미생물의 전파는 동물 체온에 의한 대류에 의해서도 일어난다고 알려져 있는데(Teelmann & Weihe 1974) 요즘 동물시설에는 공조가 설치되어 있으므로 이런 현상은 미미하다.

호흡기를 통한 감염은 동물에서 발생한 에어로졸 내의 먼지, 동물 피부 껍질, 털, 마른 타액, 오줌 또는 분변 등의 흡입을 통해 일어난다. 일상적 사육관리 업무 과정에서 깔짚을 털거나, 바닥을 청소하는 도중에 에어로졸이 발생하며, 바닥 또는 물병 등을 세척할 때 오염원의 방울이 생성된다.

오염원 방울 또는 오염원이 튀기는 현상에 의해 직접적으로 오염원을 삼키거나 오염된 손을 통해 섭취할 위험도 있다. 작업자의 손으로 동물이나 폐기물을 직접 취급 할 때 오염될 수 있고 동물실 내의 펜, 연필, 기타 용구 등을 만지면서 오염될 수도 있다. 기록지 또는 책자 등도 쉽게 오염되는데 오염구역과 청정구역 사이를 이동할 경우에는 엄격하게 관리해야 한다. 동물실 내의 컴퓨터, 팩스와 같은 정보전달의 다른 방법들도 이 오염 여부를 고려해야 한다.

사람의 피부는 감염원이 침투하지 못하도록 방어하는 장애물 역할을 한다. 하지만 종종 극히 작은 상처가 미생물의 통로를 제공하기도 한다.

직접적으로 눈에 감염원이 튀길 경우는 결막을 통해 감염될 위험이 있다. 결막을 통한 감염에 대한 보고는 *Leptospira* (Gustafson & Moses, 1951), Coxsakie 바이러스(Dictsman *et al*, 1973), typhus(Wright *et al*, 1968), dengue (Melnick *et al*, 1948), toxoplasmosis (Field *et al*, 1972) 등에서 보고된 바 있다.

감염된 동물의 직접 취급은 케이지 교환 혹은 동물실험과 같은 관리과정 중에 자주 요구된다 . 이런 경우 동물에 물리거나, 할큄을 당하기도 한다. 그러므로 감염증상이 있는 동물은 고통을 느끼거나 예상치 못한 행동을 하거나 공격적이 되므로 각별한 주의를 기울여야 한다. Pike (1976)는 연구자들이 관련된 감염성 사고 703건 중에서 95건이 동물이 물거나 할퀴는 과정에서 일어났다고 보고한 바 있다.

동물에서 실험적 시료채취과정도 여러 가지 위험을 내포하고 있으며, 동물이 물거나 할퀴는 경우, 주사바늘에 의한 상처, 칼날과 같은 도구로 인한 상처, 해부 도중에 봉합 바늘에 찔리는 상처, 폐장 세척, 지장 또는 질 세척 과정에서 에어로졸 발생 등이 있다. 감염 동물에게 가스 안락사를 시킬 경우 작업자가 누출된 에어로졸에 노출될 위험이 있어서 방지 마스크를 사용하는 것이 좋다 (Schlech 1988).

부검 Necropsy

감염병 연구에 있어서 최종 단계는 부검인데, 이 과정에 가위, 칼날, 뼈조각 등 날카로운 도구에 의한 상처를 통한 감염의 위험이 높다. 에어로졸 위험은 피가 튀거나 체액이 흐르거나 기관을 절개할 때 생성된다. Pike (1976)에 의하면 3921건의 감염사고 중에서 75건이 부검과정에서 일어났다. 최근에는 Miller 등 (1987)의 연구에 의하면 12건의 도구에 의한 상처, 6건의 혈액 또는 체액의 분출, 4건의 결막 감염 등이 보고되었다. 따라서 감염가능성이 높은 혈액, 장기, 조직을 취급하거나 이송하는 것은 매우 위험한 작업이다.

모든 실험과정의 마지막 단계인 감염된 사체처리 작업은 매우 위험하며, 동물시설에서 멀리 떨어진 장소에서 사체를 소각할 때도 매우 위험하다.

인수공통감염 Zoonotic infections

앞에서 기술한 것처럼 실험동물표준은 지난 몇 년에 걸쳐 만들어졌으며, 야생 들쥐에 의한 출혈열 환자가 113명이나 발생했던 것은 이미 오래전 일이다(Kulagin *et al*. 1962). 그럼에도 불구하고 베리어 시스템이 깨지기도 하고, 실험동물로 가축 또는 영장류같은 다른 종의 동물도 사용되고 있지만 마우스와 랫드처럼 분명한 기준은 없는 상태이다. 이런 이유로 동물시설에서 근무하는 직원들은 인수공통감염 또는 'recycled' 인간감염에 대해서 늘 주의해야 한다. 야생 설치류 및 기생충의 출입을 철저히 통제해야 하고, 아무리 건강해 보이더라도 외부에서 들어온 동물은 격리해서 지켜봐야 한다. 국립동물질병센터의 보고서에서는 1960년부터 1985년까지 128건의 인수공통감염에 노출 사고를 언급하였고(Miller *et al*. 1962), 그 중에서 34건은 실제로 감염이 일어났다. 가장 위험한 감염은 *Brucella, Mycobaceterium, Leptosipira* 등이다.

감염된 동물은 질병의 징후를 명백하게 보이는 경우는 드물다. 특히 바이러스는 오랫동안 동물 숙주에서 생존할 수 있으며 만성 저등급 감염 또는 보이지 않는 잠재적 비감염 상태에 머무르기도 한다. 이러한 상태에 있다가 어떤 자극에 의해서 재활성화되기도 한다.

인수공통감염원의 대표적 예가 표 2에 나와 있으며 그 중에서 더 중요한 항목은 개별 동물 종을 다룰 때 논하기로 하자. 대부분의 실험동물의 청정상태는 동물시설 외부로부터 감염에 더욱 민감하게 만들기도 한다.

영장류 *Primates*

영장류는 인간과 생물학적으로 매우 밀접한 관계에 있기 때문에, 원숭이는 실험동물 중에서도 가장 위험한 인수공통 감염의 근원이다. 인수공통 감염원 중에서도 *Herpesvirus simiae*(B 바이러스), filovirus, Ebola virus, Rabies virus 등과 같은 감염원은 특별히 위험하며, vervet 유래의 SA8 바이러스 및 baboon herpesvirus와 같은 영장류의 herpesvirus도 주의해야 할 감염원이다. 최근 영장류의 바이러스 감염원에 대한 보고서에 의하면 많은 영장류에서 다양한 바이러스들이 감염원으로 보고 되었다(Kalter *et al*, 1997). 영장류는 mycobacteria, shigellae, salmonellae, poxvirus, protozoa, helminths 등의 인간 감염원의 매개체가 되고 있다. 이에 대한 지침은 ACDP에서 제공하고 있다 (1998). 따라서 특별한 목적의 실험에 영장류 실험이 꼭 필요한가에 대해서 윤리적 관점에서 세심하게 고려가 필요하다.

표 2 인수공통 감염원의 예

Animal source	Organism	Human disease	ACDP category
Primates	Filovirus	Marburg or Ebola haemorrhagic fever	4
	Herpesvirus simiae	Herpes B infection	3
	Rabies virus	Rabies	3
	Hepatitis virus	Hepatitis	3
	Shigella spp.	Dysentery	2
	Salmonella spp.	Gastroenteritis	2
	Mycobacterium tuberculosis	Tuberculosis	3
	Entamoeba histolytica	Amoebic dysentery	2
Rats and mice	LCM virus	Lymphocytic choriomeningitis	3
	Hantaan virus	Korean haemorrhagic fever	3
	Campylobacter spp.	Campylobacteriosis	2
	Streptobacillus moniliformis	Rat bite fever	2
	Spirillum minus	Rat bite fever	1
	Leptospira ballum	Leptospirosis (Well's disease)	2
	Salmonella spp.	Gastroenteritis	2
	Pseudomonas pseudomallei	Melioidosis	3
	Microsporum and *Trychophyton*	Ringworm	2
Guineapigs	*Salmonella* spp.	Gastroenteritis	2
	Mycobacterium tuberculosis	Tuberculosis	3
	Campylobacter spp.	Campylobacteriosis	2
	Microsporum and *Trychophyton*	Ringworm	2
	Leptospira spp.	Leptospirosis	2
Rabbits	*Salmonella* spp.	Gastroenteritis	2
	Pasteurella spp.	Septicaemia	2
	Microsporum and *Trichophyton*	Ringworm	2
Cats	*Pasteurella* spp., especially *P. multocida*	Septicaemia, meningitis	2
	Bartonella henselae	Cat scratch fever	2
	Toxoplasma gondii	Toxoplasmosis	2
	Toxocara cati	Ascarid infection, possible endophthalmitis due to larva migrans	2
Dogs	Rabies virus	Rabies	3
	Campylobacter spp.	Campylobacteriosis	2
	Leptospira spp.	Leptospirosis	2
	Toxocara canis	Ascarid infection, endophthalmitis	2
	Echinococcus	Hydatid disease	3
	Microsporum and *Trichophyton*	Ringworm	2
Birds	Newcastle disease virus	Conjunctivitis	2
	Chlamydia psittaci	Psittacosis (ornithosis)	3
	Campylobacter spp.	Campylobacteriosis	2
	Salmonella spp.	Gastroenteritis	2

Farm animals	*Coxiella burnettii*	Q fever	3
	Chlamydia spp.	Liver and kidney dysfunction, fetal abnormalities	3
	Orf virus	Dermatitis	2
	Brucella spp.	Brucellosis	3
	Campylobacter spp.	Campylobacteriosis	2
	E. coli 0157	Diarrhoea, kidney failure	3
	Microsporum and *Trichophyton*	Ringworm	2

Herpesvirus simiae

B 바이러는 아시아 원숭이에 존재하는 오래된 herpesvirus로서 1987년까지 24건의 인간감염사고가 보고되었고 21명이 치사하였다 (Palmer 1987). 최근에는 미국 플로리다에서 3명의 원숭이 사육사에게서 발병했고, 세 명의 사육사 중에서 한 명의 아내가 피부 상처를 통해 감염되었기 때문에 사람에게서 사람에게로 전염된다는 단서를 제공했다. 두 명은 죽었는데 모두 동일한 동물을 취급하는 동안 물렸거나 상처를 입은 것으로 나타났다 (MMWR 1987). 또한 한 마리의 건강한 원숭이와 다른 한 마리의 앓던 원숭이의 타액에서 모두 B 바이러스가 배출되었다. 근래에는 두 명의 원숭이 사육사가 물려서 감염되었는데 모두 사망하였고 (MMWR 1989), Nanda 등(1990)은 실험자의 눈에 B 바이러스가 감염되었다고 보고하였으며, 이들은 rhesus monkey에 물린 것으로 확인되었으며 6주 후에 사망하였다.

이러한 바이러스에 대한 항체를 갖고 있는 아시아 원숭이는 살아있는 동안 감염상태를 유지하며, 삼차신경절(trigeminal ganglia)에 바이러스 게놈을 운반한다(Boultrt 1975, Vizoso 1975, Boulter & Grant 1977). 인간의 *Herpesvirus hominis*와 유사하게, latent virus의 재활성화는 임신, 심각한 스트레스, 혹은 면역억제 기간동안 발생할 수 있다. 짧은 꼬리원숭이에서, 바이러스가 질병의 증거라는 일부 결과가 있다. 혀 혹은 구강 그리고 때때로 두 곳에서 동시에 궤양과 소포가 나타난다.

커다란 위험은 물리거나 혹은 할퀴을 당한 rehesus 원숭이 취급자뿐만 아니라 일차 신장세포배양 혹은 기관의 균질화(homogenizing)와 같은 조직 혹은 그들의 분비물을 취급하는 사람들에게 발생할 수 있다. 감염된 일부 사람들은 신체적인 외상이 없으며, 그래서 감염의 에어로졸 경로를 밝힐 수가 없다. Cynomologus macaques와 바븐(baboons)과 같은 다른 종도 바이러스를 운반

한다.

B 바이러스 감염의 위험은 작지만, 엄격한 주위가 요망된다. 또한 실험용으로는 모든 감염원 항목에서 음성인 원숭이를 사용해야 한다. 만약 혈청 검사에서 양성을 보인 동물이나 항체가가 불확실한 동물이 있다면 동물을 취급하고 사육할 때 물리거나 할퀌을 당하지 않도록 주의해야 한다. 이런 동물들은 면역억제를 유발하는 실험에는 사용해서는 안된다.

기타 herpesvirus Other herpesvirus

아프리카 긴꼬리 원숭이는 혈청학적으로 B 바이러스와 유사한 SA8 바이러스에 감염되는데 감염된 원숭이에 물린 작업자가 뇌염으로 사망하였다 (MRC 원숭이 바이러스 협회, 1990). 개코원숭이도 SA8 바이러스와 밀접한 관계가 있는 바이러스에 감염된다.

B 바이러스가 New World 영장류에서는 발견되지 않는 반면에, Melendez는 1968년에 뇌염에 걸렸거나 *Herpesvirus tamarinus* 항체가 있는 영장류와 접촉한 환자들의 분석으로부터 "사람은 New World herpesvirus에 감염된다"고 보고하였다. 또 다른 herpesvirus로는 *Herpesvirus saimiri*가 있는데 이 바이러스는 거미원숭이에 의해 전파되며 다른 영장류에서 악성 림프종 또는 백혈병을 일으킨다. 따라서 사람 질병의 가능성을 늘 염두에 두어야 한다.

Filovirus 감염 Filovirus infection

주요 Filovirus로 Marburg 바이러스와 Ebola 바이러스가 있다. 이들은 형태학적으로 밀접한 관계에 있으나 혈청학적으로는 차이가 나며 상대적 투여실험에서는 서로 교차 반응이 나타나지 않았다.

사람에 있어서 Marburg 바이러스 감염은 1967년 독일과 유고에서 처음으로 보고 되었으며, 원숭이 사육사나 우간다에서 갓 수입된 긴꼬리 원숭이에 물린 연구자에게서 출혈열 증상이 최초로 보고되었다(Martini & Siegert 1971, Gordon-Smith *et al.* 1967). 긴꼬리원숭이 또는 기타 조직에 노출되어 감염된 경우가 25건이 있었으며, 그 중에서 7명은 사망하였다. 이들은 신장절제, 부검, 세포배양 등에 발생한 감염원에 오염된 사례였다. 1차 감염자와의 접촉에 의한 2차 감염도 5건이나 관찰되었다(Simpson 1977). 인간에 있어서 증상은 급성 출혈열 및 설사가 수반되는데 접촉 후 6~9일이면 나타난다. Hennessen (1969)은 원숭이 사이에서 감염의 전파는 직접적 접촉 또는 혈액, 뇨, 타액 등에 존재하는 바이러스에 의해 전파된다고 보고하였다.

Ebola 바이러스는 1976년에 최초로 인간에서 나타났으며, 수단과 자이레에서 500건 이상 감염사례가 발견되었다(WHO 1978). 이 전염병은 70%이상의 치사율을 보였으며, 병원에서 전이되어 인근 지역사회로 전파된 정황이 발견되었다. 1979년에도 수단에서 발병이 뒤따랐다(Baron *et al.* 1983). 최근에는 코트디부와르에서 출혈열 질병이 발병하였는데 야생 침팬지와의 접촉과 밀접한 관계가 있는 것으로 판명되었다(Le Guenno *et al.* 1995). Ebola 바이러스의 증식시간은 5~9일 정도이고, 발병은 불쾌감, 두통, 고열, 근육통, 관절통, 목 통증을 동반한다. 사망은 hypovolaemic shock 때문이었다.

1989년에 Ebola 유사 바이러스가 cynomolgus 원숭이에서 발견되었으며, 이것은 필리핀에서 미국으로 수입되어 버지니아에서 검역하는 도중에 확인되었다. 이들 원숭이 중 몇 마리는 죽었고, 다섯 마리는 Ebola 유사 바이러스 양성을 보였다. Ebola 유사 바이러스는 원숭이 사체의 간에서 분리되었다. 동물을 관리하는 사육사에서 혈청학적 감염의 증거가 발견되었음에도 불구하고, 임상적으로 관련 질병은 보고되지 않았다 (MMWR 1990).

미국(MMWR 1991)에 있는 아시아 짧은꼬리원숭이(macaque monkeys)를 조사한 결과 9,287마리의 검체 중에서 121(1.3%)마리는 filovirus에 감염되었다고 할 만큼 높은 항체가를 보였는데, 대부분 인도네시아, 모리셔스, 미얀마, 필리핀에서 수입된 동물이었다. 필리핀, 중국, 우간다에서 수입된 원숭이의 혈청학적 검사결과, 43.3%는 filovirus 항원 세 가지 중에서 적어도 하나에 대해 양성을 보였다 (Becker *et al.* 1992)

Fisher-Hoch 등(1992)의 연구에서는 filovirus 감염을 극복한 동물은 감염 후 14~21일 사이에 높은 항체가를 나타냈으며, 이는 바이러스 제거와 연관성이 있다. 항체가가 낮은 건강한 원숭이는 감염되지 않은 것으로 취급된다.

원숭이수두 Human monkypox

이 질병은 서아프리카와 중앙아프리카의 열대우림에서 나타나는 인수공통질병이다. 1970년에 사람에게서 처음 발견되었고 (Breman *et al.* 1980), 1986년까지 총 404건의 감염사고가 7개 국가에서 보고되었다 (Jesek *et al.* 1988). 전체의 72%가 동물에서 유래하였고, 28%는 사람들 사이에서 전이되었다. 치사율은 10%로 보고되었다. 최근에는 가봉에서 원숭이수두가 보고되었고, 두 명은 사망하였다(Meyer *et al.* 1991). 1958년 이래로 포획 영장류에서 발생한 감염은 9건이

전부였다(Arita *et al.* 1985). 또한 1996년에 자이레에서 최근 발병한 것은 사람을 통해 전이되었다고 밝혀졌다(Mukinda *et al.* 1997).

Simian retroviruses

Human T lymphotropic viruses (HTLV-1, HTLV-2)와 human immunodeficiency viruses (HIV-1, HIV-2)가 발견되면서 원숭이에서도 유사한 STLV(Saxinger *et al.* 1984, Hayami *et al.* 1984)와, SIV (Letvin *et al.* 1983, Henrickson *et al.* 1983, Gardner *et al.* 1984, Daniel *et al.* 1985)가 보고되고 있다. SIV는 HIV와 밀접한 관계가 있고, CD4+ T 림프구에 대해 친화성을 보이며 체중감소, T4 림프구 감소, 기회감염의 증가 등과 같은 인간의 에이즈와 유사한 증상이 아시아 짧은꼬리원숭이에서 나타난다.

혈청학적 조사를 보면 다양한 아프리카 영장류의 야생 군락에서 SIV가 발견되고 있으며, 여기에는 아프리카 green monkeys, 검은 mangabeys, Sykes monkeys, 만드릴, 침팬지 등이 여기에 해당된다(Hayame *et al.* 1994). Retrovius는 정상 숙주에서는 질병을 유발하지 않지만 rhesus나 cynomolgus같은 짧은꼬리원숭이에 에이즈와 유사한 질병이 일어날 수 있다. 하지만 자연 발병은 아시아 또는 아프리카 영장류에서는 발견되지 않았다. 사람에서 SIV감염의 증거가 밝혀지지는 않았지만 주사기 사고에 의해서 혈청학적 형질전환이 일어났다는 보고도 있다(Khabbaz *et al.* 1992).

기타 바이러스 감염 Other virus infections

원숭이에서 사람으로 전이되는 다른 바이러스로는 공수병, 황열병, Kyasanur Forest, Yaba 수두바이러스, tanapox 등이 있다. Papova 바이러스의 하나인 SV40 바이러스는 사람에게도 감염되는 것으로 알려져 있고, 많은 사례가 보고되고 있으나 심각한 병증은 보고되지 않았다(Fraumeni *et al.* 1970, Mortimer *et al.* 1981). 최근 일본에서 실시된 실태조사에서는 한 기관에서 사육중인 원숭이의 89%가 SV40에 대한 양성 항체를 보유한 것으로 관찰되었다 (Asai *et al.* 1991).

원숭이도 사육사들로부터 감염되기도 하며, 반대로 원숭이가 접촉하는 사육사에게 전파시키기도 함을 인식하고 있어야 한다.

침팬지 사육사들에게서 간염 사례가 발견되고 있는데, 이는 사람에게서 원숭이에게 다시 사람에게 전파된 사례라고 볼 수 있다. 또한 중남미 명주원숭이(*S. mystax, S. labiatus*)와 cynomolgus macaques는 A형 또는 B형 이외의 간염바이러스에 민감하며, 긴꼬리원숭이는 A형 간염바이러스에 민감하다고 알려져 있다(Lapsin & Shevtsova 1990, Zamiatina *et al.* 1990). Collins(1993)는 B형 간염바이러스 감염이 의심되는 사고가 3건 있었으며, 총 48명이 이러한 사고에 피해를 입었다고 보고했다.

기타 홍역 및 포진과 같은 감염도 영장류에게 치명적인 질병을 유발할 수도 있다 (Levy & Mirkovic 1971, Gross 1983).

인간에게서 직접 전파된 질병 외에 원숭이는 다른 동물 유래의 바이러스에도 민감할 수 있다. callitrichid 간염바이러스, 타마린 또는 명주원숭이에서 치명적인 질병을 유발하면서 lymphatic choriomeningitis virus(LCMV)와 혈청학적으로 밀접한 arenavirus 인 callitrichid간염바이러스의 발병에 대한 몇몇의 보고서가 있었다(Stiglmair-Herb *et al.* 1992, Stephenson *et al.* 1991). 타마린 또는 명주원숭이에서 간염의 발병은 LCMV에 간염된 마우스 새끼에게서 전이되었다는 보고도 있다 (Montali 1993).

세균 Bacteria

영장류와 관련된 가장 중요한 세균성 위험은 결핵이다. Tribe (1969)는 결핵이 붉은털원숭이의 10% 정도에 감염되어 있다고 보고했다. 최근 조사에서는 미국으로 들어오는 249건의 수입 원숭이 중에서 17건이 결핵에 감염되어 있었다. 17건의 감염 사례 중에서 16건은 cynomolgus macaques였으며 1건은 원숭이 사육사에게서 발견되었는데 tuberculin 양성을 보였다 (MMWR 1993).

기타 주요 세균성 질병으로는 *Salmonella*와 shigellosis이다. *Shigella*는 원숭이에서 심각한 질병을 유발하며 *Salmonella*보다 인간에게 전염성이 높다고 알려져 있다. Kennedy 등 (1993)이 보고한 바에 따르면 영장류 연구시설에서 기술사들 사이에서 *Shigella flexneri*에 의한 이질이 발견되었다. 모든 기술사들은 cynomolgus macaques와 직접 접촉한 사람들이었고, 원숭이 중에서 몇 마리는 Shigella flexneri를 배출한 것으로 확인되었다. 현장조사에서는 이러한 배출이 분변을 통해 이루어짐을 확인하였다. 영장류에 의해 사람에게 질병을 일으키는 기타 세균으로는 *Yersinia*와 *Campylobacter*가 있다.

기생충 Parasites

원숭이로 부터 사람에게로 전파되어 질병을 유발하는 장내 기생충은 많이 있다. Strongyloid 종과 같은 Helminth는 rhesus macaques에서 기생하며 *Oesophagostomum apiostomum*은 macaque, baboon, great ape 등에 기생한다. 주요 장내 protozoa로는 *Entamoeba histolytica*가 있는데 장내 설사를 유발하며, *Giardia intestinalis, Balantidium coli, Cryptosporidium* 등도 영장류에서 자주 발견된다.

랫드, 마우스, 기타 설치류 및 토끼 Rats, mice, other rodents and rabbits

베리어에서 사육된 바이러스가 없는 랫드, 마우스, 기니픽들은 인증 받은 기관에서 생산되고 있으며, 생산군락이 건강관련 기록을 동물과 함께 제공하고 있는데 이는 사용하고 있는 동물에는 인수공통 감염원이 전혀 없다는 것을 의미한다. 하지만 고품질의 마우스와 랫드가 햄스터나 저빌과 같은 품질관리가 완벽하지 않은 시설에서 사육된 동물과 접촉하거나 함께 섞이게 되면 인수공통 감염원에 감염될 수 있음을 인식해야 한다.

면역결핍마우스에서 다른 종으로부터 특히 인간의 조직이식 연구 증가는 예상치 못한 인간의 질병이 그 동물과 지속적으로 접촉하는 작업자에게 나타날 수도 있다. 예를 들면 마우스에서 복수 종양 전이 같은 질병이 감염의 전이 수단이 되는 것이다.

마우스에서 발견된 바이러스 중에서 인간에게 가장 치명적인 바이러스는 LCMV이다. 대부분의 사람에게 감염은 인플루엔자 바이러스 감염처럼 근육통, 호흡기 질환 등과 같이 가벼운 증상을 동반한다. 하지만 어떤 경우에는 뇌수막염, 수막뇌염, 중앙신경계 감염 등이 나타나기도 한다. Mahy 등(1991)은 최근 발병한 사례에서 동물 사육사가 LCMV 감염유래의 다중 종양세포 질환이 있는 nude 마우스를 취급하는 과정에서 바이러스성 뇌막염을 보였다. 8명의 작업자는 바이러스에 감염된 것으로 확인되었고 이들은 다른 건강한 사육사보다 상기의 감염 동물에 더 자주 노출되었던 것으로 밝혀졌다.

LCMV의 주요 숙주는 야생 마우스이지만 기니픽, 햄스터, 토끼, 개, 영장류 등도 감염되며, 이 바이러스에 감염된 햄스터가 고농도의 바이러스를 배출했다는 보고도 있었다(Biggar *et al.* 1977). 이 바이러스는 뇨나 타액을 통해 전파되며 인간의 감염은 아마도 오염된 깔짚을 흡입했거나 뇨나 타액과 피부접촉을 통해 일어난다.

실험용 랫드는 사람에게 유행성출혈열을 유발하는 한탄바이러스를 전파시키며 (Umenai *et al.* 1979, Desmyter 1983), 이 바이러스는 랫드에서 전파되고 있는 immunocytoma에서 분리되고 있다 (Lloyd & Jones 1986). 이러한 바이러스는 실험실 간에 랫드를 교환할 때 감염 전파가 발생하는 것으로 추정되고 있으며 (McKenna *et al.* 1992), 최근에 관심이 대상이 되고 있다(Bignall 1995).

서교열이라고 알려져 있는 rat bite fever 질병은 *Spirillum minus*와 *Streptobacillus moniliformis*에 의해서 발병하는데 두 가지 세균에 의한 증상은 잦은 고열, 근육통, 관절통, 반점, 임파종 등을 동반한다. 두 세균의 차이점은 *S. minus*의 증식시간이 더 길다는 것뿐이다 (*S. minus*는 2~3주인 반면 *S. moniliformis*는 2~3일 정도). 그러므로 동물시설에서 사람의 감염은 *S. moniliformis*에 의해 일어난다고 보아야 한다. 감염의 주요 요인은 질병의 이름에서 알 수 있으며, 영국에서는 랫드에 물리는 사고가 아닌데도 rat bite fever에 감염되었다는 보고도 있었다 (Fordham *et al.* 1992). 이 미생물은 기니픽에서도 질병을 유발하기도 하고, C57BL/6J 마우스도 감염시키는 것으로 알려져 있다(Kirchner et al. 1992, Wullenweber et al. 1990, Kaspareit-Rittinghausen et al. 1990).

마우스의 경우 *Salmonella*에 의해 쉽게 감염되는데 주로 *S. typhimurium*, *S. enteritidis*종이다. *Y. pseudotuberculosis*는 기니픽과 토끼에서 검출되며 사람에도 감염병을 유발하며, 임파선염, 폐혈증을 일으킨다. 토끼는 *Pasteurella* 종, 그 중에서도 특히 *P. multocida*에 의해 심각한 감염이 발생하며, 물리거나 할퀴는 경우 사람도 감염시킬 수 있다. *Leptospira*는 마우스, 랫드, 기니픽, 햄스터에서 분리되었고, 인간의 렙토스티라병도 동일한 근원에서 출발했다고 보고되어 왔다.

설치류와 토끼는 백선을 유발하는 곰팡이인 *Trichophyton mentagrophytes*와 *Microsporum*에도 감염되는데 빈번하지는 않다.

설치류의 장내 기생충 중에서 사람에게 전이될 수 있는 기생충은 마우스의 경우 *Hymenolepis nana* 촌충, 기니픽과 햄스터에서 원생기생충 *Giardia spp*, *Cryptosporium spp* 등이 있다.

고양이와 개 Cats and dogs

개에 의해서 사람에게 전염되는 바이러스성 질병 중에서 가장 중요한 것은 공수병이다. 이 질병이 퍼져있는 국가에서는 수입동물이 기존의 동물들과 섞이지 않도록 더욱 주의해야 한다. 개에서 공수병의 증식주기는 20~60일 정도이며, 몇 개월이 되는 경우도 있다. 이 질병의 초기에는 둔함, 나른함, 어두운 구역을 찾는 경향을 보인다. 그로부터 몇 일이 지나면 흥분, 불안, passing 증상을 보이며, 3~4일이 더 지나면 침흘림, 운동장애, 경련 등의 마비 증세를 보이다가 결국 죽게 된다. 몇몇 사례에서는 마비증세가 흥분 증상이 없이 오기도 한다. 고양이에게서도 비슷한 증상이 있는데 그 기간이 매우 짧다. 기타 바이러스로는 개에서는 LCMV, 고양이에서는 Catscratch fever 바이러스가 있다.

Werth (1989)는 개와 고양이에서 *Chlamydia psittaci, Coxiella burnettii*가 위험한 미생물이라고 지적했다.

*P. multocida*는 고양이와 개의 정상적인 구강내 미생물의 한 종이지만 특히 고양이에게 물리거나 상처에 의해서 감염이 일어났다는 보고가 있다. 증상은 관절염부터 뇌수막염까지 다양하다 (Guion & Sculeo 1992, Kumar & Kannampuzha 1992, Chevalier et al 1991, Dammeijer & McCombe 1991). 뿐만 아니라 *P. pneumotropica, Capnocytophaga canimorsus*는 개에 물리면 감염된다는 보고가 있다 (Tjong & van Zeijl 1991, Weber & Hansen 1991). 고양이의 경우, 고양이수두와 *Rochalemaea*에 나타나는 바실러스성 혈관종이 신규 인수공통전염병으로 밝혀졌다. 근래에 와서 고양이가 *Helicobacter pylori*숙주라고 알려졌으며, 타액과 분변에서 발견되었다. *H. pylori*는 사람에게 위염, 위암과 관련이 있는 것으로 알려져 있다. 몇몇 저자들은 상업적으로 사육되고 있는 개에서 *Camphylobacter*가 검출되고 있다고 보고한 경우도 있다(Fox et al. 1988, Blaser *et al.* 1980).

개의 경우 *Leptospira*의 자연 숙주이며, 특히 *L. icterohaemorrhagiae, L. canicola*에 대해 민감하다. Schmidt 등은 증상이 없고, 백신을 접종한 개에서도 감염되는 사례가 있다고 보고했다 (1989). 인간의 렙토스피라증은 갑작스런 고열, 두통, 근육통, 복통, 메스꺼움 및 구토 등의 증상을 동반한다.

개와 고양이 모두 사람에게 감염을 유발할 수 있는 *Microsporum canis*와 같은 곰팡이의 숙주이다.

원생 기생충 *Toxoplasma gondii*는 개와 고양이를 포함하여 매우 다양한 동물에서 나타나며, 고양이의 경우 장내에 난모세포를 배란하는 것으로 알려져 있다. 감염된 사람 중에서도 극히 일부만 질병이 나타나며 주혈원충병이라는 이 질병은 면역억제 환자에게는 매우 치명적일 수 있으며, 임산부 감염의 경우에 선천적 감염을 유발할 수 있다. 사람의 감염은 배출된 알을 섭취할 때 일어나며 이 과정에서 다른 개각충인 *Cryptospordium parvum*도 함께 감염되기도 한다

(Dubey 1993). 개와 고양이 그리고 사람에게서 *Giardia* 감염경로는 이미 밝혀져 있다 (Dubey 1993, Arashima *et al.* 1992). 개와 고양이의 기타 기생충으로는 촌충류인 *Echinococcus granulosus*, 선충류이면서 포충성 질병을 유발하는 *Toxocara canis*와 *T. cati*, 그리고 *Sarcoptes* 등이 있다.

새 Birds

새에서 나타나는 세 가지 주요 감염은 뉴캐슬병, 앵무병, 살모넬라증 등이 있다. 새에서 뉴캐슬병의 발병 및 사람의 감염은 마른 배출물 또는 먼지가 날릴 때 발생한다. 이 질병은 사람에게서 관절염, 두통, 불쾌감, 오한 등의 증상을 유발한다.

앵무병은 *Chlamydia psittaci*에 의해서 일어나며, 나이 든 새에서는 잘 나타나지 않고, 어린 새에서 설사 및 콧물 등의 신호와 함께 병증이 나타난다. 이 병은 사람도 감염시킬 수 있으며, 극한 두통, 일반 근육통, 호흡기 질환을 동반한다. 앵무새류로부터 유래한 경우가 가장 심각하며, 칠면조가 사육조류 중에서 주요 숙주이다.

Salmonella, 특히 *S. enteritidis*는 양계장에서 많이 나타난다. 개방형 또는 울타리형 사육의 경우, 분변 섭취를 통한 전파가 일어날 수 있다. 좀더 집약적인 사육환경에서는 에어로졸 경로를 통해서도 감염이 일어날 수 있다 (Baskerville *et al.* 1992). 몇몇 감염은 균혈증 (bacteremia)을 유발하며, 난관을 통해 다른 장기로도 퍼질 수 있다. 몇몇 근교계 계통은 *Salmonella* 감염에 대해 많은 차이를 보인다 (Blackwel 1988).

*Mycobacterium avium*도 인수공통전염병으로 알려져 있고, 에어로졸 경로를 통해 인간과 다른 동물로 전파될 수 있다(Mayr 1993).

가축 Farm animals

인간 질병을 유발할 수 있는 많은 바이러스들이 가축에 존재한다. 양은 *Parapoxvirus ovis*의 숙주이며, 부스럼같은 피부질환을 유발하며, 손가락에 심각한 농양을 만들 수 있다. 감염은 염소에서도 일어날 수 있다. 어떤 지역에서 양은 looping-ill 바이러스에 감염되며, 사람과 양 모두에서 biphasic질병을 일으킨다. 중추신경계에 감염되면서 발열이 나타난다. 사람에게 감염은 호흡기 경로를 통해서 일어나며, 비강 내 투여 실험을 수행중이라면 감염의 위험이 매우 높다.

Aujeszky's disease virus 또는 pseudorabies는 돼지와 소에서 감염을 일으키며, 최근 이들의 발병은 작업자의 손바닥에서 발생한 소양증과의 연관성을 의심받고 있다 (Anusz *et al.* 1992).

전이력이 있는 스펀지성 뇌염에 대해서도 주의해야 한다. Scrapie는 2세기 이상 동안 양에 존재해왔으며 최근에는 Bovine spongiform encephalopathy(BSE)가 영국의 소에서 출현했다. 정상적 환경에서 이러한 질병이 소에서 사람에게 전이되었다는 직접적 증거는 없지만 자연적 또는 실험적으로 감염된 소를 취급할 때는 소에서 나온 혈청, 소에서 유래한 식품과 같은 산물과 조직 등에 각별히 주의를 기울여야 한다. ACDP출판사의(1994) "Precautions for work with human and animal transmissable spongiform encephalopathies"는 위해성 평가 및 위험원 분류에 참고자료로 제시되었다.

리켓치아 유래 질병인 Q-fever는 감염된 소, 양, 염소로부터 인간에게 전파되기도 한다. 질병을 일으키는 *Coxiella burnettii*는 체액을 통해 배출되며, 토양에서 오래 생존하고 감염동물에서 유래한 먼지 등에 의해서 전파된다. 인간 감염은 흡입을 통해 발생한다. 대개 이러한 질병은 약한 인플루엔자와 유사하지만 간염 또는 심장 내막염과 같은 심각한 증상을 동반하기도 한다. 임신한 동물은 특별히 위험한데 자궁, 태반, 유선, 우유 등 특정 조직에서 이러한 미생물들이 급격하게 증식하기 때문이다. 출산, 수유, 수술 등의 과정은 에어로졸로 부터의 감염위험이 높다. Hamadeh등 (1992)은 연구용으로 양의 태반을 사용하는 과정에서 Q-fever가 발생했다고 보고하였다. *Chlamydia psittaci*에 의해 발병하는 양의 성병도 매우 주의해야 한다. 지역적 암양의 유산이 일어나기도 하고, 임신부에게도 심각한 질병을 유발할 수 있으므로 양을 취급할 때는 보호장구를 착용해야 하고, 각별히 주의해야 한다 (Hadley *et al.* 1992). 실제로 감염된 양과 접촉하여 유산될 정도로 심각한 증상이 나타났다는 보고도 있었고, 관절염을 유발하기도 하는 것으로 알려져 있다 (Tontis & Zwalen 1991).

가축에서 사람에게 전이되는 주요 세균으로는 *Mycobacterium tuberculosis, Bacillus anthracis, Brucella, Salmonella, Campylobacter, Streptococcus, Staphylococcus* 등이 있다. Verocytotoxin을 생산하는 대장균 O157이 최근에 많은 나라의 건강한 소에서도 분리되고 있음을 주의해야 한다(Advisory Committee on the

Microbiological Safety of Food 1995). 기타 감염으로는 소와 양에서 유래한 주혈원충병, 소에서 유래한 백선, 간흡충, *Fasciola hepatica* 등이 있는데 이들은 사람도 감염시킬 수 있다. 흡충은 2차 숙주인 달팽이를 통해서 감염되는데 흡충에 오염된 달팽이를 먹을 경우 사람에게도 전이된다.

기타 종 Other species

동물시설에서 사육되면서 인간에게 감염을 일으킬 수 있는 다른 동물 종으로는 양서류와 파충류가 있으며, 이 들은 *Salmonella*의 숙주역할을 한다. 박쥐는 공수병을 전이하며, 특히 흡혈박쥐는 매우 위험하다. 무척추동물 중에서는 파리, 곰팡이, 진드기 등이 감염원의 전이체로 알려져 있다.

대응방법 Countermeasures

격리 Containment

실험적으로 감염된 동물과 인수공통 감염의 위험이 존재하는 동물의 관리에 있어서 일차 문제는 격리이다. 감염격리란 다양한 수준으로 적용될 수 있다. 첫 번째 대상은 일차적으로 동물 내부에 감염을 격리시키는 것과 사육 케이지 환경이다. 이를 위해서 탄력적인 필름이나, 헤파필터로 환기되고 내부가 음압이 걸리는 아이솔레이터를 사용할 수 있다. 이 시스템은 모든 실험 및 사육과정을 아이솔레이터 내부 벽에 부착된 목이 긴 장갑(gloved sleeve)을 통해서 수행되므로 실험기간 내내 동물의 완벽한 격리를 제공하는 데 효과적이다. 물건의 출입은 일반적으로 출입구(entry port)를 통해서 이루어지므로 화학약품으로 소독하기 좋고, 보다 정교한 잠금구(locking port)와 보조장치(supply drum)를 장착함으로써 화학약품에 의한 소독이 필요없게 될 수 있다. 이 시스템의 단점은 안에서 작업하는데 시간이 많이 소요되고, 작업자의 움직임, 특히 정교한 작업을 요하는 실험 과정에 제약을 준다는 것이다. 반신슈트(Half-suit)을 아이솔레이트 내벽에 설치하면 어느 정도 자유로운 움직임도 가능하다. 반신슈트는 작업자의 접근성 및 동물 제압 · 접종과 같은 작업 용이성을 높여 준다. 반신슈트는 자체 환기시스템을 필요로 하며, 아이솔레이트 내부에 양압을 가할 수도 있다. 아이솔레이터의 자체 격리 특성 때문에 한 개의 동물실이 한꺼번에 몇 건의 다른 실험을 수행할 수 있는 장점이 있고, 동물실 내에서 작업자는 별도의 보호의복을 입을 필요가 없다.

또 다른 통상적으로 활용 가능한 시스템으로는 환기환경장치(ventilated environmental cabinet) 또는 선반층류시스템(laminar flow shelving systems)이 있으며, 시스템 내부에 있는 케이지의 감염성 위해를 봉쇄해 준다. 단점으로는 사육 또는 실험하는 동안에는 베리어를 깨뜨려야 하는데 이는 케이지를 옮길 때마다 작업자와 주위 환경을 오염시킬 수 있다는 것이다. 이러한 문제는 어떤 절차나 관리 작업을 위해 미생물학적 안전 캐비넷 혹은 선반층류시스템으로 이용할 수 있는 필터장착케이지를 사용하면 해결 할 수 있다. 하지만, 필터장착케이지는 주로 비감염(disease-free)동물을 보호하도록 설계되었으며, 사용된 물질은 미생물에 대한 정도관리시험(validation test)을 통과하지 않은 경우가 대부분이다. 필터장착케이지의 더 큰 단점은 암모니아, 온도, 습도가 지속적으로 축적되는 경향이 있다는 것이다. 이런 유형의 시스템은 동물실 내에 오염도를 낮추는데 중요한 역할을 할 수 있지만, 단점이 있다는 것을 고려하여 실험 설계할 때나 고위험성 병원균 시험 시에는 주의해야 한다. 이러한 경우에는 호흡기 보호 장구(RPE)와 같은 추가 연구자 보호 장비가 필요하다. 그러나, 이런 노력은 다른 보호 대책이 위험 노출을 제거하는데 불충분하거나 비현실적인 경우에 최종 단계로 고려되어야 한다.

오염의 위험도를 줄이기위한 동일한 원칙은 사후검사에도 적용되어야 하며, 하향공기분출 작업대(down-draught table), 선반층류 후드(laminar flow hood), 폐쇄안전 케비넷(enclosed safety cabinet)사용을 고려해야 한다.

격리 적용의 두 번째 수준은 동물실 내부에만 감염이 유지되도록 하는 것이다. 이는 설계 및 시험을 포함한 매우 많은 대응 방법에 따라 적용 될 수 있다. 검역 동물 또는 실험적 감염 동물을 수용하는 동물실은 다른 구역과 물리적으로 격리시켜야 하고, 관련자 외에는 접근을 제한해야 한다. 감염 구역 접근은 탈의실을 통해서만 이루어지도록 하고, 탈의실에서는 겉옷을 벗고 보호의복을 입는 등의 엄격한 규정을 적용해야 한다.

동물실 설계는 건강과 안전의 모든 분야를 관리할 수 있도록 고려해야 한다. 바닥, 벽, 천정, 작업공간의 표면은 세척 및 소독이 용이하도록 해야 한다. 이것들은 부드럽고, 투과성이 없으며, 물리적 · 화학적 충격에 강해야 한다. 내부 모든 설비 및 기구들은 액체 또는 기체상의 소독약으로 쉽게 소독할 수 있어야 하고, 동물실 및 공조시스템은 완벽하게 밀폐되어 소독작업으로부터 완벽하게 차단될 수 있어야 한다. 조명교체, 급배기조절, 온도 및 습도 조절, 훈증소독 개시 등과 같은 일상적인 작업이 작업자가의 동물실 출입이 없이 가능하도록 설계하는 것도 좋은 아이디어이다. 필터 시스템은 교환이 용이하고, 안전하게 설계되어야 한다. 이를 위해서는 필터 접근성이 좋고, 감염의 가능성이 있는 필터는 교체 후 안전하게 처리할 수 있어야 한다. 또한 이런 종류의 폐기물 처리를 위한 처리 시스템 설계는 폐기물의 부피, 화학적 특성등을 고려해야 하며, 폐기물의 파손 또는 누출과 같은 문제가 발생하지 않도록 해야 한다. 대동물의 수용 시에 다량의 배설물이 발생할 경우라면 이 점도 특별하게 고려해야 한다.

이상적으로, 모든 방과 연관된 출입복도, 에어락(air lock) 또는 탈의실에 상관없이 모두 음압이 유지되어야 한다. 이는 청정실로부터 오염측으로 공기압의 차이 및 공기흐름의 방향을 유지하기 위해 필요하다. 서로 다른 등급의 병원균을 사용하는 동물실 사이에는 서로 다른 음압이 유지되어야 한다. 위험한 인간 병원균이 있는 방은 특별 물리적 공조를 통한 흡배기가 이루어져야 한다. 공기 조절 시스템은 필수적으로 뎀퍼(damper) 및 중간 차단 시스템이 있어서 내부 팬 고장 시에 동물실 내부로 양압이 걸리지 않도록 해야 한다. 정화된 공기는 헤파필터를 통해서 동물실 내부로 공급되는데, 이 때 가능하면 방에서 사람이 나가는 곳과 가까이 위치하도록 조절하는 것이 좋다.

오염물질의 제거를 위한 깔짚 regimen, 고형분의 동물 폐기물, 사체, 기타 폐기물의 안전한 제거법은 시행규칙으로 기록되어 있어야 한다. 일반적으로 폐기물은 적절한 상자에 넣거나 또는 기타 용기에 넣는다. 두 경우에 외부 표면은 이동하기 전에 소독해야 하며 최악의 폐기물을 처리하기 위해서는 멸균기에 넣어야 하는데, 증기가 전체 폐기물 내로 퍼지도록 주의해야 한다. 멸균기에서 안전한 사용을 위한 최소한의 조건은 다음과 같다 (온도는 폐기물 내부의 온도이며, 시간은 통상적으로 초과해도 무방하다).

압	온도	살균시간
15 lb/in^2(101kPa)	121℃	15분
20 lb/in^2(138kPa)	126℃	10분
30 lb/in^2(203kPa)	134℃	3분

다양한 방법들이 살균온도가 적절한 살균시간동안 유지되는지 확인하는 데 사용되고 있다. 그 중에서 지시관(indicator tube)은 그 내부 액체가 적정 온도에 도달하면 녹거나 색깔이 변하는 원리를 이용하여 확인할 수 있다. 포자스트립(spore strip)은 멸균이 일어났는지 확인하기 위해 배양을 필요로 한다. 주의할 점은 색깔의 변화는 주관적이므로 작업자의 오류가 들어가기 쉽다는 점이다. 그러므로 각 멸균한 품목에 열에 민감한 지시테이프를 부착하여 사용함으로써 멸균이 되지 않은 용기는 개봉하지 않도록 한다. 멸균기를 오염 측에서 사용할 때는 멸균기는 양문형이어야 하며 청정 측과 오염 측 사이에 베리어를 형성해야 한다. 청정 측에서 완료된 모든 물품은 안전하다는 확신이 있어야 한다. 멸균이 안전하게 완료되면 폐기물 및 사체는 소각처리한다. 특별한 조치를 하지 않은 감염성 물질도 곧바로 소각처리할 수 있으나 안전한 작업을 위해서 누출방지용 백에 넣어서 완벽하게 밀봉해야 하며, 소각로는 보다 안전한 처리를 위해서 사후버너(after-burner)가 장착되어 있어야 한다. 소각로는 법적으로 챔버 온도, 누출 폐가스 농도의 측면에서 국내 및 국제 가이드라인을 준수해야 한다. 이러한 규정은 소각로의 용량 및 처리하는 물질에 따라서 다르다. 폐기물 처리 규정은 7장과 8장에서 다루기로 한다.

효과적인 케이지, 랙, 물병, 기타 장비 세척 작업은 감염성 위해물질을 관리하는데 매우 중요하다. 가열 자동 세척기 및 초강력 계면 활성제의 사용은 교차감염을 방지하는데 도움이 된다. 별도의 소독 작업이 없는 경우에는 더욱 그러하다.

요구되는 격리의 정도에 따라, 하수구에 버리기 전에 폐수처리를 필요로 하기도 한다. 이것은 존재할 것으로 예상되는 미생물을 죽이기 위해 충분한 온도로 가열 할 수 있는 집합 탱크에 수집하거나 각 수집군에 화학적 처리를 함으로써 달성 할 수 있다. 저장탱크를 둔다든지 또는 안전하게 샘플을 모으는 단계를 둠으로써 폐기물이 안전하게 처리되었는지 확인하는 것도 좋은 방법이다. 화학물질을 사용하는 공정에서는 폐기물이 하수조에 들어가기 전에 중화시키므로써 환경오염을 방지할 수 있도록 해야 한다.

격리의 3단계는 감염된 동물을 포함한 동물실 출입자에게 감염이 퍼지지 않도록 조치하는 것이며, 작업자를 통해서 다른 동물실 또는 더 좋은 환경으로 오염원이 퍼지는 것을 막는 것이다.

동물에서 감염성 물질을 안전하게 사용하는데 있어서 가장 중요한 것은 적절한 관리이다. 작업자는 안전관리 기술에 있어서 동물관리 및 사육, 적절한 소독제의 사용, 보호의복 또는 보호장구 사용 등에 대해서 훈련을 필수적으로 받아야 한다. 또한 작업자들은 미생물의 특성 및 개념을 습득하고 있어야 하며, 미생물학적 배경 지식이 있어야 한다. 매일 동물을 접촉하는 작업자는 동물을 사육할 때 감염된 동물에서 나타나는 가능한 증상에 대해서도 알고 있어야 한다. 공식적 또는 비공식적 모든 훈련에 대해서 문서로 남기는 것도 좋은 방법이다. 작업자는 훈련 내역을 기록으로 남겨 두어야 한다. 이를 통해서 지식에 대한 차이를 확인할 수 있고 적절한 조치를 취할 수 있다.

응급상황의 유형, 감염원 사고에 의한 노출, 감염원의 존재 하에서 화재 또는 물리적 상처 등에 대한 적절한 대응 프로토콜이 확립되어 있어야 한다. 시설 내에서 근무하는 모든 작업자는 응급조치에 대해 알고 있어야 하고, 훈련되어 있어야 한다.

작업자에게 취급하는 병원성 균에 대한 백신주사를 맞게 하는 것도 현명한 예방조치라 할 수 있다. 그러나, 어디까지나 예방조치이지 적절한 대응책의 대체방법은 아니다. 검역구역에서 근무하는 작업자는 발생 가능한 병원균에 대한 예방 접종에 대해서 고려해야 하며, 원인 종 및 기원국가에 대해서 알고 있어야 한다. 게다가, 모든 작업자들은 그들의 병력에 따라 선별되어야 하며, 병원성 균에 노출되기 전에 알레르기, 면역결핍, 기타 건강상의 문제가 확인되어야 한다. 고위험에 노출될 수 있는 작업자를 관리하기 위해서 예방접종 후에 항체가 검사, 병원체 검사 및 건강검진용 샘플 검사와 같은 검사가 필요하다.

예방접종 *Vaccinayion*

예방접종의 필요성 및 가능성은 실험 개시 이전에 확인해야 하며, 예방접종 계획을 세울 때에는 시행규칙(Code of Practice) 내에서 실행해야 한다. 현재, 가능한 백신접종 항목은 다음과 같다:

Bacteria	**Viruses**
Bacillus anthracis	Hepatitis A and B
Bordetella pertussis	Louping-ill
Clostridium botulinum	Measles
Clostridium tetani	Mumps
Corynebacterium diphtheriae	Monkeypox
Mycobacterium tuberculosis	Polio

Salmonella typhi
Yersinia pestis

Rabies
Rift Valley fever
Rubella
Tick-borne encephalitis
Venezuelan equine encephalitis
Yellow fever

보호장구 Protective clothing

보호장구는 감염성 위해물질을 다룰 때 매우 중요한 역할을 한다. 감염 동물을 사육하는 지역에 출입할 때는 최소한 모든 겉옷을 벗고, 보호의복, 부츠, 모자, 장갑을 포함한 완벽한 보조 장구를 착용해야 한다. 작업자의 출입구인 탈의실은 적당한 위치에 설치해야 하며, 허용된 관계자 외에는 감염성 위해물질을 취급하는 지역에 접근을 통제해야 한다.

동물시설 내부에서 감염 동물을 사육하는 동물실을 출입할 때는 별도의 보호의복 착용이 필요한 지 검토해야 한다. 보호정도는 감염원의 특성 및 종, 실험 종류에 따라서 다를 수 있다. 신발을 소독할 수 있도록 소독조가 부착된 안전 장치 설치 실험실에서는 실험실에서 나갈 때 입고 있던 보호 가운을 탈의하는 정도로 충분하기도 하다. 실험 중간이나 부검 과정에서 감염원이 튀길 우려가 있다면 방수 앞치마 및 눈을 보호할 수 있는 안전 마스크 또는 고글을 착용해야 한다. 동물에 의해서 물리거나 찰과상의 우려가 있다면 두껍고 질긴 보호장갑을 착용하되 작업에 방해되지 않도록 신중히 고려해야 한다. 만약 에어로졸의 위험이 있을 경우에, 위해를 유발하는 과정은 안전 캐비넷 내부에서 작업을 수행해야 하거나, 전면 보호 호흡기 (full-face respirator) 또는 공조되는 반신슈트 (ventilated half-suit)을 착용해야 한다. 고위험 감염원을 취급할 때, 취급자는 작업을 마친 후 모든 옷을 탈의하고 샤워를 해야 한다.

안전행동 Safe practices

실험과정 동안 안전행동은 앞에서 언급한 위험을 줄여줄 것이다. 주사바늘에 의한 상처를 피하기 위해서, 감염원을 취급하는 모든 작업은 주사기술 및 동물 취급에 능숙한 작업자에 의해서만 이루어져야 한다. 동물이 주사바늘이나 수술도구에 접근하지 못하도록 동물을 제지하기 위해서 다양한 도구들을 사용할 수 있지만, 각각의 적합성에 대해서는 사용 전에 충분히 평가를 해야 한다.

밀봉 용기 내의 내용물이 노출되었을 때, 만약 노출동안에 주사기 바늘과 병 뚜껑이 소독액이 적셔진 솜으로 싸여진다면 환경오염의 위험성을 현저하게 줄여 줄 것이다. 게다가 액체 폐기물을 처리할 때 용기 내로 공기가 밀려 들어가지 않으면 감염 위험도는 제로에 가깝게 줄일 수 있다. 주사액의 양을 조정하거나 공기를 제거할 때는 주사바늘을 70% 알콜 또는 적절한 소독제에 적신 솜이 있는 일반 용기 내에 삽입해야 한다. 건조한 솜은 액상 물질이 매우 빨리 퍼지기 때문에 적당하지 않다.

주입하는 동안, 접종부위에서 오염물질 누출위험은 시험 전후에 피부 표면을 소독약으로 닦아내면 위험도를 낮출 수 있다. 주사 위치는 작업자로부터 일정 거리를 유지해야 하며 작업자 및 보조원 모두 보호 장갑을 착용해 오염물질 누출에 대비해야 한다.

날카로운 도구(예, 수술용 칼 등)를 이용하는 실험에서는 작업자 중 한 사람만 사용하도록 하고, 손에서 손으로 이동하지 않도록 한다. 재사용 도구를 사용하는 것보다 일회용 도구를 사용하는 것이 좋다.

주사기에서 바늘이 분리되어 오염물질이 떨어지는 사고를 예방하기 위해 루어 락 주사기를 사용하기도 한다. 이런 경우는 피하 주사와 같은 어느 정도의 힘을 요하는 시험에서 권장되고 있다. 이것 말고도 적당한 크기의 일체형 주사기와 바늘도 사용가능하다.

대부분의 시험에서는 일회용 주사기를 사용하고 주사기와 바늘은 튼튼한 용기에 버리는 것이 안전하다. 버려진 주사기 및 주사용 바늘 폐기물을 넣은 용기는 밀폐하고, 소각처리하거나 고압멸균처리하게 된다. 혈액샘플이 있는 폐기물통을 진공상태로 유지하게 되면 혈액을 2차 용기로 옮길 필요도 없고 폐기물 처리하는 동안 용혈방지를 위해 바늘을 뺄 필요가 없다. 또한 체액이나 접종하지 않은 액상의 오염 물질과 같은 샘플을 수거하기 위해서는 플라스틱 카테터(catheter) 또는 피펫을 권하고 있다.

에어졸에 의한 동물감염은 작업자에게 감염의 위험을 야기한다. 위험도를 낮추기 위해서는 전체 작업을 Class I 또는 III 생물학적 안전 캐비닛 내부에서 수행해야 한다. Class I 캐빗은 전면이 개방되어 있는 공조 캐비닛으로 작업자로부터 내부 정지 공기흐름을 분리시켜 작업자를 보호해 준다. 미생물 처리작업에서 주변 환경을 보호하기 위해 헤파 필터가 장착되어 있다. Class III 캐비닛은 완전 밀폐형 캐비닛이며 밀폐되어 있고 음압을 유지하고 있다. 급배기 모두

헤파 필터로 정화된다. 작업은 내부로 연결된 팔목장갑(glove sleeve)을 활용하고, 물건은 부착된 패스박스(pass box) 또는 약욕조(dunk tank)를 통해서 운반한다. 동물 몸의 최소한의 부분(예, 주둥이)만이 에어로졸과 접촉하게 하고, 장비는 몸의 다른 부위가 오염되지 않도록 완벽하게 밀봉해야 한다. 미생물 감염 후에는 잠재 위험인으로 취급해야 하고, 캐비닛 또는 필름 캐비넷(film cabinet)과 같은 음압이 유지되는 형태의 용기를 사용해야 한다. 감염시키는 동안 또는 감염시킨 후에 동물은 오염된 것으로 간주되고, 작업자는 호흡기 보호 장구를 착용해야 한다. 감염원의 비강내 흡입과 같은 에어로졸 위해 요소는 안전 캐비닛 내부에서 작업하는 것이 최상이다.

동물사육과 관련된 위험요소를 감소시키기 위해서는 많은 방법들이 있다. 유리재질 대신에 투명한 플라스틱 물병을 사용하는 것은 깨진 유리로부터 유발되는 위험과 떨어진 병에서 나온 오염성 내용물의 확산 위험을 줄일 수 있다. 위해도가 높은 병원체를 사용하는 곳에서는 동물을 옥수수속 깔짚 또는 톱밥 같은 일반 재질이 아닌 흡수성이 좋은 일회용 박판이 있는 두껑이 달린 케이지를 사용해야 한다. 이것은 깔짚 입자 흡입에 의한 위험을 줄이고, 케이지 내 필터가 막히는 것을 막을 수 있다.

소독제 *Disinfectants*

소독제는 동물시설에서 널리 사용된다. 이들의 주요기능은 의복이나 동물실의 오염을 줄이거나 폐기물의 소각이나 멸균 혹은 실험종료 후 동물실의 훈증 등과 같이 물건을 안전하게 만들기 위해 엄격히 관리해야하는 물질의 처리에 사용된다. 살균제는 동물시설의 안전한 관리에 매우 중요한 역할을 하며, 발판(footbath)에도 사용되고, 작업장 표면을 닦아내고, 시설에서 제거하고자 하는 샘플의 소독 및 실험중간에 작업자 피부를 닦아낼 때도 사용된다.

소독제를 선정할 때는 연구하고 있는 미생물의 특성, 존재하는 양, 장비 · 동물 · 작업자에게 미칠 수 있는 잠재 위해 정도를 고려해야 한다(표3 참조). 어떤 소독제를 사용하든지 적당한 희석 배수, 교체 빈도, 기타 약제와의 호환성을 시행규칙에 포함해야 한다.

Hypochlorites는 많은 세균, 바이러스, 곰팡이 및 포자에 효과적이다. 이 약제는 이온성 및 비이온성 계면활성제와 호환하여 사용할 수 있지만 금속 부식성이 있고, 고무재질을 파괴하고, 유기물에 의해 불활성화되는 약점이 있다. 사용 중인 소독제 용액은 자주 교체해 주어야 한다. 일반적으로 사용되는 희석배수는 일반 표면 세척에는 1,000 pppm, 폐기용기 세척에는 2,500 ppm, 흘린 폐기물을 닦아낼 때에는 10,000 ppm이 적당하다. 영국에서 판매되고 있는 Hypochlorites는 100,000 ppm의 염소가 포함되어 있어 1:100, 1:40, 또는 1:10 정도로 희석해서 사용한다. 'Presept'와 같이 알약형태의 경우, 정해진 양만큼의 물을 넣으면 되므로 적정 농도의 약제액을 조제할 때 매우 편리하다. 고체 분말은 흘려진 폐액을 처리할 때 용액에 담그면 된다는 점과 보관 기간이 좀 더 길다는 장점이 있다.

표 3 소독제의 작용

	Vegetative bacteria	Mycobacteria	Spores	Fungi	Lipid viruses	Non-lipid viruses	Inactivation by organic material
Hypochlorites	++	+	+	+	+	+	Serious
Phenolics	++	++	−	++	+	Variable	Slight
Alcohols	++	+	−	−	+	+	Moderate
Aldehydes	++	++	++	++	+	+	Slight
QACs	++	−	−	+	−	−	Serious
Iodophors	++	++	+	++	+	+	Serious

Key: ++Good. +Fair. − Ineffective

Clear soluble phenolics는 xylenol에 기초한 합성물이며, 대부분 세제 또는 계면활성제가 들어 있다. 이들은 이온성 및 비이온성 계면활성제, 금속 이온과 호환이 가능하다. 이들은 Mycobacteria를 포함한 세균, 곰팡이 지방포함(lipid-containing) 바이러스에 효과적이지만, 포자에는 활성이 없다. 활성은 유기물에 의해 급격하게 감소되며, 판매자의 지시에 따라 희석해서 쓰는 것이 바람직하다. 희석한 phenolics는 24시간 소독효과가 있다.

Alcohols은 많은 세균 및 지방포함 바이러스에 효과적이며, 빠른 효과를 나타내고 안정적이며, 금속이온과 호환적이다. 이들은 유기물질 투과력이 낮고, 인화성이 높다는 단점이 있다. 가장 효과적인 농도는 물에 희석한 70~80% 이다.

Aldehydes는 대개 기체 훈증제(formaldehyde) 또는 액상 소독제(glutaraldehyde)로 사용된다. 세균, 포자, 곰팡이 각종 바이러스에 효과적이다. 훈증 포름알데히드 기체는 일반적으로 사용하기에는 매우 자극적이며, 독성이 강하다. 섭씨 20도 이상에서 가장 높은 약효를 나타내며, 70% RH이상 습도가 있어야 최고 약효를 나타낸다. 주 사용처는 동물실 훈증소독이나 생물학적 캐비넷(biosafety cabinet)소독이다. 동물실 소독용 포름알데히드 기체는 포르말린액(100 cm^3 포르말린 +900 cm^3 물/28.3 m^3(1000 ft^3))을 가열하거나 고체 파라포름알데히드를 10.5 g/m^3(0.3 g/ft^3)농도로 가열해서 사용한다.

Glutaraldehyde는 통상적으로 용액의 pH를 높이고, 완충작용을 하는 활성제를 필요로 한다. 일단 활성화된 후에 용액은 14~28일 동안 효력을 유지한다. 이것은 부식에 취약한 장비 또는 기타 표면의 소독에 좋다. Glutaraldehyde 증기는 독성이 있고, 자극적이며 민감한 호흡기 반응을 유발할 수 있다.

Quaternary ammonium compounds (QACs)는 양이온성 계면활성제로서 세균, 지방포함 바이러스, 기타 몇 곰팡이에 효과적이다. 안정하고, 무독성이라는 장점이 있는 반면 세제 및 유기물에 쉽게 불활성화되는 단점도 있다.

Iodophors는 mycobacteria를 포함한 세균, 포자, 곰팡이, 바이러스에 효과적이다. 이들은 유기물에 불활성화되고, 피부 또는 표면에 얼룩이 남는 경향이 있다. 일반적 소독에는 75~150 ppm 정도로 희석해서 사용해야 한다.

모니터링 Monitoring

자연발생적으로 존재하는 병원성 미생물 검사를 위해서 숙주 동물을 선별하는 것이 현명한 예방책이다. 인증기관에서 구입한 동물은 일반적으로 건강력에 대한 문서가 갖추어져 있지만, 새로운 배치(batch)의 동물이 배송되었을 경우에는 일정 검역 기간 동안 격리시킬 필요가 있다. 자체적으로 번식해서 사용하는 동물은 세균 배양 및 곰팡이 감염검사, 검경 또는 염색에 의한 원생동물 및 기생충 검사, 혈청학적 테스트를 통한 바이러스 검사를 실시해야 한다. 마우스, 랫드, 햄스터, 기니픽, 토끼 사육 콜로니에 대한 건강검사(health monitoring)실시는 FELASA working group에서 제안하고 있으며, *Laboratory Animals* (FELASA 1994)에 그 내용을 투고하였다. 자체적으로 검사를 할 수 없는 시설을 위해 상업적으로 검사를 대행해 주는 기관도 몇 개 있다. 민감도가 높은 동물을 보초동물(sentinel animals)로 사용하여 바이러스, 기생충, 병원균이 없는 보초동물을 사용하여 전임상 감염 검출을 하기도 한다. 또한 보초동물은 면역력이

저하되어 바이러스 감염에 대해 면역반응을 일으키지 못하는 동물을 모니터링 할 때도 사용된다. 보초동물은 10주까지 일정기간동안 일정 장소에 유지하는데, 임상 신호 또는 특정항체 형성 등의 감염 신호를 보일 때까지 유지하기도 한다.

환경감염여부 검사에는 settle plate, direct contact plate를 사용하여 면봉으로 검체를 채취하고 배지에 배양하거나, 공기 흡입기를 통해서 검사하기도 한다. Settle plates란 공기 오염도 검사에 있어서 가장 간편한 방법이다. 적당한 선택 배지 또는 비선택 배지가 들어 있는 접시를 일정기간 공기에 노출시킨 후에 배양하고, 콜로니 수를 세고, 미생물을 동정한다. Contact plate는 한천 배지가 들어 있는 작은 접시로서, 뒤집어서 바닥에 쿡 찍은 다음 일정기간 배양한다. Contact sampler는 슬라이드 형태로 사용가능하다. 다른 방법으로는 표면을 솜 또는 alginate봉으로 긁은 다음, 한천 배지에 몇 번 닦거나 액체배지에 잘라서 넣고 배양한다.

다량의 공기를 모으기 위해서는 다양한 공기 흡입기 또는 집진장치를 사용한다. 이 기계들의 효능은 Hambleton (1992)에 의해서 보고된 바 있다.

훈증공정의 효능은 박테리아 포자 스트립을 동물실 내 다양한 위치, 캐비닛 또는 isolator에 놓거나 훈증완료시점에 지표미생물(indicator organism)의 성장을 확인함으로서 시험할 수 있다.

위험성 평가 Risk assessment

병원성 미생물 혹은 자연 감염된 동물을 다루는 것을 포함하는 실험을 수행 할 때, 위해성 평가는 반드시 선행되어져야 한다. 이런 과정으로부터 적절한 "code of practice"를 설계할 수 있으며, 영국에서는 위해성의 다른 유사한 기록 혹은 COSHH (건강 위해 물질 관리) 양식이 완성되어 있다. 모든 작업자는 관련 위해성 평가, codes of practice 또는 프로토콜을 인지하고 있어야 하며, 모든 문서를 읽고 이해했다는 서명을 해야 한다.

초기 단계의 평가는 병원균을 분류하는 것이다. 영국에서는 미생물을 "고위험성 병원균 자문위원회(Advisory Committee on Dangerous Pathogens (ACDP))"에서 분류하고 있다. 유전자 변형 미생물을 이용하는 실험이라면 지역 유전자 변형 위원회의 자문을 받아야 하고, 동물관리의 정도는 유전자 변형 자문 그룹 (Genetic Modification Advisory Group Guidelines, GMAG)에 따른다. 기타 지역에서 "Code of Practice"에 담아야 할 고려 사항으로는 접종량, 동물 감염 경로, 사람 감염 경로, 동물로부터 미생물의 배출 경로 및 배출량, 에어로졸, 혈액, 분변 또는 체액에서 생존 기간 등이 있다.

유전자 조작관련 규정 및 안전관리법에 대한 상세정보는 이 책의 다른 장을 참고해야 한다. 동물에 대한 ACDP 격리 요구조건 요약에 대해서는 표 4를 참조해야 한다. 감염동물의 격리 목적은 ACDP 출판물인(1997), *Working safely with research animals: Management of infection risks*를 고려해야 한다.

요약하자면, 실험동물에서 감염원의 사용은 무시할 수 없는 다양한 위험을 내포한다. 적절한 관리, 적당한 장비 및 시설, 합당한 교육 및 고품질 동물 사용 등을 통해서 이런 위해는 최소한으로 감소시킬 수 있고, 높은 수준의 연구 결과 재현성을 얻을 수 있다.

위해성 평가 실시에 있어서 점검사항은 다음과 같다 :

표 4 동물에 따른 ACDP 격리수준(요약본)

Requirement	Containment level 1	2	3	4
Room sealable for fumigation	No	No	Yes	Yes
Ventilation				
Inward airflow	No	Optional	Yes	Yes
Mechanical	No	Optional	Yes	Yes
Mechanical independent	No	No	No	Yes
HEPA filtration	No	No	Single-extract	Single-input/ Double-extract
Double door entry	No	No	Yes	Yes
Airlock	No	No	No	Yes
Handwashing facility	Yes	Yes	Yes	Shower
Shower	No	No	Available	Yes
Effluent treatment	No	No	No	Yes
Autoclave				
On site	Yes	Yes	No	No
In suite	No	No	Yes	No
Integral double ended	No	No	No	Yes
Biological safety cabinet	No	Class I	Class I or III	Class III
Change of clothing	Yes	Yes	Yes, disinfect after use	Yes, autoclave after use
Incinerator on site	No	Optional	Yes	Yes
Limited access	Yes	Yes	Yes	Yes
Insect and rodent control	No	Yes	Yes	Yes
Containment of animals or use RPE	No	No	Yes	Yes

- ◆ 작업은 동물에서 실시해야만 하는가?
- ◆ 미생물의 위해 수준 및 격리 수준 요구정도
- ◆ 접종 농도 및 양
- ◆ 투여 경로 및 관련 위해: 작업자들이 시험에 익숙한가?
- ◆ 투여 후 배출여부
- ◆ 사육관련 위해성
- ◆ 샘플링 작업관련 위해성
- ◆ 샘플 이송 및 처리 방법
- ◆ 부검 후 채취할 샘플이 있는가?
- ◆ 투여, 사육, 채취 및 부검 등 일련 과정이 작업자를 안전하게 보호할 수 있는가?
- ◆ 접종할 수 있는 예방백신이 있는가?
- ◆ 폐기물 및 사체는 실험 완료 후에 안전하게 처리할 수 있는가?
- ◆ 동물실 및 부속장비는 안전하게 처리할 수 있는가?

또한 실험에 참여하는 모든 작업자는 감염원 누출 사고, 감염 동물에 의한 찰과 피해, 주사 바늘에 의한 상처 등의 사고가 발생했을 경우에 행하는 행동과 위험물질의 사고분출시에 준수해야 하는 절차를 인지하고 있어야 한다.

시행규칙은 사고 인지 및 보고가 용이한 장소에 비치해야 한다. 이는 "The Reporting of Incidents, Diseases and Dangerous Occurrences Regulations 1995 (RIDDOR)"의 요구사항이다.

감사의 글 Acknowledgement

Handbook (Safety in the Aniaml House, 1981)의 전편의 저자인 고 E. A. Boulter 박사에게 감사한다. 그의 위대한 업적은 본 개정판에 있어서는 매우 가치있는 가이드라인이 되었다.

참고문헌 References

Advisory Committee on Dangerous Pathogens (1994) *Precautions for work with human and animal transmissible spongiform encephalopathies*. London: HMSO

Advisory Committee on Dangerous Pathogens (1995) *Categorisation of biological agents according to hazard and categories of containment*. 4th edn. Sudbury: HSE Books

Advisory Committee on Dangerous Pathogens (1997) *Working safely with research animals: Management of infection risks*. Sudbury: HSE Books

Advisory Committee on Dangerous Pathogens (1998) *Working safely with primates: Management of infection risks*. Sudbury: HSE Books

Advisory Committee on the Microbiological Safety of Food (1995) *Report on verocytotoxin-producing Escherichia coli*. London: HMSO

Anusz Z, Szweda W, Popko J, Trybala E (1992) Is Aujeszky's disease a zoonosis? *Przeglad Epidemiologizny* **46**, 181–6

Arashima Y, Kumasaka K, Kawano K, Asano R, Hokari S, Murasugi E (1992) Studies on giardiasis as a zoonosis. III. Prevalence of Giardia among dogs and owners in Japan. *Kansenshogaku-Zasshi. Journal of the Japanese Association for Infectious Disease* **66**, 1062–6

Arita I, Jesek Z, Khodakevich L, Kalasi R (1985) Human monkey pox: a newly emerged orthopox virus zoonosis in tropical rainforests of Africa. *American Journal of Tropical Medicine and Hygiene* **34**, 781–9

Asai T, Kinjo T, Minamoto N, Sugiyama M, Matsubayashi N, Narama I (1991) Prevalence of antibodies to five selected zoonosis agents in monkeys. *Journal of Veterinary Medical Science* **53**, 553–9

Baron RC, McCormick JB, Zubeir OA (1983) Ebola virus disease in Southern Sudan: hospital dissemination and intrafamilial spread. *Bulletin of the World Health Organization* **61**, 997–1003

Baskerville A, Humphrey TJ, Fitzgeorge RB, Cook RW, Chart H, Rowe B, Whitehead A (1992) Airborne infection of laying hens with *Salmonella enteritidis* phage type 4. *Veterinary Record* **130**, 395–8

Becker S, Feldman H, Will C, Slenczka W (1992) Evidence for occurrence of filovirus antibodies in humans and imported monkeys: do subclinical filovirus infections occur world wide? *Medical Microbiology and Immunology, Berlin* **181**, 43–55

Biggar RJ, Schmidt TJ, Woodall JP (1977) Lymphocytic choriomeningitis in laboratory personnel exposed to hamsters inadvertently infected with LCM virus. *Journal of the American Veterinary Medical Association* **171**, 829–32

Bignall J (1995) Hantaviruses: the rodents take revenge. *Lancet* **345**, 1564

Blackwell JM (1988) Bacterial infections. In: *Genetics of resistance to bacterial and parasitic infections* (Wakelin DM, Blackwell JM, eds). London: Taylor and Francis: 63–101

Blaser M, LaForce FM, Wilson NA, Wang WLL (1980) Reservoirs for human campylobacteriosis. *Journal of Infectious Diseases* **141**, 665–9

Boulter EA (1975) The isolation of monkey B virus (*Herpesvirus simiae*) from the trigeminal ganglia of a healthy seropositive rhesus monkey. *Journal of Biological Standardization* **3**, 279–80

Boulter E, Grant DP (1977) Latent infection of monkeys with B virus and prophylactic studies in a rabbit model of this disease. *Journal of Antimicrobial Chemotherapy* **3**, 107–13

Breman JG, Kalisa R, Steniowski MV, Zanotto E, Gromyko AI, Arita I (1980) Human monkeypox 1970–1979. *Bulletin of the World Health Organization* **58**, 165–82

Bruins SC, Tight RR (1979) Laboratory acquired gonococcal conjunctivitis. *Journal of the American Medical Association* **241**, 274

Chevalier X, Martigny J, Avouac B, Larget-Piet B (1991) Report of 4 cases of *Pasteurella multocida* septic arthritis. *Journal of Rheumatology* **18**, 1890–2

Collins CH (1993) *Laboratory acquired infections*. Oxford: Butterworth-Heinemann: 17

Collins CH, Kennedy DK (1987) Microbiological hazards of occupational needlestick and 'sharps' injuries. *Journal of Applied Bacteriology* **62**, 385–402

Dammeijer PF, McCombe AW (1991) Meningitis from canine *Pasteurella multocida* following mastoidectomy. *Journal of Laryngology and Otology* **105**, 571–2

Daniel MD, Letvin N., King NW, Kannagi M, Sehgal PK, Hunt RD, Kanki PJ, Essex M, Desrosiers RC (1985) Serological identification and characterisation of a macaque T-lymphotropic retrovirus closely related to HTLV-III. *Science* **228**, 1199–204

Darlow HM (1972) Safety in the microbiology laboratory: an introduction. In: *Safety in microbiology* (Shapton DA, Board RG, eds). London: Academic Press: 1–20

Dennis MJ (1986) The effects of temperature and humidity on some animal diseases – a review. *British Veterinary Journal* **142**, 472–85

Desmyter J (1983) Laboratory rat-associated outbreak of haemorrhagic fever with renal syndrome due to Hantaan-like virus in Belgium. *Lancet* **ii**, 1445–8

Dietzman DE, Fuccillo DA, West FJ, Moder F, Sever JL (1973) Conjunctivitis associated with Coxsackie B1 virus in a laboratory worker. *American Journal of Ophthalmology* **75**, 1045–6

Dubey JP (1993) Intestinal protozoa infections. *Veterinary Clinical North American Small Animal Practice* **23**, 37–55

FELASA (1994) Recommendations for the health monitoring of mouse, rat, hamster, guineapig and rabbit breeding colonies. *Laboratory Animals* **28**, 1–12

Field PR, Moyle CG, Parnell PM (1972) The accidental infection of a laboratory worker with *Toxoplasma gondii*. *Medical Journal of Australia* **ii**, 196–8

Fisher-Hoch SP, Perez-Oronoz GI, Jackson EL, Hermann LM, Brown BG (1992) Filovirus clearance in non-human primates. *Lancet* **340**, 451–3

Fordham JN, McKay-Ferguson E, Davies A, Blyth T (1992) Rat bite fever without the bite. *Annals of Rheumatic Disease* **51**, 411–12

Fox JG, Claps MC, Taylor NS, Maxwell KO, Ackerman JI, Hoffman SB (1988) *Campylobacter jejuni/coli* in commercially reared beagles: prevalence and serotypes. *Laboratory Animal Science* **38**, 262–5

Fraumeni JF, Stark CR, Gold E, Lepow ML (1970) Simian virus 40 in polio vaccine; follow-up of newborn recipients. *Science* **167**, 59–60

Gardner M, Marx P, Maul D, Osborn K, Hendrickson R, Lerche N, Bencken B, Bryant M (1984) Simian AIDS: Evidence for a retroviral aetiology. *Haematological Oncology* **2**, 259–68

Gordon Smith CE, Simpson DIH, Bowen ETW, Zlotnik I (1967) Fatal human disease from vervet monkeys. *Lancet* **ii**, 1119

Gross L (1983) *Oncogenic viruses*. Oxford: Pergamon Press: 980–1002

Grubb R, Midtvedt T, Norin E (1988) *The regulatory and protective role of the normal microflora*. Basingstoke: Macmillan Press

Guion TL, Sculco TP (1992) *Pasteurella multocida* infection in total knee arthroplasty. Case report and literature review. *Journal of Arthroplasty* **7**, 157–60

Gupta H, Tandon BN, Sriramachari S, Joshi YK, Iyenger B (1990) Animal transmission of enteric non-A, non-B hepatitis infection in *Macaca mulatta* by faeco-oral route. *Indian Journal of Medical Research* **91**, 87–90

Gustafson DA, Moses HE (1951) Isolation of Newcastle disease virus from the eye of a human being. *Journal of the American Veterinary Medical Association* **118**, 1–2

Hadley KM, Carrington D, Frew CE, Gibson AA, Hislop WS (1992) Ovine chlamydiosis in an abattoir worker. *Journal of Infection* **25**(Suppl. 1), 105–9

Hammadeh GN, Turner BW, Trible W, Hoffman BJ, Anderson RM (1992) Laboratory outbreak of Q fever. *Journal of Family Practitioners* **35**, 683–5

Hambleton P, Bennett AM, Leaver G (1992) Biosafety monitoring devices for biotechnology processes. *Trends in Biotechnology* **10**, 192–9

Hanel E, Alg RL (1955) Biological hazards of common laboatory procedures. II. The hypodermic syringe and needle. *American Journal of Medical Technology* **21**, 343–6

Hayami M, Ido E, Miura T (1994) Survey of simian immunodeficiency virus among nonhuman primate populations. In: *Simian immunodeficiency virus* (Letvin NL, Desrosiers RC, eds). Berlin: Springer-Verlag: 1–20

Hayami M, Komuro A, Nozawa K (1984) Prevalence of antibody to adult T-cell leukaemia virus-associated antigens (ATLA) in Japanese monkeys and other non-human primates. *International Journal of Cancer* **33**, 179–83

Henderson DW (1952) An apparatus for the study of airborne infection. *Journal of Hygiene, Cambridge* **50**, 53–68

Hennessen W (1969) Epidemiology of Marburg virus disease. In: *Hazards of handling simians*. Laboratory Animal Handbooks No. 4 (Perkins FT, O'Donoghue PN, eds). London: Laboratory Animals Ltd: 137–42

Henrickson R, Maul DH, Osborn KG, Sever JL, Madden DL, Ellingsworth LR, Anderson JH, Lowenstine LJ, Gardner MB (1983) Epidemic of acquired immunodeficiency syndrome in rhesus monkeys. *Lancet* **i**, 388–90

Jesek Z, Grab B, Szczeniowski M, Paluki KM, Mutombo M (1988) Clinico-epidemiological features of monkeypox patients with an animal or human source of infection. *Bulletin of the World Health Organization* **66**, 459–64

Kalter SS, Heberling RL, Cooke AW, Barry JD, Tian PY, Northam WJ (1997) Viral infections of nonhuman primates. *Laboratory Animal Science* **47**, 461–7

Kaspareit-Rittinghausen J, Wullenweber M, Deerberg F, Farouq M (1990) Pathological changes in *Streptobacillus moniliformis* infection in C57BL/6J mice. *Berliner und Munchener Tierarztliche-Wochenschrift* **103**, 84–7

Kennedy FM, Astbury J, Needham JR, Cheasty T (1993) Shigellosis due to occupational contact with non-human primates. *Epidemiology and Infection* **110**, 247–51

Khabbaz RF, Rowe T, Murphey-Corb M, Heneine WM, Schable CA, George JR, Pau CP, Parekh BS, Lairmore MD, Curran JW, Kaplan JE, Schochetman G, Folks TM (1992) Simian immunodeficiency virus needlestick accident in a laboratory worker. *Lancet* **340**, 271–3

Kirchner BK, Lake SG, Wightman SR (1992) Isolation of *Streptobacillus moniliformis* from a guinea pig with granulomatous pneumonia. *Laboratory Animal Science* **42**, 519–21

Kulagin SM, Fedorova NI, Ketiladze ES (1962) Laboratory outbreak of haemorrhagic fever with renal syndrome. *Zhurnal Mikrobiologie, Epidemiologie i Immunologie* **33**, 121–6

Kumar A, Kannampuzha P (1992) Septic arthritis due to *Pasteurella multocida. Southern Medical Journal* **85**, 329–30

Lapsin BA, Shevtsova ZV (1990) Persistence of spontaneous and experimental hepatitis A in rhesus macaques. *Experimental Pathology* **39**, 59–60

Le Guenno B, Formentry P, Wyers M, Gounon P, Walker F, Boesch C (1995) Isolation and partial characterisation of a new strain of Ebola virus. *Lancet* **i**, 1330–2

Letvin NL, Eaton KA, Aldrich WR, Sehgal PK, Blake BJ, Schlossman SF, King NW, Hunt RD (1983) Acquired immunodeficiency syndrome in a colony of macaque monkeys. *Proceedings of the National Academy of Science, USA* **80**, 2718–22

Levy BM, Mirkovic RR (1971) An epizootic of measles in a marmoset colony. *Laboratory Animal Science* **21**, 33–9

Lillie LE, Thompson RG (1972) The pulmonary clearance of bacteria by calves and mice. *Canadian Journal of Comparative Medicine* **36**, 129–37

Lloyd G, Jones N (1986) Infection of laboratory workers with Hantaan virus acquired from immunocytomas propagated in laboratory rats. *Journal of Infection* **12**, 117–25

Mahy BW, Dykewicz C, Fisher-Hoch S, Ostroff S, Tipple M, Sanchez A (1991) Viral zoonoses and their potential for contamination of cell cultures. *Development of Biological Standards* **75**, 183–9

Martini GA, Siegert K (1971) *Marburg virus disease*. Berlin: Springer-Verlag

Mayr B (1993) Pets as permanent excretors of zoonoses pathogens. *Zentralblatt fur Hygiene und Umweltmedizin* **194**, 214–22

McKenna P, van der Groen G, Hoofd G, Beelaert G, Leirs H, Verbagen R, Kints JP, Cormont F, Nisol F, Bazin H (1992) Eradication of hantavirus infection among laboratory rats by application of Caesarian section and a foster mother technique. *Journal of Infection* **25**, 181–90

Medical Research Council Simian Virus Committee (1990) *The management of simians in relation to infectious hazards to staff*. London: Medical Research Council

Melendez LV (1968) Herpes T infection in man? *Laboratory Primate Newsletter* **7**, 1

Melnick JL, Curnen EC, Sabin AB (1948) Accidental laboratory infection with human dengue virus. *Proceedings of the Society for Experimental Biology and Medicine* **68**, 198–200

Meyer A, Esposito JJ, Gras F, Kolakowski T, Fatras M, Muller G (1991) First appearance of monkey pox in human beings in Gabon. *Medicine Tropicale (Marseilles)* **51**, 53–7

Miller CD, Songer JR, Sullivan JF (1987) A twenty five year review of laboratory acquired human infection at the National Animal Disease Center. *American Industrial Hygiene Association Journal* **48**, 271–5

Minton EJ (1990) *Pasteurella pneumotropica*: meningitis following a dog bite. *Postgraduate Medical Journal* **66**, 125–6

Montali RJ, Scanga CA, Pernikoff D, Wessner DR, Ward R, Holmes HV (1993) A common-source outbreak of callitrichid hepatitis in captive tamarins and marmosets. *Journal of Infectious Disease* **167**, 946–50

Morbidity and Mortality Weekly Report (MMWR) (1987) B virus infection in humans – Pensacola, Florida. *MMWR* **36**, 289–96

MMWR (1989) B virus infection in humans – Michigan. *MMWR* **38**, 453–4

MMWR (1990) Update: Filovirus infection in animal handlers. *MMWR* **39**, 221

MMWR (1991) Update – non-human primate importation. *MMWR* **40**, 684–5, 691

MMWR (1993) Tuberculosis in imported non-human primates, United States, June 1990 – May 1993. *MMWR* **42**, 572–6

Mortimer EA, Lepow ML, Gold E, Robbins FC, Burton GJ, Fraumeni JF (1981) Long term follow-up of persons inadvertently inoculated with SV 40 as neonates. *New England Journal of Medicine* **305**, 1517–18

Mukinda VBK, Mwema G, Kilundu M, Heymann DL, Khan AS, Esposito JJ and others (1997) Re-emergence of human monkeypox in Zaire in 1996. *Lancet* **349**, 1449–50

Nanda M, Curtis VT, Hilliard JK, Bernstein ND, Dix RD (1990) Ocular histopathologic findings in a case of human Herpes B virus infection. *Archives of Ophthalmology* **108**, 713–16

Palmer AE (1987) B-virus, *Herpesvirus simiae*: Historical perspective. *Journal of Medical Primatology* **16**, 99–130

Pike RM (1976) Laboratory associated infection: summary and analysis of 3,921 cases. *Laboratory Animal Science* **13**, 105–14

Pike RM, Sulkin SE, Schulze ML (1965) Continuing importance of laboratory acquired infection. *American Journal of Public Health* **55**, 190–9

Reitman M, Alg RL, Miller WS, Gross WH (1954) Potential hazards of laboratory techniques. III. Virus techniques. *Journal of Bacteriology* **68**, 548–54

Saxinger W, Blattner WA, Levine PH, Clark J, Biggar R, Hoh M, Moghissi J, Jacobs P, Wilson L, Jacobsen R (1984) Human T-cell leukaemia virus (HTLV-1) antibodies in Africa. *Science* **225**, 1473–6

Schlech WF (1988) The risk of infection in anaesthesia practice. *Canadian Journal of Anaesthesia* **35**, 346–51

Schmidt DR, Winn RE, Keef TJ (1989) Leptospirosis. Epidemiological features of a sporadic case. *Archives of Internal Medicine* **149**, 1878–80

Simpson DIH (1977) *Marburg and Ebola virus infections. A guide for their diagnosis, management and control.* World Health Organization Offset Publication No. 36. Geneva: WHO

Stableforth AW (1953) Animal brucellosis. In: *Advances in the control of zoonoses.* World Health Organization Monograph Series No. 19. Geneva: WHO: 71–87

Stephenson CB, Jacob JR, Montali RJ, Holmes KV, Muchmore E, Compans RW, Arms ED, Buchmeier MJ, Landford RE (1991) Isolation of an arenavirus from a marmoset with callitrichid hepatitis and its serological association with disease. *Journal of Virology* **65**, 3995–4000

Stiglmair-Herb MT, Scheid R, Hanichen T (1992) Spontaneous inclusion body hepatitis in young tamarins. I. Morphological study. *Laboratory Animals* **26**, 80–7

Sulkin SE, Pike RM (1951) Laboratory acquired infection. *Journal of the American Medical Association* **147**, 1740–5

Tabor E (1989) Non-human primate models for non-A, non-B hepatitis. *Cancer Detection and Prevention* **14**, 221–5

Tappero JW, Mohle-Boetani J, Koehler JE, Swaminathan B, Berger TG, LeBoit PE, Smith LL, Wenger JD, Pinner RW, Kemper CA (1993) The epidemiology of bacillary angiomatosis and bacillary peliosis. *Journal of the American Medical Association* **269**, 770–5

Teelman K, Weihe WH (1974) Microorganism counts and distribution patterns in air-conditioned animal laboratories. *Laboratory Animals* **8**, 109–18

Tjong JWR, van Zeijl JH (1991) Fatal complication after dog bites with *Capnocytophaga canimorsus. Nederlands Tijdschrift voor Geneeskdkunde* **135**, 138–40

Tontis A, Zwalen R (1991) Chlamydia infection in sheep and goats. With a reference to its significance as a zoonosis. *Tierarztliche Praxis* **19**, 617–23

Tribe GW (1969) Clinical aspects of the detection and control of tuberculosis in newly imported monkeys. In: *Hazards of handling simians.* Laboratory Animal Handbooks No. 4 (Perkins FT, O'Donoghue PN, eds). London: Laboratory Animals Limited: 19–23

Tuffery AA, Innes JRM (1963) Diseases of laboratory mice and rats. In: *Animals for research* (Lane-Petter W, ed). London: Academic Press: Chapter 3

Umenai T, Lee PW, Toyoda T, Yoshinaga K, Horiuchi T, Lee HW, Saito T, Hongo M, Nokunaga T, Ishida N (1979) Korean haemorrhagic fever in staff in an animal laboratory. *Lancet* **i**, 1314–16

Vizoso AD (1975) Recovery of *Herpes simiae* (B virus) from both primary and latent infections in Rhesus monkeys. *British Journal of Experimental Pathology* **56**, 485–8

Weber DJ, Hansen AR (1991) Infections resulting from animal bites. *Infectious Disease Clinics of North America* **5**, 663–80

Weihe WH (1975) Phase maps for particles and microorganisms in animal quarters. *Laboratory Animals* **9**, 353–65

Welcker A (1938) Laboratoriumsinfektionen mit Weilscher Krankheit. *Zentralblatt fur Bakteriologie* **141**, 400–10

Werth D (1989) The occurrence and significance of *Chlamydia psittaci* and *Coxiella burnetii* in dogs and cats. A study of the literature. *Berliner und Munchener Tierarztliche Wochenschrift* **102**, 156–61

World Health Organization (1978) Ebola haemorrhagic fever in Sudan, 1976 – report of a WHO/International Study Team. *WHO Bulletin* **56**, 247–70

Wright LJ, Barker LF, Mickenberg ID, Sheldon MW (1968) Laboratory acquired typhus fevers. *Annals of Internal Medicine* **63**, 731–8

Wullenweber M, Kaspareit-Rittinghausen T, Farouq M (1990) *Streptobacillus moniliformis* epizootic in barrier maintained C57BL/6J mice and susceptibility to infection of different strains of mice. *Laboratory Animal Science* **40**, 608–12

Zamiatina NA, Andzhaparidze AG, Balaian MS, Sohol AV, Titova IP, Karetnyi IUV, Poleschuk VF (1990) Development of an infection in monkeys as a result of their sequential natural and experimental exposure to the hepatitis A virus. *Voprosy Virusologii* **35**, 122–5

Further reading

Bell JC, Palmer SR, Payne JM (1988) *The zoonoses: infections transmitted from animals to man*. London: Edward Arnold

Brack M (1987) *Agents transmissible from simians to man*. Berlin: Springer-Verlag

Brown DW (1993) Filoviruses and imported non-human primates. *PHLS Microbiology Digest* **10**, 195–8

Collins CH (1993) *Laboratory acquired infections*. Oxford: Butterworth-Heinemann

Health and Safety Commission (HSC) (1992) Education Services Advisory Committee *Health and safety in animal facilities*. London: HMSO

HSC Health Services Advisory Committee (1991) *Safe working and the prevention of infection in the mortuary and post mortem room*. London: HMSO

Journal of Medical Primatology (1987) Special Issue. Biohazards associated with natural and experimental diseases of non-human primates. **16** (2)

Owen DG (1992) *Parasites of laboratory animals*. Laboratory Animal Handbooks No. 12. London: Royal Society of Medicine Press on behalf of Laboratory Animals Ltd

Perkins FT, O'Donoghue PN, eds (1981) *Hazards of handling simians*. Laboratory Animal Handbooks No. 4. London: Laboratory Animals Ltd

Poole T, ed (1999) *UFAW Handbook on the care and management of laboratory animals*. Vols 1&2. 7th edn. Oxford: Blackwell Science

Quinn PJ, Carter ME, Markey B, Carter GR (1994) *Clinical veterinary microbiology*. London: Wolfe

World Health Organisation. (1993) *Laboratory biosafety manual*. Geneva: WHO

4

유전자변형(형질전환)동물

M W Smith

목차

서론 Introduction

많은 동물기관에서, 형질전환동물을 위해 요구되는 시설은 이미 확립된 계통의 다른 실험 동물을 사육관리하는 시설을 활용하는 것이 가능하다. 이것은 어떤 다른 그룹의 동물로부터 예상되는 위험과 다르게 직원들에게 실제적으로 낮은 위해성을 나타내는 것으로 간주될 수 있다. 그럼에도 불구하고 위험성은 반드시 고려되어야 하며, 허가를 필요로 한다.

그러나 일부 기관에서는 형질전환동물을 생산하기 위한 새로운 시설을 계획하거나 건축하며, 동물생산에 사용된 기술에 따라, 잠재적인 위험성의 다양한 수준을 나타내도록 고려하고 있다. 위해성(risk)의 개념은 잠재적 벡터로서 바이러스 혹은 다른 생물체와 DNA 취급을 포함한 기술의 사용과 자체가 유전적 변형으로 정의되지 않고 알지 못하는 결과물과 부분적으로 연관되어 있다. 강력한 대중적 감정은 환경에 미치는 영향이 아직 알려지지 않은 유전자변형생물체(동물포함)를 야생으로 우연히 혹은 계획적인 방출에 대한 관심으로 표현된다.

이러한 점들은 환경으로 동물방출사고가 동물 자체의 형질과 연관된 문제들이 원인이 될 수 있음(족제비와 같은 수입종의 방출은 과거에서부터 발생되어 오고있는 것처럼)을 인식하고 있는 유전자변형 자문위원회에 의해 검토되어 왔다. 문제는 국내 혹은 야생동물들에게 변형된 유전자가 전달되는 결과로 나타날 수 있다는 것이다. 예를 들어, 생식력 혹은 먹이섭취, 크기의 증가에 따른 형질전환동물의 신체적 혹은 행동적 변화는 환경에 대해 다양한 의미를 내포할 수 있다. 야생집단과의 경쟁 혹은 동물 수의 과도한 성장도 나타날 수 있다.

이러한 분야에서 종사하는 사람들 중 일부는 위해요소를 예측하려는 시도는 학문적 개혁을 방해하는 불가능한 과제라고 믿고 있다. 또한 그들은 기본연구가 지불을 예상치 않는 혹은 예측할 수 없는 비용으로 위험의 주변에서 수행해야하는 것을 내포하고 있는 것으로 느끼게 될 것이다. 그러나, 예방책은 합리적이고 필수적이며, 이것은 EC Directive 90/219와 90/220에 도입된 규정의 두 개 법령안에 표현되어 있다. 이것들은 다음과 같다.:

(1) The Genetically Modified Organisms (Contained Use) 규정 (1992), as amended by the Genetically Modified Organisms (Contained use) (Amendment) 규정 1996 & 1998, made under the powers of the Health and Safety at Work etc. 법령 (1974) and the European Communities 법령 (1972).

(2) The Genetically Modified Organisms (Deliberate Release) 규정(1992) (as revised in 1995), introduced under the Environmental Protection 법령 (1990).

이 장에서는 연구환경에서 형질전환동물의 사용과 생산의 안전성 측면을 광범위하게 다르고 있기 때문에, 이러한 규정들의 첫 부분만 자세히 다루게 될 것이다.

형질전환동물이란 무엇인가? What are transgenic animals?

자연적으로 출현하는 형질을 갖는 동물들은 오랜 기간 동안 선발되어 사육되어 왔다. 이들은 그들 DNA내에 변형 효과로 나타나며, 농장동물과 다양한 품종 내에 확실히 출현하는 동물들이 오늘날 이용가능하다. 그러나, 재조합 DNA 기술의 사용은 특정한 유전물질을 분리하고, 다른 동물에 이들을 전달함으로써 이러한 과정을 빠르게 진행될 수 있게 되었다. 형질전환(transgenic)이라는 용어는 마우스에서 처음 사용되었으며(Gorden & Ruddle 1981), 동물 혹은 식물로부터 유래된 외부 DNA를 발생과정의 배아단계에 동물 게놈으로 전달하는 것으로 정의된다. 이러한 과정의 결과물로 만들어진 유전자변형동물(genetically modified animal)은 형질전환동물(transgenic animal)이라 불리운다. 이러한 정의는 유전자적중(gene targeting) 혹은 유전자결실(gene deletion) 기술을 이용한 유전자변형에 의해 생산된 동물로 그 의미가 확대되오고 있다.

작은 크기의 동물 종, 특히 마우스는 형질전환동물의 생산에 사용 되어 왔다. 그러나 토끼, 돼지, 양 (Hammer *et al*. 1985) 그리고 물고기(Chen &Powers 1990)와 같은 동물들에 대한 관심도 증가하고 있다.

형질전환동물은 어떻게 만드는가? How are transgenic animals made?

형질전환동물 생산에 포함된 잠재적인 위험 수준은 외래 DNA의 기원, 형질전환 유전자의 생산방법, 배아에 미치는 영향과 같은 요인에 의해서 영향을 받는다. 여러 가지 방법들이 사용되며, 일반적인 요점은 다음과 같다.

(a) 수정란의 전핵(일반적으로 수컷)으로 외래유전자의 미세주입

이러한 방법에서, 수정란은 교미 후 하루가 지난 암컷의 생식관으로부터 확보

한다. 세척 후, 이들 수정란은 미세주입기의 현미경상으로 옮긴다. 이 단계에서, 두 개의 생식체(gamete)는 융합하지만, 핵(전핵이라고 부름)은 여전히 분리되어 남아있다. 선택한 외부 DNA 용액은 특별히 제작된 유리바늘을 이용하여 큰 전핵(수컷)으로 주입된다. 사용되는 전핵의 선택은 위치, 생존율 그리고 작업자의 기술 등에 따라 다르다. DNA가 주입된 수정란은 나중에 수술을 통해 대리모로 이식되고, 정상적인 분만때 까지 계속적으로 발생하게 된다(Hogan *et al.* 1986).

(b) 배아줄기세포(embryonic stem cell)의 이용을 통한 형질도입(transfection)

배아줄기세포(ES 세포)는 많은 세포 형태로 분화할 수 있으며, 다기능(pluripotent)이라는 용어로 언급된다. 그들은 배반포(blastocyst)의 내세포괴(inner cell mass)로부터 배양될 수 있다. 특별한 처리 후, 그들은 미세주입에 의해서 배반포로 다시 전달될 수 있다. 적절한 환경조건에서, 도입된 ES세포는 생식계를 포함한 모든 배아조직으로 분화할 수 있으며, 그리고 이것은 특별한 유전자의 표적화 혹은 변형이 가능하며, 그래서 선별된 배반포로 변형된 유전자가 도입될 수 있다. 이러한 과정에서, DNA는 선별된 유전물질에 의해서 대체되거나 변형될 수 있으며, 이러한 과정은 유전자 적중(gene targeting)이라고 알려져 있다(Thomas *et al.* 1986).

(c) 바이러스 벡터의 사용

레트로바이러스(retrovirus, 일부는 발암성)는 프로바이러스 DNA를 복제하여 세포 DNA로 삽입되는 단일가닥 RNA 바이러스이다. 20년 이상 전에, 초기 마우스 배아를 레트로바이러스로 감염시켰을때(Jaenish 1976), 삽입된 프로DNA는 성체동물의 세포에서 발견되었다. 또한, 이러한 동물들은 그들의 자손에게 프로바이러스 DNA를 전달할 수 있었다. 이러한 방법들은 레트로바이러스의 위치를 이질유전물질(heterogenous genetic materials)로 교체하는 것으로 발달하였고, 다양한 바이러스 벡터가 개발되었다(Valerio 1992).

바이러스벡터를 사용하는 한가지 방법은 바이러스생산 세포층 위에 수정란을 배양하거나 혹은 다른 방법으로 바이러스를 원하는 DNA와 미리 처리한 후 할강에 미세피펫으로 주입하는 것이다.

형질전환동물의 생산과정에서 바이러스 벡터의 사용은 다른 방법의 출현으로 현저히 감소하고 있다. 더불어, 형질전환동물에서 나타나는 바이러스의 사용은 오늘날 매우 드물다.

형질전환동물의 생산방법으로 추가적인 방법은 다음과 같다.

1) 선택적으로 배양된 ES세포의 단일층에 배아의 공동배양
2) 거대 유전자단편을 취급하는 수단으로서 효모인공염색체(yeast artificial chromosome, YACs)의 사용
3) 실제 발현하는 유전자를 모든 세포로부터 제거하기 위한 수단을 유전자제거법(gene ablation)의 사용

형질전환동물의 생산과 사용에 관련된 규정 Regulations concerning the generation and use of transgenic animals

EC Directive 90/129의 실행은 Health and Safety Excutive (HSE)에 의해 관리되는 이 장의 초반부에 언급된 최근 contained use 규정이 영국에 도입된 다음에 진행되었다. 이러한 규정들은 1993년에 도입되었고, 1996년과 1998년에 개정되었다.

a) 명확한 방법에 기반하여 유전자변형 작업전에 수행해야하는 위험성 평가의 요구
b) 적절한 격리구역에서 유전자변형동물(genetically modified organism, GMOs)을 이용한 작업의 요구. 이러한 작업은 형질전환동물의 생산, 사육 그리고 과학적 사용을 포함한다.
c) 처음으로 유전자변형 작업을 하기 위해서 계획을 HSE로 통보할 담당자의 요구
d) 도입되는 작업에 대한 논의와 조언을 위한 지역유전자변형안전위원회(local genetic modification safety committee)의 설립 요구

유전적변형동물을 포함한 작업의 분류 Classification of work involving genetically modified animals

A와 B작업은 미생물을 취급하는 작업에 적용되기 때문에, 이러한 분류에는 완전한 목적이 포함되어야 한다. 그러나, 미생물들은 형질전환동물의 생산에도 사용될 수 있기 때문에, 이 단락을 이해하기 위해 이러한 분류는 유용하게 사용될 수 있다.

작업

작업은 주요한 두 가지 그룹으로 나누어진다:

A형 작업 : 이것은 교육, 연구 혹은 개발과 작은 규모의 비상업시설을 위한 유전자변형 생물체의 사용을 포함하며, 표준은 우수미생물작업지침을 반영해야 한다. 또한 생물체는 표준방법에 의해 불활성화 되어야 한다.

B형 작업 : 이것은 상업적 절차를 포함하여 모든 방법과 절차를 포함한다.

생물체

생물체는 다음의 4개의 기준에 따라 분류한다:

a) 숙주생물체의 특징
b) 클론된 DNA의 특징
c) 클로닝 벡터의 특징
d) 결과물로 나타난 유전자변형 생물체의 특성

두 개의 주요 그룹으로 정의 된다 :

그룹 I : 이것은 사람, 동물 혹은 식물에게 질병의 원인이 되지 않거나 혹은 환경에 해로운 원인이 되지 않는 어떠한 생물체를 포함한다.

그룹 II : 이것은 그룹 I에 해당하지 않는 것과 사람, 동물 혹은 식물병원체를 포함하는 어떤 생물체를 포함한다.

이러한 분류는 절대적이지 않으며, 즉 독성유전자가 그 안에 클로닝되었다면, 그룹 I의 숙주는 그룹 I 유전자변형생물체로서 분류되지 않기도 한다. 이러한 생물체는 이러한 경우에 그룹 II로 이동된다. 분류를 위한 자세한 기준은 Genetically Modified Organism Regulation (1996)에 목록으로 제시되어 있다.

다른 생물체 : 이것은 미생물보다 다른 유전자변형생물체 (예, 동물 혹은 식물)와 형질전환동물을 포함한다. 미생물보다 다른 생물체의 분류기준은 다음을 포함한다:

a) 그 생물체가 유전자변형 미생물이 아니다.
b) 그 유전자변형 비-미생물(non-microorganism)(전체 식물과 동물 포함)은 두 개의 위험그룹 중에 하나로 분류되어야 한다 - 즉, 어떤 수용체 혹은 부모 생물체로서 격리시설에서 안전한 것(이러한 것은 그룹 I과 동일한 것으로 간주된다)과 그렇지 않은 것이다. 이들은 A형 혹은 B형으로 분류되지 않는다.
규정과는 별개로, 일련의 가이드라인은 형질전환동물을 이용한 작업에 대한 안내서를 포함할 수 있다. 별책 부록1-11(형질전환동물을 다루는 Note 9)에 기초한 이러한 가이드라인은 "Compendium of Guidance from The health and Safety commission's Advisory Committee on Genetic modification"이라는 제목의 핸드북으로 검토되고 발간되었다. 이러한 개론은 동물시설과 연관된 다른 많은 최근의 가이드라인과 함께 읽을 필요가 있다. 발행시점에, 통합된 핸드북은 유전자변형동물(HSE/Smith personal communication)을 취급하는 작업의 위해성 평가를 완전히 반영하지는 못하였고, 동물 사용자들이 최신정보를 얻기 위해 유전자변형 소위원회와 연락하기를 제안하고 있다.

사용조건에 대한 통보 Notification of the intent to use premises

연구 혹은 교육을 위해 형질전환동물의 생산과 사용은 다른 생물체 그룹에서 작업과 유사하게 분류할 수 있다. 다른 것과 유사하게, 최초 사용통보는 작업시작 90일 전에 HSE 통보할 것을 요구하고 있다. 만약 HSE가 90일 기간이 끝나기 전에 어떠한 이유를 제기하지 않는다면, 사용조건은 정상적으로 사용이 가능하다.

개인활동의 기록 및 통보 Notification and recording of individual activities

'다른 생물체' 활동을 위해서는 다음을 충족해야 한다:

a) 위험 평가 복사본의 보존

b) 작업기록의 보존

c) 매년 말에 HSE에 보고

작업과 환경안전 및 격리의 표준 Standards of occupational and environmental safety and containment

어떤 실험동물을 다루는 작업을 위해서, 유전자변형동물을 포함한 어떤 활동은, 표준작업안전 원칙이 적용되어야 하며, 이들은 Health and Safety at Work etc Act (1974)와 하위 법령에 의해 보호된다. 개정된 Biological Harzards Directive 90/679/EEC의 효력을 나타내는 Control of Substance Hazardous to Health Regulation (COSHH)(1999), Approved Codes of Practice (1999)에 특히

주목해야만 한다. 질병의 위험성을 최소화 혹은 방지하기 위한 모든 작업에 적용되는 통제수단의 특별한 규정들은 생물학적 위험물의 노출과 관련된다. 격리수단과 건강 위해평가를 다루는 COSHH의 목록 3에-생물학적 화학물질과 관련된 특별한 조건을 정의하고 있는-특별히 주목해야 한다.

지역 유전자변형안전위원회의 설립 Formation of local genetic modification safety committee

처음으로 작업시작에 대한 계획을 HSE에 통보하기 전에, 지역유전자변형안전위원회를 설립하는 것이 필요하다. 비록 이러한 것들은 규정에 해당하지만, 위원회의 구성은 그렇지 않다. 위원회의 위원은 직원들을 대표해야하고, 작업의 생물학적 안전성에 대해 조언이 가능한 적당한 전문가를 포함해야만 한다. 선별된 위원들은 상세한 계획 혹은 부록의 내부전문자료를 평가하기에 적합해야 한다.

작업시작의 통보전에, 이러한 위원회는 요구되는 격리수준에 대한 조언과 직면한 작업의 위해평가에 대한 충고를 하게 된다. 이러한 위해평가는 동물계통 자체와도 관련되며, 동물을 생산하기 위하여 사용된 시스템 혹은 벡터도 포함될 수 있다. 격리의 수준은 다음에 따라 달라진다:

a) 관련된 종 혹은 다른 종에 유전자를 전달할 가능성
b) 바이러스 혹은 다른 벡터의 활성이나 전달 가능성
c) 유전자 산물 혹은 어떤 바이러스 벡터에 작업자의 노출 가능성
d) 환경에 영향 가능성

동물 격리의 수준 Animal containment levels

이러한 내용은 이 장의 초반부에 언급된 요약 3단락에 기술되어 있다. 요약에서, 생존하는 유전자변형 미생물을 동물에 접종하는 시설에서, 관심있는 미생물을 사용하기 위한 실험실에 적합한 격리수준이 적용되어야 한다. 적합한 동물격리수준의 세부적인 사항은 "위험병원체 출판에 관한 자문위원회"에서 특성화한 "격리의 분류와 위험에 따른 생물학적 물질의 분류 (The categorisation of biological agents according to hazard and categories of containment, ACDP

1995)"에 기술되어 있다. 이 저서는 생물학적 위험물질의 산업적 사용과 동물실 및 실험실에서 사용되기 위해 격리수단을 언급하는 COSHH Regulation (1994)의 부분을 반복하고 있다. 일반적으로 동물법 (Animals (Scientific Procedures) Acts) (1986)과 이와 연관된 시행규정들의 요구수준을 만족하는 동물시설은 격리수준 1의 권장사항을 충족한다. 특별한 동물 병원체들이 형질전환동물과 결합되어 사용되는 곳에서, 권고사항은 수의행정부 (Division of Veterinary Officer, DVO)로부터 받아야 한다. 왜냐하면, 농해양식품부 (Ministry of Agriculture, Fisheries and Food, MAFF)는 격리수준에 영향을 주기 때문이다.

일반적으로 미세주입에 의해 혹은 복제를 할 수 없는 레트로바이러스 벡터의 사용 혹은 수평적 전이가 않되는 다른 유전사 서열을 사용해서 생산되는 형질전환동물은 격리수준 1에 해당한다. 저절로 확산되는 다른 바이러스 벡터를 이용해 생산된 형질전환동물은 최소 격리수준 2에 해당한다. 그러나 비록 이러한 분류들이 안전에 기반한 이론적인 연구임에도 불구하고, 추가적으로 고려해야할 사항은 이차 감염으로부터 유용한 다른 동물계통을 보호하기 위하여 적합하게 디자인된 시설에 형질전환동물을 보존하는 것이며, 이러한 것에는 필터-탑 케이지, 필터랙 혹은 필름 아이소레이터를 포함한다. 또 하나의 고려사항은 그들 스스로가 이미 존재하는 다른 동물 집단 혹은 그들을 사용하는 작업자에게 영향을 줄 수 있는 형질전환동물의 불확실한 건강상태이다.

위해평가는 바이러스 벡터와 다른 유전자변형 미생물 혹은 잠재적인 위험물질의 사용에 관한 안내책자의 권고를 고려해야만 한다(Genetically Modified Organisms(Risk Assessment)(Record And Exemptions) Regulation 참고)(1996).

형질전환농장동물 Transgenic farm animals

Advisory Committee on Novel Food Processes (ACNFP)는 식품생산 형질전환동물을 이용한 작업 초기에 제안서를 통보받아야만 한다. 양, 돼지와 같은 일부 형질전환 농장동물은 치료제의 생산 혹은 장기이식을 위하여 사용된다. 그러나 실험 실패의 비율이 높고, 이러한 실험의 실패는 먹이사슬을 변화시킬 수 있다.

형질전환동물이 인간 식품을 위해 사용될 가능성이 있는 경우, 삽입물의 특성, 벡터시스템, 삽입물의 검출방법, 그것의 활성, 생산물의 특성 그리고 섭취

후 사람에서 잠재적 위험성에 대한 자세한 사항을 ACNFP에 정보를 제공할 필요가 있다. 만약 ACNFP가 위험성이 없는 것으로 판단하면, 판매와 도살에 의한 이용이 가능하게 될 것이다. 만약 그렇지 않거나 혹은 과정이 이러한 절차를 준수하지 않는다면, 이러한 동물들은 폐기되거나 소각되어야 한다. 윤리적 사용을 위한 실험동물의 처분은 내무부 사찰관 (Home office inspector)의 동의에 따라야하며, 이러한 상황은 연구과제 면허에 정상적으로 포함되어 있다.

지역 유전자변형안전위원회의 역할 The role of the local genetic modification safety committee

지역위원회에 관해 수행되어야 할 작업의 위해성 평가과정에서 권고의 기능과 함께 대략적인 요약 내용은 이미 제시하였다. 그러나, 안전위원회의 주요 상호작용은 지역의 상황에 의존적이다. 추가적인 설명을 위해서 필요한 일부 요인들은 다음과 같다.

1) 만약 병원행정감독관이 위원회의 위원 중에 한명이라면, 그는 모든 회의에 필수적으로 참여할 필요는 없지만, 협의사항과 요약서를 쉽게 받을 수 있어야 한다. 참석은 필요에 따라 가능하다.
2) 실제로 유전자변형이 동일 건물 내에 상주하는 다른 부서에 의해 의심된다면, 객관적인 관점을 제공하기 위해 다른 부서의 직원을 활용하는 것도 고려해야 한다.
3) 매년, 위원회의 위원자격을 검토하는 것이 필요하다.
4) 위원회는 진행중인 작업을 재평가 혹은 새로운 제안서를 검토하기 위하여 가능한 충분한 빈도로 개최되어야 한다.
5) 위원회는 사고와 우발적 사건을 포함하여 일반적인 실험실작업지침 그리고 안전절차를 검토할 수 있어야 하며, 형질전환동물의 탈출 혹은 사고방출 혹은 사고에 대처하기 위한 비상계획 혹은 훈련을 필요로 하는 부서의 책임자에게 권고를 할 수 있어야 한다.
6) 위원회는 작업 수행을 위한 표준절차와 지역규정의 제정에 책임있게 대처해야 한다.
7) 위원회의 협의사항과 요약은 기밀분서로 고려되면 않되며, 요구사항으로 보안을 활용할 수 있다. 위원회의 회의에 참석하는 것은 합리이유로 개인적 관심을 갖는 어떤 사람에 대해서도 가능해야만 한다.

8) 위원회는 최근의 법규정과 자문보고서에 대한 갱신을 지속적으로 유지해야 하며, 안전위원회와 건강안전집행관 (Health and Safety Excutive)은 원활한 연락을 유지하여야 한다.

형질전환동물의 수입과 수출 Import and export of transgenic animals

수입 *Import*

형질전환동물의 수입업자 혹은 외부로부터 형질전환동물을 도입하는 사람은 운반 전에, 충분한 시설이 동물의 수령과 적응을 위하여 사용가능하여야 하며, 격리수준이 이것을 반영하고 있음을 보증하여야 한다. 형질전환동물의 생산과 사용은 내무부에 의해 관리되는 동물법(과학절차법, 1986)의 요구사항을 준수해야 한다. 이러한 조건하에서, 외국으로부터 영국으로 도입되는 동물들은 내무부에서 지정하지 않은 곳으로부터 들어올 수도 있다. 이러한 경우에, 특별한 내무부의 허가가 필요하게 될 것이며, 내무부의 이송증명서가 필요하게 될 것이다.

유사하게, 형질전환동물의 사용과 생산은 법령이 의미하는 사용 절차를 포함하고 있기 때문에, 개인면허와 과제면허가 필요하다.

만약, 동물이 유럽연합의 외부로부터 도입되었다면, 광견병 법령(개, 고양이, 다른 포유동물의 수입, 1974)의 조항에 따라 6개월의 검역기간을 실시하는 것이 요구된다. 설치류의 경우, 이 기간은 수의보건국이 동의하고, 이유 후 15일이 지난 건강한 수입된 동물로부터 분리된 자손과 수입된 모체라면, 동물 종과 계통에 적합한 격리수준에 따라 좀더 짧아 질 수 있다.

EC국가로부터 수입은 동물법과 동물의 부산물법(수입과 수출, 1995)에 의해서 영국에서 시행되고 있는 Balai Directive(92/65 EEC)에 의해서 통제된다.

이처럼, 동물이 92/65 EEC 조항에 따라 등록된 곳에서 기원되었고 태어나고 그 곳에서 사육되었다면, 공급을 위한 검역은 수입된 연구용 동물에서는 불필요하다. 그럼에도 불구하고, 그들은 동물법(과학적절차법, 1986)에 따라 지정된 곳으로부터 도입되지 않은 영국 외부로부터 기원된 동물은 내무부 요구사항의 대상이다. EC국가 공급자들은 이미 언급했던 영국 유전자변형생명체법률을 준수하는 지역과 사람들에 의해 서명된 보증서를 받기를 기대한다.

수출 Export

EC국가가 아닌 경우, 법률은 다양하며, 이것은 동물이 수출되는 나라의 관련부처에 의해서 제정된 나라의 요구사항이 무엇인가?는 수출업자의 문제이다. EC국가로의 수출은 수입과 동입하게 EC Directive 92/65의 대상이다. 그러나, 어떠한 상황에서, 어떤 종류의 실험동물을 수출하는 것은 내무부의 통제로부터 그들을 효율적으로 벗어날 수 있으며, 공식적인 허락을 요구하게 될 것이다.

직원의 건강검진 Health surveillance of staff

유전자변형에 대한 법률에서 건강검진에 대한 특별한 요구사항은 없다. 그러나, COSHH와 같은 다른 법률은 동물관련 작업에 대한 감독의 한 부분으로서 유전자 변형동물을 다루는 직원에 대한 건강검진을 요구하고 있다.

환경으로 형질전환동물의 사고유출 Accidental release of transgenic animals to the environment

만약 형질전환동물이 환경으로 인위적으로 유출되었다면, 특별한 통보와 허가를 필요로 한다(유전자변형생명체법률, 1995). 일반적으로 야생에 거주하지 않는 어떤 동물의 방사는 Wild life and Countryside 법률(1981)에 따라 면허를 요구한다는 것을 공지해야만 한다. 형질전환동물 혹은 동물들이 사육구역으로부터 환경으로 탈출은 사고후 가능한 빨리 지역유전자변형안전위원회, 지역안전행정국 그리고 HSE에 보고하여야 한다. 그러나 형질전환동물의 대부분은 조절된 환경에서만 사용되는 목적-사육 설치류이며, 이러한 이유 때문에 야생에서 생존 혹은 탈출의 가능성이 낮은 것으로 받아들여지고 있다. 많은 형질전환계통은 스트레스와 이차감염에 좀더 민감하고 야생의 생활에 적합하지 않기 때문에 그들은 야생사육이 어렵다.

동물이 탈출 가능한 상황에서 유지되는 곳, 예를 들어 물고기가 일반시설에서 사육되는 곳에서, 사용자들은 동물탈출의 가능성이 높기 때문에 공식적인 방출허가권을 얻기를 기대한다. 형질전환동물이 집중되어 있는 곳에서, 가축보호

울타리의해 보호된 구역에 감금된 농장동물은 환경으로 집중적으로 유출되는 것으로 고려되지 않는다. 그러나 이것은 그렇게 기대되거나 혹은 그들이 적절히 감독될 것으로 보여지므로, 그래서 탈출은 즉각적으로 관찰될 수 있다.

표지 Marking

모든 형질전환동물과 실험의 실패(예를 들어, 유전자 전달에 성공하지 못하거나 혹은 원하는 결과를 생산하지 못하는 동물)는 분명하고 손쉽게 확인할 수 있어야 한다.

DNA 지체는 확인할 수 있는 다른 명백한 방법이 존재하지 않는 경우에, 표지로 사용될 수 있다. 동물이 더 이상 실험단계에 있지 않다면, 예를들어, 그것이 식품생산을 위한 동물로서 허용되거나 혹은 내무부의 통제로부터 벗어난 경우, 더 이상 특별한 확인은 요구되지 않는다.

기록 Records

모든 형질전환동물의 준비, 사육, 움직임, 탈출 그리고 처분에 대한 완전한 기록은 유지되어야만 한다. 유사하게, 동물법(과학적절차법, 1986)에 따라, 형질전환동물의 교배와 생산은 과제면허와 개인면허를 요구하는 절차로 분류된다. 따라서 기록은 내무부의 관리 목적을 위해 필요하게 된다.

참고문헌 References

Advisory Committee on Dangerous Pathogens (1995) *The Categorisation of Biological Agents according to Hazard and Categories of Containment*. 4th edn. Sudbury: HSE Books

Animals and Animal Products (Import and Export) Regulations (1995) Statutory Instruments No. 2428. Amended 1996 (SI. 1111). London: HMSO

Animals (Scientific Procedures) Act (1986) London: HMSO

Breitman ML, Clapoff S, Rossant J, Tsui LC, Glade LM, Maxwell IH, Bernstein A (1987) Genetic ablation: Targeted expression of a toxic gene causes microphthalmia in transgenic mice. *Science* **238**, 1563–65

Burke DT, Carle GF, Olden MV (1987) Cloning of large segments of exogenous DNA into yeast by means of artificial chromosome vectors. *Science* **236**, 806–12

Control of Substances Hazardous to Health Regulations (COSHH) (1999) Approved Codes of Practice (1999) L5. Sudbury: HSE Books

Chen TT, Powers DA (1990) Transgenic fish. *Trends in Biotechnology* **8**, 209–15

EC Directive 90/219/EEC. *On the contained use of genetically modified micro-organisms*

EC Directive 90/220/EEC. *On the deliberate release into the environment of genetically modified micro-organisms*

EC Directive 90/679/EEC. *On the protection of workers from risks related to biological agents at work*

EC Directive 92/65/EEC (the 'Balai' Directive) *On the importation of animals and animal products*

Environmental Protection Act (1990) London: HMSO

European Communities Act (1972) London: HMSO

Evans MJ, Kaufman M (1981) Establishment in culture of pluripotent cells from mouse embryos. *Nature* **292**, 154–6

Genetically Modified Organisms (Contained Use) Regulations (1992) Statutory Instruments No. 3217 as amended 1996 (967), 1998 (1548) and Associated Guidance Notes. London: The Stationery Office

Genetically Modified Organisms (Deliberate Release) Regulations (1995) Statutory Instruments No. 304. London: HMSO

Genetically Modified Organisms (Risk Assessment) (Records and Exemptions) Regulations (1996) Statutory Instruments No. 1106. London: HSE

Gordon JW, Ruddle FH (1981) Integration and stable germline transmission of genes into mouse pronuclei. *Science* **214**, 1244–6

Health and Safety at Work etc. Act (1974) and associated regulations. London: HMSO

Hammer RE, Pursel VG, Rexroad CE, Wall RJ (1985) Production of transgenic rabbits, sheep and pigs by microinjection. *Nature* **315**, 680–3

Hogan B, Costatini F, Lacy E (1986) *The manipulation of the mouse embryo.* New York: Coldspring Harbor Laboratory

Jaenish R (1976) Germline integration and Mendelian transmission of the exogenous Molony leukaemia virus. *Proceedings of the National Academy of Sciences* **73**, 1260–4

Pachnis V, Pevny L, Rothstein R, Constantini F (1990) Transfer of a yeast artificial chromosome carrying human DNA from *Saccharomyces cerevisae* into mammalian cells. *Proceedings of the National Academy of Sciences* **87**, 5109–13

Rabies (Importation of Dogs, Cats and Other Mammals) Order (1974) Statutory Instruments No. 2211 as amended. London: HMSO

Thomas KR, Folger KR, Capecchi MR (1986) High frequency targeting of genes to specific sites in the mammalian genome. *Cell* **44**, 419–28

Valerio D (1992) Retrovirus vectors for gene therapy procedures. In: *Transgenic Animals* (Grosveld E, Kollias G, eds). London /New York: Academic Press, pp 211–39

Wildlife and Countryside Act (1981) London: HMSO

5

화학적 위험물질

Ian Palotai

목차

서론 Introduction

이 장에서는 동물사육실에 잠재되어 있는 유해한 화학물들의 일반적 성질과 위해물질들을 어떻게 취급해야 할지를 소개하고 있다. 일반적으로 화학물은 종류와 성상별로 그 특성이 다양하므로 여기에서는 특정 화학물을 자세히 다루진 않는다. 각 화학물질의 건강과 안전에 대한 자세한 정보는 생산업자를 통해 입수할 수 있다. 여기서는 주로 화학적 위해물질을 취급하는 기본 원리와 함께 예시를 소개하고자 한다.

동물을 사육하는 공간에는 실험용 투여물질을 비롯하여 소독액, 멸균제에 이르기까지 무수히 많은 화학적 위해물질이 존재한다. 그러므로 화학적 위해물질의 위해성은 이러한 물질을 다루는 시험연구자와 관계 종사자에게 늘 부수적으로 따라다닌다고 볼 수 있다. 위해물질에 대한 노출을 차단하기 위하여 동물사육실에서는 책임자 또는 감독자의 규제를 따르고 표준작업지침에 의거하여 행동하여야 한다.

영국은 작업장에서 이러한 위해물질을 사용할 때 반드시 HSE의 위해물질건강관리법(Control of Substances Hazardous to Health Regulation 1999, COSHH)을 준수하여야만 한다. 이 법에는 화학적 위해물질을 다루는 모든 근로행위에 대해서는 반드시 적절한 방어조치와 더불어 위해성을 평가하도록 되어있다. 그리고 공장에서 제조되는 화학물질에서부터 감염, 알레르기, 독성을 유발할 수 있는 물질들의 목록을 정하여 규제하고 있다(이 책의 다른 장을 참고하라).

보건과 안전에 직결된 모든 분야에서는 유해물질(hazard)과 위해성(risk)을 다음과 같이 구분하는데 동의하였다(Council Directives 1994):

- ◆ 유해물질(hazard)- 잠재적으로 인체에 악영향을 미칠 수 있는 화학물질의 본질(intrinsic property). 따라서 유해물질은 단순히 화학물질의 특성으로 간주될 수 있다.
- ◆ 위해성(risk)-화학물질의 사용조건이나 노출정도에 따라 발생될 수 있는 유해영향의 확률

화학적 위험물질의 분류 Categories of chemical hazard

화학물질은 '화학물질의 유해정보와 포장에 관한 규칙(Chemicals (Hazard

Information and Packaging for Supply) Regulation 1994, CHIP)(Statutiry Instruments 1994, No. 3247 and amendments)'에 의거하여 분류되고 있다. 이 규칙에서 공급업자는 화학적 위해물질의 성질을 반드시 평가하여 사용자에게 화학제품의 자료보고서(datasheet)를 제공하고, 위험을 표시하는 인식표를 부착하도록 되어있다. 신규화학물인 경우는 유사화학물질의 정보를 통해 그 물질의 특성을 추론하고, 새로운 사실이 발견되면 즉각 사용자에게 통보하여야 한다. 이러한 것을 포함한 유해물질의 분류는「표 1」에 제시하였다.

실험동물의 관리와 이용과 관련된 화학적 위해물질 Chemical hazards associated with laboratory animal care and use

동물에서 자연발생 되는 유해물질은 대부분 뇨, 혈청, 비듬, 침 등 동물로부터 나오는 알레르기 물질로서 이미 2장에서 자세히 다루었다. 멸균제, 세정제, 동물의약품과 실험에 사용되는 화학물질은 접촉할 수 있다. 동물에 적용되는 화학적 위해물질에 대한 노출은 증기가스 내에, 피부를 통한 동물의 배출물과 분비물 내에 대사물과의 접촉에 의해서 뿐만아니라 작업환경이 오염된 초기 적용동안에 증가될 수 있다.

화학적 위해성 평가 Chemical risk assessment

영국의 COSHH 규칙에는 작업장에 유해물질의 최소요구량을 구체화시키고 있다. 또한 CHIP 분류에 따라 화학적 위해물질을 법으로 규정하고 있다. COSHH는 단계적으로 노출량을 조절하기 위한 주요 위해성 평가 항목을 나열해 놓았다.

Regulation 6 건강 위해성 평가(assessment of health risks)
Regulution 7 노출차단 또는 통제
Regulation 8 조절방법의 수행
Regulation 9 조절방법의 유지 및 검사
Regulation 10 노출평가
Regulation 11 건강검진
Regulation 12 정보교환 및 교육

유해물질에 대한 위해성평가에서 가장 핵심은 동물사육실에서 이루어지고 있는 관련 업무를 총괄적으로 이해하고 있어야 한다는 점이다. 평가 감독자는

표 1. 화학적 위해물질의 분류

위험분류	특성	표시문자	표시그림
극독성 물질	극미량을 호흡, 섭취 또는 피부 접촉하였을 때 심각한 장애를 유발시키거나 사망에 이르게 하는 물질	T+	
독성 물질	소량을 호흡, 섭취 또는 피부 접촉하였을 때 심각한 장애를 유발시키거나 사망에 이르게 하는 물질	T	
유해성 물질	호흡, 섭취 또는 피부 접촉하였을 때 심각한 장애를 유발시키거나 사망에 이르게 하는 물질	Xn	
부식성 물질	접촉하였을 때 생체 조직에 상해를 입힐 가능성이 있는 물질	C	
자극성 물질	피부, 점막에 장시간 또는 반복 접촉하였을 경우 염증이 생길 가능성이 있는 물질	Xi	
과민성반응 물질	호흡이나 피부침투로 과민성반응을 일으키거나 추가 접촉으로 장애를 유발할 수 있는 물질	Xn or Xi	
발암성 물질	호흡, 섭취 또는 피부 접촉하였을 때 암을 발생시키거나 암발생률을 증가시키는 물질	T or Xn	 
돌연변이성 물질	호흡, 섭취 또는 피부 접촉하였을 때 유전적 장애를 유발하거나 돌연변이 발생률을 증가시키는 물질	T or Xn	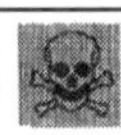 
생식장애 물질	호흡, 섭취 또는 피부 접촉하였을 때 후세대에 악영향을 미치거나 생식능력에 장애를 유발시키는 물질	T	

유해물질이 사용되는 장소와 노출발생정도 및 노출에 따른 잠재적 유해영향을 판단하는 단계에 관여하여 정확한 평가가 이루어지고 있는지 살펴보아야 한다. 그렇기 때문에 실무에 종사하는 관계자와 긴밀한 협조가 필수적이다. 위해성 평가에는 아래의 사항을 반드시 포함하여야 한다.

◆ 물질에 대한 정보의 획득

◆ 작업시간동안 화학물질에 어떻게 노출되었는가와 어떤 노출이 심각한가를 확인하는 것

◆ 작업절차가 노출위험을 조절하기에 적절한지를 결정하는 것

◆ 위험을 제거하거나 저감화할 수 있도록 작업조건이 개선 가능한가와 직원들이 위험을 인지하고 안전경고를 잘 이해하고 있는가.

제조업자는 '직장에서의 안전보건에 관한 법률(Health and Safety at Work ect. Act 1974)'의 제6항에 의거하여 유해물질에 대한 정보를 제공해야 한다. 요구되는 정보의 정확한 형태는 CHIP regulation에서 16개 범주로 작성되었다. 건강에 위해한 물질을 포함한 세정제와 소독제와 같은 판매되는 생산물의 경우, 정보는 물질의 특성과 각 구성 성분을 제품에 상세히 표기하도록 되어있다.

종사자가 노출에 따른 증상을 쉽게 인지할 수 있도록 유해물질이 신체에 영향을 주는 정보가 반드시 있어야 한다. 이러한 정보는 특히 보수정비사나 시설공조기 정비사들에게 매우 중요하다. 예를 들면, 동물을 가스 마취하는 과정에서 새어나오거나 공기 중에 잔존하는 유해화학물질들이 있다. 그러므로 종사자는 이러한 위급상황에 대비하여 비상구급약을 상비하고, 간단한 응급처치 방법을 숙지하고 있는 것이 좋다. 공기로 비상하는 마취성분은 대부분 무향, 무취이다. 게다가, 한 곳에 장시간 머무르게 되면 후각은 점차 피로해져 무감각해지므로 마취제가 공간 내에 떠돌아다닌다는 사실을 알아차리기 어렵다. 만일 혼자 독립된 공간에서 가스마취제를 사용하는 실험을 할 경우, 필요 이상의 마취제가 사용되지 않도록 다른 동료에게 간헐적으로 사용량의 점검을 부탁하는 것도 좋은 방법이다.

많은 공장화학물질의 경우, 노출한계(exposure limit) 값이 정해져 있다. 이러한 내용은 연간 Guidance Note EH40 (예, Health and Safety Executive 1999)와 COSHH regulation의 Schedule 1에 기술되었으나 지금부터는 EH40에서만 기술될 것이다(Statutory Instruments 1999, No. 437). 또한 의약용 화학물질에 대한 노출한계도 정해져 있다(The Association of the British Pharmaceutical Industry 1992, 1995). 만약 동물을 이용한 독성 실험자료가 있다면 그 결과에 상응하여 노출한계가 정해진다. 이러한 노출수치는 OSE(Occupational Exposure Standards, 직업적 노출 표준)와 MEL(Maximum Exposure Limits, 최대노출한계)의 값으로 표기된다. 단위시간은 15분, 또는 8시간이고, ppm/m^3(part per million) 또는 mg/m^{3}으로 존재하는 화학물질의 양을 나타낸다. OES는 건강유해영향을 당대의 과학적 지식을 기반으로 평가하고 있어서 유해지수가 시간에

따라 변화될 수 있다. MEL은 '안전' 한 노출 한계가 결정되지 않았거나 안전 수준은 가지고 있지만 안전 수준에 대한 통제가 실제적으로 불가능한 것을 말하며, 이들에 대한 한계는 보건 안전 위원회(Health and Safty Commission)에서 정하고 있다.

동물의 항원성과 관련된 노출한계는 아직 정립되어 있지 않다. 환경 중에 존재하는 항원을 측정하기 위한 더욱 자세한 정보는 2장을 참고하라. 항원에 대한 가장 유해한 노출 경로는 오줌과 같은 동물의 배설물에 오염된 먼지의 흡입이다. 작업장에서 먼지의 양을 측정할 수 있으며, 공기중에 대부분의 먼지를 발생하는 일이 무엇인지를 밝혀내는데 유용하다. 하지만 작업장에서 먼지의 양을 측정하고 먼지를 발생하는 과정을 찾아낸다하더라도 작업자가 숨쉬는 공간에서 먼지의 수준과 유해의 정도를 연관시키는 것은 상당히 어렵다. 이러한 경우에 동물사육실 관리자는 랫, 기니픽, 마우스와 같은 동물과 함께 작업하는 모든 종사자에게 항원에 오염된 먼지에 대한 노출을 예방하거나 최소한 감소시키기 위해서 호흡기 보호 장비를 착용하도록 지시해야 한다.

화학물질의 위해성을 평가하는 것과 마찬가지로 방사성 유해물질, 생물학적 유해물질, 물리학적 유해물질, 인화성 또는 폭발성 유해물질에 대한 고려도 있어야 한다. 이들 모두는 작업이나 활동의 특별한 부분을 위한 표준법을 고안하였을 때는 보고서로 작성하여야 한다.

화학물질의 위해성을 평가하는 것이 간단하지 않고 반복하기가 쉽지 않다면 그들 물질을 문서화해 놓아야 한다. 표준법의 타당성을 고려하기 위한 절차에 따라 평가과정을 거쳐야 한다. 문서화된 평가는 평가가 이루어진 장소와 규칙에 따르기 위해 필요한 예방책을 자세히 기록하여야 한다. 평가는 동물단위 내에서 실험계획이나 작업절차로 구체화시킬 수 있다.

화학물질을 포함하고 있는 작업 활동의 평가는 최소한 5년마다 재검토되어야 한다. 작업 활동이 자주 바뀌는 연구 환경에서는 상대적인 위해성의 평가는 그러한 변화를 고려하여 재검토되어야 한다. 만약 노출한계가 변화되었다면 재검토가 이루어져야 한다.

노출 경로와 기전 Routes and mechanisms of exposure

작업 활동의 안전을 측정함에 있어서 화학물질이 신체에 유입될 수 있는 경로는 매우 중요한 사항이다. 경로는 표준측정기술과 노출을 예방하거나 최소화하기 위한 개인 보호 장비의 선택에 영향을 미친다. 작업환경에서 화학물질의 확산을 방지하기 위한 작업 활동 계획을 세우는 것이 필요하다.

작업장에서 액상 화학물질에 대한 노출은 피부나 눈을 통하거나 에어로졸이나 증기의 형태로 흡입되어 이루어진다. 화학물질의 섭취는 화학물질이 입으로 튀기거나 손이나 장갑에 오염되었을 때를 제외하고는 우발적으로 일어나기는 사실상 어렵다. 화학물질에 대한 피부의 투과성과 오염의 정도는 피부노출에 대한 심각성을 결정짓는 중요한 인자가 된다. 특히 눈은 화학물질이 튀겨서 상처를 입기 쉽다.

피부를 통한 화학물질의 노출은 국소적으로 피부에 상처를 유발하거나 다른 표적장기나 심부조직에까지 손상을 유발할 수도 있다. 많은 화학물질은 피부를 보호하기 위해 덮혀 있는 유막을 제거하여 피부의 투과성을 증가시키고 화학물질의 노출에 대한 위험성을 증가시키게 된다. 반복적인 노출은 피부의 기능에 영향을 주어 피부염도 유발할 수 있다. 수의 임상에 있어서 피부염을 일으키는 원인에 대한 연구도 수행되었다(Falk *et al.* 1985). 일부 항생제와 세제에 대한 노출로 피부염을 일으킬 수 있다. 빈번하지는 않지만 반복된 노출은 피부에 변화를 가져와 차후 노출에 대한 과민반응을 일으킬 수 있다.

공기 중에 존재하는 화학물질의 중요한 노출 경로는 호흡기를 통하는 것이다. 에어로졸은 표면에 잘 달라붙지 않은 큰 물방울과는 달리 공기 중에 존재하는 아주 미세한 물방울이다. 대신에 미세물방울이 사물과 충돌할 때까지 공기 중에 존재하기 위한 충분한 에너지를 주변에 있는 공기로부터 받는다.

에어로졸은 액체가 미세한 구멍을 통하여 빠져나오거나 단단한 표면에 부딪칠 때에 발생되며, 또한 진동이 가해질 때도 발생된다. 동물사육실에서 표면에 물을 뿌림으로서 화학물질과 생물학적 물질이 에어로졸로 바뀐다. 동물에 액상물질을 투여하기 위해 주사기에 액상물질을 채우거나 동물에 투여한 다음 주사침을 제거할 때 에어로졸이 발생할 수 있다. 이러한 과정에서 공기중의 에어로졸의 발생 가능성이 없다 할지라도 주사부위에 오염을 일으킬 수 있는 가능성이 있다. 또한 조직의 균질화도 에어로졸 오염의 원인이 될 수 있다.

화학물질에 오염된 먼지가 피부에 내려앉거나 호흡기도로 들어가 화학물질에 노출시킬 수 있다. 특히 잘 맞지 않은 장갑이나 토시와 같은 보호용 의류 내로 들어온 큰 먼지가 피부에 묻었을 때 피부를 통해 흡수될 수 있다. 흡입된 큰 먼지는 상부호흡기에 걸리게 되며 폐에 도달하는 것은 어렵지만 결국은 단계적으로 소화기관에 축적된다. 작은 먼지는 폐에 도달하여 국소적인 손상이나 흡수를 일으킬 수 있다.

몸으로 들어가는 가스의 경로는 흡입에 의해 발생한다. 염소나 이산화황은 국소적인 자극과 손상을 야기하지만 산화질소와 같은 가스는 혈액내로 흡수되어 중추신경계에 그 작용을 나타낸다. 질소와 이산화탄소와 같은 질식 가스는 폐에서 가스교환을 방해하여 신체내로 혈류를 통한 산소의 공급을 감소시킨다. 수 시간 이상동안 사람이 저농도의 마취가스에 노출이 가능한 곳은 특별한 관리를 위하여 위험성을 평가하여야 한다. 대표적인 작업장은 노출가스의 농도가 정해져 있어야 하며, 노출한계에 따라야 한다.

또 다른 노출의 경로는 날카로운 물체의 사용이다. 작은 동물에 주사하는 행위는 주사바늘에 의한 손상을 입을 수 있다. 동물을 보정하는 방법과 기구를 다루는 기술과 더불어 동물행동에 대한 전구증상을 습득하는 것이 선행되어야 한다. 이들 상황에서의 노출은 보조제와 같은 강력한 자극제, urethan과 같은 마취제, 또한 유전자 변형물질(genetically modified organisms; GMOs)을 포함한 생물학적 물질이 될 수 있다. 이들 절차상에 있어서 자기신체에 대한 잘못된 주입의 결과는 연구의 계획단계에서 고려해야 한다.

작업을 계획할 때 이러한 침입경로를 고려해야 한다. 만약, 작업을 하는 도중에 노출의 위험성이 있을 때는 그 노출에 대한 잠재적인 심각성을 반드시 평가하여야 한다. 심각성은 물질의 특성, 농도와 화학식, 노출기간, 노출정도에 따라 결정될 것이다.

특별히 유해한 물질의 노출에 대한 잠재성이 큰 작업장에서 사용되어질 때는 서류화된 절차를 기록해야 하며, 절차에 따라 이행하여야 한다. 동물 시설에서 포르말린 훈증소독이나 산화에틸렌(EO) 가스의 사용이 그 대표적인 예이다.

건강에 대한 영향 Health effects

화학물질들은 생체에 대하여 급성 혹은 만성적인 영향을 끼칠 수 있다는 관점에서 접근하는 것이 일반적이다.

급성영향은 화학물질에 단독 노출 후에 관찰될 수 있다. 이러한 효과의 심각성은 보통 체내에 유입된 화학물질의 양과 비례하며, 약품의 노출에서부터 노출 후 관찰되어지는 증상이 나타나기 시작하기까지의 시간은 비교적 짧다. 급성효과는 종종 약제에 대한 노출이 크지 않다면 가역적이다. 이것의 예는 화장실을 청소하는 동안에 우연하게도 표백제와 산성제를 섞은 후 반응의 결과로 생기는 염화가스에 단 시간 노출되어지는 것이다.

만성효과는 소량의 화학물질에 대한 반복적인 노출의 결과로 발생한다. 이러한 형태의 노출과 관련되어 나타날 수 있는 급성증상은 없다. 따라서 그에 따른 어떠한 경고사항도 없다. 만성효과는 때로는 화학물질에 대한 즉각적인 노출 후 나타날 수 있으며 때로는 비가역적이다. 만성과 급성효과 둘 다 노출의 정도와 그 효과에 대해서 일정부분의 상관관계가 있다고 알려져 있다. 또한 어떠한 효과도 관찰되지 않을 정도의 노출에 대한 역치가 있음을 고려해야 한다

어떤 하하물질들은 과민반응을 일으키는 것으로 알려져 있다. 과민반응은 반복된 노출이 존재하는 집단 내에서 몇몇 개인에서만 영향을 받는 만성적인 건강상의 문제이다. 또한 과민반응을 일으키는 화학물질들은 종종 급성의 자극효과를 나타낸다. 과민반응을 나타낸 개인은 과민반응을 일으키는 화학물질, 심지어 과민반응을 일으키는데 필요한 양보다 훨씬 적은 수준에 나중에 노출된다 하더라도 부작용을 일으킬 수 있다. 반응에 대한 심각성은 과민반응을 일으킨 개인들 사이에서 노출의 정도와는 무관한 것처럼 보이며 과민반응은 영구적으로 건강상에 해로운 효과를 준다.

일부 동물에서 유래되어 나오는 물질에는 과민반응을 일으키는 화학물질들이 들어있다. 오줌과 비듬이 대표적인 예이다. 동물사육시설에서 적절한 예방조치가 없다면 일부 직원은 이들 물질들에 과민반응을 나타내이 사망할 수도 있나. 이러한 직업병은 "실험동물 과민반응"으로 알려져 있다. 개인들이 과민반응을 일으키게 될지에 대한 예측은 불가능하며, 일단 발생된 상태에서의 실제적이거나 잠재적인 심각성은 과민반응을 나타내는 물질을 가지고 있는 동물종과 작업을 계속 수행할 수 없게 만들 수 있다. 이러한 이유 때문에 과민반응을 일으키는 물질을 가지고 있는 종과 작업하는 모든 직원을 위해서 감작되어진 동물들로부터 나오는 여러 산물들에 대한 노출이 통제되고 제어될 수 있도록 체계를 갖추어져야 한다(2장 참조).

발암성 물질들에 대한 실험을 하기 위한 적절한 체계를 결정하는 과정에는 특별한 어려움이 있다. 발암성 물질에 노출이 되면 암이 유발될 수 있다. 정상세포가 암세포가 되어가는 전이과정은 일련의 복잡한 변화이다. 대부분의 다른 물질들에 대한 노출과는 달리 발암물질에 대해서는 노출수준에 있어서 안전범위는 없다. 왜냐하면 생물학적 영향을 고려한 역치수준에서의 불특정성 때문이다. 발암성 물질을 가지고 연구를 하기위한 규격화된 표준 작업은 COSHH 조항(Health and Safety Commission 1999, ACOP, L5)에 근거한 Carcinogens Approved Code of Practice에 자세하게 설명되어있다.

고려해 두어야할 마지막 물질의 종류는 강력한 약리학적 활성을 가지고 있는 화학물질들이다. 이들 화학물질들은 제약 산업과 동물 연구와 관련된 분야에서 찾을 수 있으며, 생화학 공정에 있어서 특별한 작용을 가지고 있다. 자연

적인 화학적 전달자의 농도의 변화는 정상적으로 이들 생화학적 공정을 조절하지만 약리학적 활성화학제들 노출은 강력하게 이들 과정을 방해하며, 생리학적 변화를 유발한다. 일부 사례에서 이러한 영향은 세포수준 뿐 아니라 전체적인 생체내 기능에서도 관찰된다. 또 다른 경우에 이들 노출에 대한 효과는 주목할 만한 생체내 기능의 변화 없이 생화학적인 일련의 과정을 변화시키기도 한다. 이러한 경우에는 이들의 변화의 중요성에 대한 평가가 필요하다. 뿐만아니라 노출한계는 이러한 점을 고려하여 설정되어지고 있다.

제어 수단 Control measures

가능하다면 연구실과 연구진들이 있는 장소에 대한 오염의 예방은 훈증장치를 이용하거나 일부범위에 한정된 배기장치 혹은 다른 오염에 대한 억제 장치를 이용함으로써 가능하다. 장갑(비투과성), 눈보호장비, 실험실상에서 요구되는 일상의 것들은 비록 단순한 장비이지만 이러한 개인 보호 장비들은 최후의 보호막이 될 것이며 실험실 전체에서는 일상복과 같은 것이다.

1999년에 제정된 COSHH 조항에 따르면 오염의 노출을 감소시키거나, 배제하는데 필요한 장소에서 사용되는 일련의 통제수단을 상세히 설명하고 있다. 제일 처음으로 고려할 사항은 어떠한 경우에 유해물질을 사용할 필요가 있느냐 하는 것이다. 어떠한 연구가 일부 다른 방법으로 대체할 수 있다면 이는 고려할만한 가치가 있으며, 대체수단이 없다면 최소한의 유해물질은 그 연구가 수행되어질 정도만으로 사용되어야 한다. 이러한 예는 수의학영역에서 독성이 적고, 감염성도 적은 glutaraldehyde로 대체하는 것이다. 물질의 유형 또한 고려해야 할 대상이다. 한 화학물질이 분말인지, 혹은 미립자, 반죽의 형태로 얻어질 수가 있다면, 어떠한 것이 연구를 수행하는 과정 중 최소한의 노출이 가능한지를 고려해 보아야 한다. 이러한 선택은 연구 장소 내에서 각기 다른 형태의 물질을 다루기 위한 장비의 선택에 영향을 준다. 물질의 희석은 일반적으로 화학물질에 필요한 양의 물을 첨가하여 이루어 진다. 희석된 용액을 구입할 수 있다면 농축된 화학물질의 희석을 피할 수 있으며, 희석함으로써 생길 수 있는 화학물질의 노출에 대한 위험성은 즉각적으로 줄어든다. 케이지 세척용 화학물질이나 공장에서 대형 저장소로부터 소독제의 자동화된 계량은 취급으로 인한 위해성을 줄여 준다.

화학물질을 사용하는 방법들 역시 고려하여야 한다. 화학물질의 용액을 다룰 때는 쏟았을 경우를 대비해 흡입기를 우선적으로 고려하여야 한다. 표면에 화학물질로 처리하고자 할 때는 칠하거나 문지르는 방법이 가능하다면, 분사하는 방법은 피해야 한다.

마취장비의 사용은 동물 사육실 내에서 훨씬 더 심각하고 잠재성 있는 노출을 야기할 수가 있다. 영국의 보건 안전 법률(Health and Safety Executive)에서는 마취제를 다루는 사람들과 관련 작업자의 건강관리를 위한 지침을 공포했다(Health and Safety Executive, 1995). 지침사항들의 대부분은 수의학적 절차를 수행하는 과정에서 위해성을 평가하는 데에 유용하며, 수의학적 노출평가에도 사용 되어왔다(Gardner *et al*. 1991).

할로겐화 탄소(Halocarbon) 저장탱크가 방출되는 동안, 필요탄소를 채취할 수 있는 충전장치와 연결할 수 있는 장소에서, 이 장치는 특히 잘 연결되어 있어야 한다. 이는 저장탱크를 채우는 것은 단기간동안 마취제를 고농도로 상승시키는 조작이기 때문이다. 두 번째로, 마취하는 동안, 기관에 튜브를 장착하는 삽관이 가능하다면 삽관 실시과정에서 실험실 내로 마취제의 누출을 감소시켜야 한다. 마지막으로 실험실에 남아있는 마취가스를 제거하기 위한 배기 장치가 있어야 한다. 더 나아가서 특히 많은 수의 동물이 관련되고 실험기간이 연장되어지는 경우 마취로부터 회복하는 기간에 유해물질에 노출될 수 있다. 따라서 회복실은 가스의 농축을 예방하기 위해 적절한 배기장치를 갖추어야 한다.

마취용 배기장치는 마취가스에 대한 작업자의 노출을 어느 정도 막아주며, 이들은 모두 COSHH 조항에 근거한 기계적인 조절이기 때문에 특별한 작업으로 정의되어야 한다. 작업의 이러한 수준이 오랜시간 동안 유지되는 지를 확인하는 과정은 수행되는 장소에서 실시되어야 한다. 이러한 것은 시스템으로부터 유출률을 측정하는 것을 포함한다. 이들 점검은 최소한 14달 간격으로 행해져야 하며, 이 점검의 결과는 기록으로 보관해 두어야 한다(Health and Safety Executive, 1998). 노출의 정확한 조절에 있어서 동일하게 중요시해야 할 사항은 배기장치의 올바른 사용이다. 작동자들은 이들 장치에 대한 사용 방법을 숙지해야하며, 사용할 때마다 정확한 기능을 점검해야 하고, 이상이 있을시 알람의 작동과 같은 즉각적인 인지가 필요하다. 마취 누출장치뿐만 아니라 수술실의 배기장치에 문제가 발생하면 수술실 내의 마취제 농도를 상승시킬 수 있다.

포름알데히드에 노출되는 작업환경에서는 특별한 주의가 필요하다. 포름알데히드는 2 ppm의 MEL을 보유하고 있다. 부검실에서는 포르말린 용액을 사용하고 있기 때문에 포름알데히드의 노출에 대해서 평가하여야 한다. 작업을 전체적으로 관리하고 조절할 수 있는 작업장이 있다면 포름알데히드의 작업실 안의 농도를 효율적으로 감소시킬 수가 있다. 게다가 샘플표본을 옮기는 과정을 제외하고 포르말린 용액을 담고 있는 용기의 접촉면과 표본을 담는 용기의 윗면을 밀봉하는 것과 같은 단순한 예방책을 통해서 외부와의 접촉면을 감소시키는 것 또한 유해물질에 대한 노출을 감소시킨다. 이러한 통제수단의 효율성은 샘플마다 표식을 하거나 다른 장치들을 사용함으로써 정기적으로 평가되어져야 한다.

작업실을 포름알데히드를 이용하여 훈증할 때는 호흡기계의 보호 장치가 필요할 것이다. 그런 다음 작업실을 완전히 밀폐시켜야 하며, 경고 문구를 붙여 놓아야 한다. 배기장치는 훈증제들이 완전히 제거 될 때까지 작업실에 다시 들어가는 일이 없도록 리모컨을 통해서 원격적으로 개폐가 가능하도록 해야 한다.

동물사육시설 내 높은 수준의 위생과 청결은 동물의 복지를 위해 필요하며, 한 장소에서 다른 장소로의 유해물질의 전파를 막을 수 있다. 모든 직원은 청결을 유지할 수 있는 장비를 갖추고 높은 청결 수준으로 유지될 수 있도록 행동해야 한다. 살균절차는 동물사육시설에 따른 규칙을 적용하여 작성해 놓아야 한다. 여기에는 살균용액을 제조하여 사용할 때 취해야할 방법들이 포함된다. 시설 내 청결을 위해 살균제가 이미 첨가된 급수시설이 갖추어진 곳에서는 호스 옆에 표시를 해 두어야 하며, 적당한 밸브를 사용하여 중앙공급시설 내로 역류하는 것을 막을 수 있도록 해야 한다. 살균제의 선택은 병원체의 형태, 불활화의 조건, 표면과의 조화, 용액의 안정성에 대한 고려가 이루어져야 한다(Health and Safety Executive, 1989; Health and Safety Comission, 1991).

매우 간단한 예방책들은 유해물질의 노출을 관리하는데 있어서 중요하다. 사육시설을 떠나기 전에 손을 씻는 것은 구강이나 다른 노출부위로 화학물질의 오염을 전파시킬 가능성을 감소시킬 수 있는 일반적인 사항이다. 높은 수준의 시설 내 세척과 청결은 작업자들이 훌륭한 위생 수칙을 이행하는데 도움을 준다. 외부에서 입은 옷을 갈아입고, 동물 사육시설 내에서는 그에 맞는 옷을 입을 수 있도록 하는 공간이 필요하다. 유해물질이 사용되는 다른 모든 작업 환경 내에서는 먹고 마시는 것, 흡연, 화장 하는 것 모두 금지되어야 한다.

개인보호장비(Personal protective equipment, PPE)는 표준규격에 맞는지, 몸에 잘 맞는지, 그리고 다른 작업장비들과 잘 어울리는지를 확인해야 하며, 사용자를 보호해야 한다. 1992년 개인보호장비법(The Personal Protective Equipment at Work)에서는 개인보호장비를 선택함에 있어서 요구사항들과 가이드라인을 제정했으며, 표준도 제공되었다(Health and Safety Executive 1992). 개인보호장비를 입는 방법, 사용법, 세탁법, 탈착법 등에 대해 반드시 훈련을 받도록 해야 한다.

기계적 호흡장치를 사용하는 사람은 필터를 통한 외부 공기가 적절한 양으로 흡입되는지 확인할 수 있도록 그 절차를 교육받아야 한다. 얼굴전체를 덮는 호흡장치는 잘 맞는 것이 필수적이며, 사용하는 과정에서 잘 맞는지를 규칙적으로 검사해 보아야 한다. 호흡장치의 관능검사와 모든 손상에 대해서는 감독관에게 바로 보고해야 한다는 조항도 포함되어 있어야 한다. 이러한 일련의 검사 기록들은 COSHH의 9조항에 명시되어 있다. 호흡보호장비를 저장하는 곳 또한 필요한데, 필터를 교환하거나, 기계호흡장치의 기능을 체크하고 청소할 수 있는 시설도 제공되어야 한다.

유해물질을 취급하는 작업에 관해서 직원들에게 정보제공은 COSHH 조항에서 요구하고 있다. 정보는 작업에 관련한 위험에 관해서 다루어야 하며, 그에 맞는 예방책들이 포함된다. 이러한 것은 사용하고 있는 물질에 대한 자료를 제공한다고 해서 완전히 만족시키는 것은 아니다. 정보는 물질을 어떻게 사용하는지와 관련이 있어야 되며, 실용적이고 쉽게 이해될 수 있는 방법으로 직원들에게 전달되어야 한다.

화학물질들을 올바르게 사용하는 훈련과정도 필요하다. 이 과정에는 특정 작업을 수행하는 방법을 직원들에게 보여줄 수 있도록 다른 측면에서 구체화되어 있어야 하며, 사용하는 물질에 대해 구체적이어야 한다. 훈련과정에는 화학물질을 저장하는 방법도 포함되며, 여기에는 가연성 물질에 대해 불에 견딜 수 있는 찬장이라든가, 정전기가 일어나지 않는 냉장고의 사용, 분리된 트레이에 배합금기의 화학물질들이 새어나온 것을 수용할 수 있는 트레이의 사용, 약물을 보관하기 위한 자물쇠가 달린 캐비넷의 사용 등이 있다. 압축가스는 환기가 잘 되는 장소에 저장되어야 하는데, 열이 발생될 수 있는 있는 곳으로부터 멀리 떨어진 곳이어야 하며, 누출을 막기 위해 통으로 된 곳에 저장되어야 한다. 직원은 화학물질이 누출되는 경우에 즉각적으로 대처할 수 있도록 상황대처에 익숙해져야 한다. 과다 노출되어 쉽게 인지가 가능한 증상이 있는 경우에는 즉시 도움을 청할 수 있도록 하는 것이 중요하다.

통제수단을 선택하는데 있어서, 각각의 사항들은 서로 장단점이 있다. 어떤 작업시스템을 선택하고 구축할 때, 균형은 돈과 시간에 대해 도달할 수 있는 위험의 감소와 위험의 감소에 도달하기 위해 필요한 노력사이에 충돌하게 된다. 이것은 작업장에서 건강과 안전에 대한 영국의 법률적 골격에서 중요하게 고려되는 "합리적으로 실행가능한 지"에 의해 결정된다.

모니터링 Monitoring

동물사육시설에서 화학물질의 사용을 통제하는데 있어서 성공을 위해 중요한 요인은 권한의 정도이다. 부서책임자는 부서책임자의 직접적인 관리통제를 받지 않는 사람들을 포함하기 때문이다. 동물사육시설 절차의 성공을 보장하기 위해 두 번째로 중요한 관리상호작용은 동물사육시설의 감독관이 화학물질의 사용을 알고 있어야 하며, 필요하다면 시설 내에서 공인되지 않은 화학물질의 사용을 불허하도록 할 수 있는 능력이다. 그러한 상황을 다루기 위한 절차들은 동의를 받아야 하며, 실험동물시설에 종사하는 직원과 동물을 사용하거나 시험을 계획한 과학자들을 포함하여 실험 계획안에 대한 재심의를 위한 장치가 있어야 한다. 부서책임자가 부차적으로 실험절차상 포함되어야 할 안전예방대책들이 필요하다고 요구한다면, 이것들은 수행되어야만 한다. 또한 시설 내에서 직원의 보건과 안전에 대한 위험을 감소시키키지 않고 적절히 증명되지 않은 작업을 금지하기위해 시설 관리자에게도 권한이 주어져야 한다.

COSHH 규정에서는 상황에 따라 모니터링하는 두 가지 형태를 요구하고 있다. 첫째, 작업장 모니터링은 통제수단에 따라 작업이 이루어지는지 확인이 요구되는 곳에서 실시되어야 한다는 것이다. 작업장 모니터링은 일반적으로 화학물질의 공기 중 농도를 샘플링하여 이루어질 수 있다. 이것은 화학적으로 공기 중에 있는 화학물질을 튜브로 스며들게 할 수 있는 특수 튜브를 이용하거나, 직원들이 개인적으로 착용하는 샘플도구를 사용하여 샘플링 할 수 있다. 이러한 방법을 통한 모니터링은 직원에게 노출이 적절하게 통제되고 있다는 확신을 주는 것이다. 작업장 모니터링에 대한 기록은 5년 동안 보존해야하며, 직원들 중 개인에게 노출된 적이 있다면 그 기록은 40년 동안 보존해야 한다.

작업장 모니터링의 두 번째 형태는 건강검진이다. 건강검진은 개개인의 보호수단, 기계적인 통제 또는 작업장 모니터링의 대체수단은 아니다. 이것은 화학물질에 대한 노출이 물질의 특성과 작업활동때문에 완전하게 예방될 수 없는 장소에서 더욱더 중요한 사항이다. 이 형태의 중요 목적은 가능하면 빨리 건강에 미칠 수 있는 부작용을 감지하는 것이다. 질병의 초기 진단은 중증으로의 전이를 사전에 예방하고, 상황을 바꾸어 대책을 수립할 수 있게 한다.

적절한 인력자원 정책에 의해 지원되는 건강검진 프로그램은 동물시설 내 장소에 존재해야 한다. COSHH 조항에 따르면 건강검진은 특정 환경에서 행해져야 한다고 명시되어있다. 여기에는 화학물질의 노출과 관련하여 나타나는 건강상의 효과가 보이는 곳에서, 건강상에 영향을 끼치는 것을 감지할 수 있는 최신의 기술이 있어야 하고, 노출수준은 건강상에 영향을 미치는 정도여야 한다. 동물시설 내에서 실험동물의 과민반응이 이러한 한 예이다. 이러한 경우에, 모니터링은 증상에 따라서 폐기능 검사를 하거나, 필요하다면 혈액검사 모티터링이 필요할 것이다. 건강에 대한 모니터링을 하는 절차는 다양한데, 건강에 대한 위험의 정도와 형태에 따라 달라진다. 라인관리를 포함하여 직업적으로 건강에 좋지 못한 경우를 관리하기 위한 절차에는, 직업보건 전문가 및 직원이 현장에 있어야 한다. 이 기록들은 40년 동안 보존해야 한다.

보건과 안전관리에 대한 고용의료자문단(The Employment Medical Advisory Service of the Health and Safety Executive)은 그 나라의 어떤 지역에

서나 직업보건서비스가 필요한 곳에 의료진들을 제공할 수 있다.

동물시설의 정기적인 안전 점검을 통해서 작업절차의 체계적인 검사가 가능하다. 이러한 검사는 동물시설 내에 있는 직원에 의해 이루어질 수 있으며, 다른 작업지역에 있는 직원을 포함할 수 있다. 이 검사의 주된 목적은 안전수준의 표준을 시설 내에서 지속적으로 유지하게 하기 위함이다. 이들은 모두 시설물의 형태, 사용 중인 물질, 작업자들에 의해 행해지는 작업방법, 시설물이 작동되는 방법들과 관련되어 있다. 화학물질의 이용과 저장은 모니터링의 목적이 되어야 한다. 시설 내에서 실질적으로 작업 중인 사람들에 의해서 제안되어 만들어진 검사항목들은 모니터링을 위한 행동들을 규제한다는 것 보다는 모니터링와 관련된 사항들을 보조적으로 도와 줄 수 있다. 모니터링을 통한 보고서 역시 작업에 맞는 적절한 안전수준을 더욱더 보강할 수 있으며, 작업수준이 안전표준과 맞지 않다고 보고된 곳에서는 올바르게 교정된 행동이 이루어지기 위한 필요사항을 중점적으로 보강할 수 있도록 권고 한다.

응급 Emergencies

화학물질 유출 통제는 동물시설 내에서 사용되는 화학물질의 위해성 평가를 포함한 화학물질의 취급 측면이다. 이 절차들은 미리 예측되는 유출을 취급하는 곳과 시설내에 할당된 작업을 설명하는 곳에서 비치되어야 한다. 유출사고가 있을 때 당연히 결정해야할 가장 중요한 사항은 관리자가 그 유출에 당황하지 않고 잘 처리할 수 있는지, 응급상황에 대한 응급절차가 필요한지를 고려하여야 한다는 것이다.

유출위험의 규모는 그 화학물질의 유해정도와 함께 고려되어야 한다. 물질의 안전수준에 대한 정보가 적혀있는 기록지는 유출을 다루는데 매우 유용하다. 경우에 따라서는 수돗물이나 멸균 안구세척용 식염수로 피부나 눈을 단순하게 씻어냄으로써 누출을 충분하게 관리할 수 있다. 유출위해요소의 제거와 관련하여, 작업자들의 보호를 위해 필요한 예방책들은 위험의 심각성에 따라 달라질 수 있다. 화학물질의 유출을 처리할 때 그 물질에 다시 노출되는 것을 예방하는 것과 유출된 것을 바로 제거하는 것이 중요하다. 필요하다면 모든 것들을 다 대피시키는 것도 고려되어야 할 것이다. 유해물질의 유출을 바로 제거하기위해 필요한 장비는 응급상황 시 곧바로 사용할 수 있도록 시설 내에 비치되어 있어야 한다. 누출된 용액의 제거에 물이나 모래, 톱밥 등을 사용할 수 있지만 어떤 경우에는 산성, 염기성 또는 유기용액의 제거를 위해 특별히 분리된 흡수성 물질을 함유하고 있는 키트를 사용하는 것이 바람직 할 수 있다. 작업관리자들은 누출을 완전히 제거할 수 있도록 정확한 형태의 물질을 선택하여 사용할 수 있도록 훈련을 받아야 하며, 이 물질들의 한계에 대해서도 정확하게 이해하고 있어야 한다. 적절하고 안전하게 폐기하는 것은 필수이다. 누출사고를 다루는데 있어서 직원의 성공적인 처리는 누출사고 시 통제 절차의 준비성과 예행연습에 비례한다.

예를 들면, 어떤 화학물질이 인화성 물질이고 플라스틱이 연소할 때에 독성 연기가 발생한다면 적절한 소화기를 이용할 수 있어야 하고, 소화기를 언제, 어떻게 사용하는지에 대하여 교육을 받아야 한다. 소방서와 같은 지역 응급 구조단은 그들이 문제를 어떻게 취급하는 지에 영향을 줄 수 있는 어떤 화학물질 또는 다른 약품에 대하여 알고 있어야 한다. 건물의 밖에 코드화된 경고는 이 측면에서 유용하다.

폐기물 관리 Waste management

동물시설 내에서 발생한 폐기물은 철저히 분리되어 처리되어야하며, 시설에 적합한 폐기물관리요령에 따라야 한다. 특히 화학물질이나 방사선 물질에 오염된 곳은 폐기물 처리방법의 선택과 중간 저장방법에 대한 영향을 미치기 때문에 이를 고려하여 사체처리 시 주의해야 한다. 시설 내에서 발생한 모든 폐기물은 시설당국과 협회에서 만들어진 조항에 근거하여 처리되어야 한다.

형식과 법규 Formal rules and regulations

이번 장의 대부분은 영국의 COSHH 조항에 대해서 설명하였다. 미국에서 Federal Hazard Communication Standard (Occupational Safety and Health Administration (OSHA), 29 CFR 1910.1200)와 Occupational Exposures to Hazardous Chemicals in Laboratories Standard (OSHA, 29 CFR 1910, 1450)는 화학물질 작업에 사용되어지는 방법에 대해 좀 더 자세하게 설명하고 있다. 이들은 아래에 제시한 제목들을 포함하고 있다.

- ◆ 화학적 위험물질의 평가
- ◆ 위험물질 정보의 이용성
- ◆ 표시와 경고
- ◆ 물질별 안전평가용지
- ◆ 훈련과 정보
- ◆ 기본적인 규칙과 절차
- ◆ 화학물질의 구입, 배분, 저장
- ◆ 규제조치의 이용과 유지

- 관리자의 정보와 교육
- 특정 작업에 대한 승인된 절차
- 의학적 검사 프로그램
- 개인별 화학물질 노출여부의 모니터링과 의학적 검사와 관련된 기록의 유지

결론 Conclusions

COSHH 조항에서는 건강에 대한 유해물질의 이용과 관련된 작업수행의 평가를 요구하고 있다. 화학물질을 조달하는 공급자는 CHIP조항에 근거하여 공급하고 있는 화학물질과 조제품에 대한 유해정도에 관한 정보를 제공해야 한다. 위해성 평가를 수행하는데 있어서 강조해야 할 사항은 화학물질에 의해 나다나는 위험 뿐 아니라 작업 중 노출의 가능성 또한 고려해야 한다는 것이다. 화학물질을 안전하게 사용하고, 저장하며, 폐기하기 위해서는 규제조치들이 동물시설 내에 있어야 하며, 정보의 제공, 사용법 및 훈련에 대한 일련의 규정들이 만들어져 있어야 한다. 건강에 대한 감독은 동물에서 유래된 화학물질의 노출이 있는 곳에서 필요하며, 화학물질의 유출을 다루기 위한 절차들이 확립되어 있어야 한다. 동물시설 내에서 화학물질의 노출 위험이 있는 곳에서 작업을 수행하는 것은 비상식적이다. 그러므로 화학물질의 위험성 평가는 동물시설 내에서 요구되는 안전관리의 한 부분이다.

참고문헌 References

Council Directives (1994) Amended proposal for a Council Directive on the protection of the health and safety of workers from the risks related to chemical agents at work. *Official Journal of the European Communities* 94/C 191/104

Falk ES, Hektoen H, Thune PO (1985) Skin and respiratory tract symptoms in veterinary surgeons. *Contact Dermatitis* 12, 274–8

Gardner RJ, Hampton J, Causton JS (1991) Inhalation anaesthetics—exposure and control during veterinary surgery. *Annals of Occupational Hygiene* **35**, 377–88

Health and Safety at Work etc. Act (1974) London: HMSO

Health and Safety Commission (1991) *Safe working and the prevention of infection in clinical laboratories.* Appendix 4, Health Services Advisory Committee. London: HMSO

Health and Safety Commission (1999) *COSHH Regulations 1999 – General COSHH ACOP, Carcinogens ACOP and Biological Agents ACOP.* L5. Sudbury: HSE Books

Health and Safety Executive (1989) *The selection and use of disinfectants* Cottam AN, *Specialist Inspector Report 17*. London: HMSO

Health and Safety Executive (1992) *Personal Protective Equipment at Work Regulations – Guidance on Regulations*, L25. London: HMSO

Health and Safety Executive (1993) *A step by step guide to COSHH assessment. HS(G) 97*. London: HMSO

Health and Safety Executive (1995) *Anaesthetic Agents: Controlling Exposure under COSHH*. London: HMSO

Health and Safety Executive (1998) *The maintenance, examination and testing of local exhaust ventilation. HS(G) 54*. Sudbury: HSE Books

Health and Safety Executive (1999) *Occupational Exposure Limits. Guidance Note EH40* (published annually). Sudbury: HSE Books

Statutory Instruments (1994) No. 3247 (amended 1999, No. 197) *The Chemicals (Hazard Information and Packaging for Supply) Regulations*. London: HMSO

Statutory Instruments (1999) No. 437. *Control of Substances Hazardous to Health Regulations*. London: The Stationery Office

The Association of the British Pharmaceutical Industry (1992) *Guidelines for the Control of Occupational Exposure to Therapeutic Substances*. London: ABPI

The Association of the British Pharmaceutical Industry (1995) *Guidance on Setting In-House Occupational Exposure Limits for Airborne Therapeutic Substances and their Intermediates*. London: ABPI

Further reading

Ashton I, Gill FS (1992) *Monitoring for Health Hazards at Work*. 2nd edn. Oxford: Blackwell Scientific Publications

Kellard B (1994) *Hazardous Substances: Carcinogens Guide*. 3rd edn. Kingston upon Thames: Croner

Luxon SG (1992) *Hazards in the Chemical Laboratory*. 5th edn. London: Royal Society of Chemistry

Sax I, Lewis RJ (1992) *Dangerous Properties of Industrial Materials*. 8th edn. New York: Van Nostrand Reinhold

6

방사선 안전

D M Taylar

목차

서론 Introduction

방사선 물질을 투여하거나 엑스레이나 감마선 혹은 중성자로부터 나온 전리 방사선을 동물에게 노출시키는 것을 포함하는 기법은 최근 생물의학적 연구에 널리 이용되고 있다. 최근에 초음파나 마이크로파 혹은 자기장으로부터 나오는 비전리 방사선은 생물학이나 의학 분야에서 적용이 증가하고 있는 실정이다. 이러한 기술들은 실험동물에 빈번히 적용되고 있으며, 결과적으로 이러한 이온화되었거나 비전리 방사선 물질을 가지고 행해지는 작업에 대한 잠재적 위험들을 실험실이나 동물실 관계자들은 알고 있어야 한다.

동물실에서 보통 사용되는 많은 화학적 물질들이나 엑스선 기계, 전하 입자 발생장치, 방사능 물질 등으로부터 발생된 방사선은 인간에도 잠재적인 위험성을 가지고 있다. 전기와 마찬가지로 엑스선 기계와 입자 발생장치로부터의 잠재적인 유해성은 기계의 전원을 끄면 소멸되지만, 화학물질과 같이 방사선 물질들로 부터의 유해성은 전원을 차단시켜도 없어지지 않으며 항상 존재하게 된다. 그러나 만약 이러한 잠재적 위험요소들을 충분히 숙지하고 이들 물질들을 모든 적절한 기법과 안전절차에 따라 엄격하게 조작한다면 방사선을 방출하는 물질들은 아마 작업자들에게는 약물과 다른 물질들을 다루는 작업자들보다 적은 영향만을 받게 될 것이다.

아쉽게도 많은 독성을 가진 산업적 혹은 실험실적 화학물질들은 많은 사람들이 죽거나 그들의 건강에 심각한 손상을 야기하고 나서야 그 위험성이 인식된다. 그러나 반대로, 심각한 생물학적 피해를 입히는 전리 방사선들에 대한 작용들은 방사선 물질의 발견 즉시 그리고 의학이나 생물학적 연구에 폭넓게 사용되기 전에 충분히 그 위험성을 인식하게 되었다. 결과적으로 "시행 규칙(code of practice)"이라 명명된 가이드라인을 제안하는 것과 이온화 방사선 유발물질과 방사능 물질을 안전하게 취급하도록 하는 것이 가능해졌다. 현재 세계의 많은 나라들은 이러한 가이드라인에 따라 모든 유형의 방사선 작업을 통제하기 위한 법률적 입법화를 추진해 왔다. 전리 방사선의 잠재적 위험성의 조기인식 및 권장되는 안전한 작업절차의 도입에 대한 중요성 때문에 매일 방사선 물질이나 방사선 유발물질을 다루는 사람들이 전 세계에 걸쳐 수천 명에 달함에도 불구하고 과거 70년 동안 심각한 방사선 피해를 입은 작업자는 거의 발생하지 않았다.

다른 독성 물질들을 다루는 일을 포함하는 위해성을 평가하고 제안된 안전기준을 강조하는 원리들을 이해하기 위해서는 그것들이 발생시키는 여러 상해에 대한 기본 원리와 물질 자체의 특성들에 대한 기본 지식을 알고 있는 것이 매우 중요하다. 이번 장의 목표는 이온화 방사선물질과 비이온화 방사선 물질의 특성을 살펴보고, 그것들이 발생시키는 생물학적 피해에 대해 다룰 것이며, 방사선 유발 물질과 방사능 유발 물질을 안전하게 취급하는 검증된 원리에 대해서도 다룰 것이다. 동물 사육시설에서 실험을 하는 과학자나 실험동물 과학자들이 종종 그러한 일에 마주치거나 중복될 수 있기 때문에 각각의 종사자들은 다른 종사자들이 가지는 어려움을 이해할 필요가 있다. 각각의 책임을 명확하게 규정해야하며, 지방 법령을 설정해서 사고나 이해 부족이 생겨나지 않도록 해야 한다.

방사선과 방사능의 기본적 측면 Basic aspects of radiation and radioactivity

모든 물체나 생물체, 미생물들은 알려진 약 100개의 원소로 구성되어 있으며, 어떤 물체가 가지는 이러한 가장 작은 단위의 요소를 원자라 한다. 원자는 아원자들로 구성되어 있으며 이러한 것 중 가장 중요한 세 가지는 양자, 중성자, 전자이다. 양성자는 하나의 양전하를 가지고 있는 반면에 양성자와 거의 같은 중량($\sim 1.7 \times 10^{-27}$ kg)을 가지고 있는 중성자는 전기적으로 중성이다.

중성자의 약 천팔백 분의 일의 중량을 가지고 있는 전자는 양성자에 있는 양전하 크기와 같은 음전하를 가지고 있다. 각각의 원소를 구성하고 있는 원자는 핵이라 불리는 특징적인 구조를 가지고 있는데, 이 핵은 전자 층이나 shell에 의해 둘러싸여 있는 양성자와 중성자로 이루어져 있다. 한 원자에 있는 양성자와 중성자의 개수는 동일하기 때문에 전기적으로 중성이다. 일정한 원소에 있어서 원자는 제한된 수의 양성자와 전자를 가지고 있지만 핵에 있는 전자의 수는 다양할 수 있다. 핵에 같은 수의 양성자를 포함하고 있지만 다른 수의 중성자를 함유하고 있는 원자를 동위원소라 한다. 한 원자의 화학적 특징은 그 원자가 소유하고 있는 전자들의 수와 그 핵에 있는 양성자의 수에 의해서 결정되며, 결과적으로 어떤 원소의 동위원소는 동일한 화학적 특성을 가지며 오직 그들의 상대적 원자량에 의해서 달라진다.

어떤 외적 영향이 원자로부터 전자를 이탈하게 하면 그 원자는 양전하를 띄게 되며 이러한 과정을 이온화라고 부른다. 이로 인해 생긴 전하를 띄는 원자는 이온이라 한다. 원소의 핵내에 중성자 대 양성자의 비율이 특정 한계 밖으로 떨어진다면 핵은 불안정해지고 깨지게 되며, 많은 양의 에너지를 전자기 방사선의 형태로 방출하게 된다. 또한 한개 혹은 그 이상의 원자의 구성입자를 방출하게 된다. 이러한 과정을 방사선 붕괴라고 한다.

아원자 입자나 방사선 붕괴로부터 생성되거나 엑스레이나 다른 기계장치에 의해 발생한 전자기적 방사선의 가장 일반적인 유형은 아래에 설명되어져 있다. 이들 방사선이나 입자들이 사람이나 다른 동물의 신체를 투과하면 그들의 에너지는 조직에 축적되게 될 것이며 생물학적 손상을 야기하게 될 것이다.

알파 입자들 Alpha particles

이들은 2개의 양전하를 가지고 있는 헬륨이온이다. 헬륨이온은 매우 높은 에너지를 가지고 있는 무거운 입자들이며, 물체를 투과할 수 있는 능력이 매우 낮다. 예로서 알파 입자는 두꺼운 종이 한 장을 투과 할 수 없다. 사람과 동물의 조직에서 알파입자는 100 μm 미만의 크기임에도 불구하고 매우 작은 양의 조직에서 그들의 방대한 에너지 전체를 방출하기 때문에 막대한 손상을 야기할 수 있다. 이러한 이유 때문에 알파 입자는 높은 선형에너지 전사(linear energy transfer; LET) 또는 높은 선형에너지 전사 방사선을 가지고 있는 것으로 설명되고 있다.

베타입자들 Beta particles

베타 입자는 방사선 붕괴가 일어나는 동안 원자 껍질로부터 방출되는 초고속 전자이다. 그들의 에너지는 발생되는 방법에 따라 매우 다양하며, 결과적으로 생물학적 조직을 포함한 물질의 투과 능력은 밀리미터(mm)에서 몇 센티미터까지이다. 대부분의 베타 입자는 음전하를 띠고 있지만 어떤 동위원소에서는 핵에 매우 적은 양의 중성자를 가지고 있어 안정화되어 있다. 방사선 붕괴가 일어나는 동안 방출된 전자는 양전하를 띠며, 이러한 입자를 양전자(positron)라 부른다. 하나의 양전자와 전자가 서로 충돌하면 이들은 파괴되거나 쌍소멸되며 0.51 MeV의 에너지를 갖는 2개의 감마선을 방출한다.

중성자 Neutrons

중성자는 방사선 붕괴가 일어나는 동안 높은 에너지를 갖는 핵으로부터 방출되며, 사이클로트론이나 유사한 전기 장치에서도 발생된다. 전하를 띠지 않은 중성자는 전하를 띤 핵에 의해서 반발하지 않지만 알파나 베타 입자 또는 감마선을 방출하면서 붕괴하는 방사선동위원소의 형태로 핵내에 들어간다.

전자기적 방사선 Electromagnetic radiation

아원자 입자들의 방출과 더불어 방사선 붕괴는 종종 감마선 또는 엑스선의 방출과 관련되어있다. 이들 두 방사선은 전자기성 방사선의 좋은 예이며, 이는 라디오파나 마이크로파, 가시광선, 적외선이나 자외선을 포함하고, 양자(quanta)라 불리는 에너지 다발을 구성하며, 이는 파동의 형태로 전파된다. 전자기성 방사선의 파장은 광범위한 주파수역을 차지하며, 이는 수 킬로미터의 파장을 가지는 라디오파에서부터 몇 센디미터의 파장을 갖는 라디오파까지의 범위를 가지며, 감마선은 피코미터(10^{-12})의 파장을 갖는다. 일반적으로 광양자(photon)라 부르는 양자의 에너지는 파장에 반비례하며, 라디오파의 광양자는 적은 양의 에너지를 가지며 감마선 광양자는 많은 에너지를 가지고 있다. 모든 전자기성 방사선은 빛의 속도로 우주를 지나며, 감마선과 엑스선 둘 다 몇 센티미터의 납이나 수십 센티미터의 콘크리트를 관통할 수 있을 만큼 충분한 에너지를 가지고 있다. 감마선이 인체를 관통할 때는 일반적으로 상대적으로 적은 에너지가 축적되며, 결과적으로 낮은 선형 에너지 전파(LET) 또는 낮은 LET 방사선으로써 나타낸다.

감마선과 엑스선은 많은 점에서 유사하며, 뚜렷이 다른 점은 감마선이 원자핵 단위에서의 변화로 인해 방출되는 것에 반해 엑스선은 방사선 붕괴가 일어나는 동안 발생하며, 병원에서 진단 방사선이나 방사선 치료를 위해 엑스선을 만들어 사용하는 것과 같이 기계에서 전기적 에너지의 응용에 의해서 생성될 수 있다.

자외선이나 자외선 방사선은 전자기성 방사선의 형태이며, 파장의 시작은 낮고 보라색을 띠며, 가시광선 스펙트럼의 끝에 위치하는 약 400 나노미터(1 nm=10^{-9})에서 10 나노미터까지의 파장을 가지고 있다. 자외선 방사선의 광전자에 의해서 방출되는 에너지는 화학적 변화를 일으킬 만큼 높으며, 생물체의 생물학적 손상을 야기할 수 있다.

마이크로파 방사선의 파장은 약 3밀리미터에서 300 센티미터이다. 전자기성 방사선의 이러한 형태는 특정분자에서 에너지를 직접 흡수하거나 조직의 국소적 화상에 의한 생물학적 손상의 원인이 될 수 있다.

방사선단위 Radiation units

방사선의 국제적 단위(SI)는 오늘날 대부분의 나라에서 방사선 작업에 사용되어지는 허용체계이다. 그러나 예전의 많은 단위들이 아직도 일부 국가에서 시행규칙과 법률로서 사용되어지고 있으며, 미국을 예로 들 수 있다. 이러한 이유로 이 장에서는 SI 단위와 다른 오래된 단위들을 혼용할 것이다. 그러나 SI 단위는 현재 선호되는 단위체계이며, 영국과 유럽연합에서 법률로 지정돼 있고, 방사선 영역에서 규정되어진 단위라는 점은 명심해야 한다.

방사선 에너지는 보통 electron volt (eV) 단위를 사용되는데, 이는 1볼트의 다른 포텐셜 차이를 통해 가속될 때 전자가 얻는 에너지를 의미한다. eV는 가장 작은 단위이며, 가장 널리 사용되는 단위는 천 electron volt나 백만 electron volt로서 각각 keV나 MeV와 같은 약어로 사용된다.

방사능의 SI의 기본 단위는 베크렐(Bq)이며, 초당 하나가 붕괴되는 비율로 붕괴되는 방사선 물질의 양을 의미한다. 베크렐은 연구나 의학으로 사용되기에는 너무 작은 단위여서 kBq, MBq, GBq와 같은 단위가 사용되며, 이들은 각각 천(10^3) Bq, 백만(10^6) Bq, 10억(10^9) Bq를 나타낸다. 예전에 사용된 단위는 피에르 큐리 박사의 이름을 딴 Curie(Ci)를 사용하였으며, 이는 초당 3.7×10^{10}의 방사능을 가지는 방사선 물질의 양을 나타낸다. 이 양은 매우 큰 단위이며, 보통 이는 milli-Ci (mCi), micro-Ci (μCi), nanocurie (nCi) 같은 단위들로 각각 세분화된다. 이는 각각 천분의 일, 백만분의 일, 십억 분의 일 Ci를 의미하며, 1 Ci는 37 GBq, 1 μCi는 37 kBq를 의미한다.

방사선 보호목적의 경우, 기본 양은 물체의 단위 질량 당 축적된 방사선 에너지의 양을 나타내는 흡수량(D)이다. 흡수양의 SI 단위는 보통 gray (Gy)로 표기되며, 이는 물체의 킬로그램 당 1 주울의 방사선 에너지가 흡수된 것을 의미한다. 예전에 사용된 단위는 rad였는데, 이는 물체의 100 ergs/gram (0.01 J/kg)의 흡수된 양을 의미하며, 1 Gy는 100 rad에 해당한다.

방사선의 생물학적 효과는 생물체에 노출된 방사선의 양과 양상에 따라 매우 다양하다. 그러므로 방사선으로 부터 보호를 위해 피해를 입히는 방사선 에너지의 타입과 양을 고려할 수 있는 용량 단위를 가지는 것이 필요하다. 이러한 요구는 방사선의 질량적 요인 w_R에 의해 증폭되는 흡수 양으로 정의되는 등가선량의 개념을 개발하게 되었다. 그러므로 조직(T)에 가해진 동량 H_T는 다음과 같이 표기된다.

$$H_T = \sum_{R} w_R . D_{RT}$$

D_{RT}는 방사선(R)에 의해 기관이나 조직(T)에 흡수된 평균 용량이다. 동량의 단위는 J/kg으로 표기하며, 이는 시버트(sievert; Sv)라 불린다. 방사선으로부터 보호를 위해 Gy와 Sv는 micrograys/microsieverts (μGy/μSv) 또는 miligrays/milisievert (mGy/mSv)와 같은 작은 단위로 세분화되며, 이는 각각 백만분의 일과 천분의 일의 Gy/Sv를 의미한다. 매우 많은 방사선 양은 종종 kilograys/kilosieverts (kGy/kSv) 또는 megagrays/megasieverts (MGy/MSv)의 단위로 표기되며, 각각 천과 백만 Gy/Sv를 의미한다. 중량을 나타내는 W_R의 방사선적 의미는 표 1에 나타내었으며, 이는 ICRP(International Commission on Radiological Protection)에 의해 정의 된 것이다.

예전에 사용된 동량의 단위는 rem이며, 이는 래드(rad)에 양적 인자 Q를 곱한 흡수된 양으로써 정의되며 현재 사용하고 있는 W_R과 비슷한 것이다. 그러므로 1 Sc는 100 rem과 같은 값이다. 표 2는 새로운 단위와 예전에 사용된 방사선 단위를 비교해 놓은 것이다.

자외선이나 마이크로파와 같은 비전리 전자기적 방사선은 특별한 단위가 없다. 모든 방사선은 동일한 물리적 법칙을 따르며 방사선은 파장과 진동수라는 용어로 설명할 수 있다. 진동수는 가장 기본적인 단위이며, 일반적으로 마이크로파나 무선 주파수(radiofrequency) 방사선을 설명하기 위해 사용된다. 반면에 파장은 자외선이나 적외선을 설명하기 위해 주로 사용된다. 방사선의 강도는 종종 단위면적에 가해진 힘의 양이라는 용어로 종종 표현하는데, 정상

표 1 방사선 질량 요소

Type and energy range	w_R
Photons of all energies	1
Electrons of all energies	1
Neutrons of energy:	
< 0.01 MeV	5
0.01–0.1 MeV	10
> 0.1–2 MeV	20
2–20 MeV	10
> 20 MeV	5
Protons, other than recoil photons, of energy > 2 MeV	5
Alpha particles	20

Table taken from ICRP Publication 60 (1991) *Annals of the ICRP* **21** (1–3)

표 2 중요한 방사선 단위

Quantity	SI units Name	SI units Value	Former units Name	Former units Value
Absorbed dose	Gray	1 J/kg	Rad	100 ergs/g
Equivalent dose	Sievert	1 J/kg	Rem	100 ergs/g
Radioactivity	Becquerel	1 dis/sec	Curie	3.7×10^{10} dis/sec

dis/sec = disintegrations per second
J = joules
100 ergs = 0.01 J

적으로 평방미터당 watt(Wm^{-2})로 사용된다. Watt는 상대적으로 큰 단위이며, 노출량은 보통 평방미터당 miliwatts(mWm^{-2})나 microwatts(μWm^{-2})와 같은 더욱 작은 단위가 주로 사용된다.

전자기성 방사선에서 보호한계량(protection limits)을 정의하는데 사용되는 물리적 단위는 파장이나 주파수이며, 이는 평방미터당 암페어($A\ m^{-2}$)에 있어서 현재의 밀도를 의미하며, 특정흡수율(SAR)은 킬로그램당 watts (Wkg^{-1})로 표현한다. 특정 에너지 흡수량 (SA)은 킬로그램당 주울(Jkg^{-1})로 표기되며, 힘의 밀도는 Wm^{-2}로 나타낸다.

방사선의 생물학적 효과 Biological effects of radiation

이온화된 방사선 Ionizing radiation

전리 방사선이 생물체의 조직을 통과할 때 그 통과 부위의 세포는 손상을 받게 되며, 손상의 정도는 흡수된 에너지의 양에 비례한다. 유해한 작용을 나타내는 정확한 기전은 확실하게 밝혀져 있지 않지만, 이는 방사선의 진행경로를 따라 발생하는 이온화와 관련된 화학적 반응으로부터 발생하며, 세포 내에 있는 복잡한 분자 시스템, 특히 세포핵의 유전물질에 손상을 일으키는 것으로 알려져 있다(Arena 1971).

살아있는 조직이 많은 양의 방사선에 노출될 경우, 노출된 부위에 있는 많은 양의 세포가 사멸하게 된다. 이러한 작용은 엑스선과 다른 종류의 방사선을 가지고 하는 항암치료와 같은 방사선 치료에 이용된다. 조직이 방사선에 반응하는 원리는 세포의 종류, 방사선의 종류와 양, 발생되는 방사선 강도의 비율, 방사선양의 비율, 방사선 조사하는 횟수 등에 따라 매우 다양하다. 예를 들면 몇 분 안에 약 5 Gy의 엑스선을 한번 조사하면 쥐는 며칠 안에 죽게 되지만 0.5

Gy/day에 해당하는 감마선을 계속적으로 조사하게 되면 이 쥐는 정상 수명까지 살 수 있다. 비록 이러한 방사선이 조직의 몇 마이크로미터만이 관통되지만, 알파 입자는 매우 강렬한 국소영역의 이온화를 일으키기 때문에 베타선이나 감마선의 동량을 흡수한 것보다 더 심한 손상을 일으킨다.

지금 우리가 알고 있는 방사선 물질의 생물학적 작용은 동물 실험을 통해 알게 된 것이다. 그러나 중요한 인체에 대한 직접적인 정보는 암환자나 다른 질병을 가지고 있는 환자를 엑스선이나 감마선으로 치료한 연구결과, 1945년에 일본의 히로시마와 나가사키 에 떨어진 2개의 원자폭탄으로부터 피해를 입고 생존한 사람의 일생의 연구결과, 그리고 직업적으로 방사선에 노출되어지는 우라늄 광부들이나 라듐과 라듐이 포함되어 있는 발광페인트를 취급하는 작업자들을 연구한 결과로부터 얻어진 것들이다. 인체에 미치는 방사선의 영향은 두 가지 부류로 나누어진다: 초기 혹은 급성의 영향은 구역질, 구토, 혈액 내 백혈구, 혈소판, 적혈구 수의 감소 등이 있으며, 이들은 다량의 방사선(1 Gy 이상)에 노출된 수 시간 혹은 며칠 내에 나타날 수 있다. 후기의 영향은 매우 소량의 방사선에 노출된 다음 몇 달 또는 몇 년후에 나타나는 반응으로 백혈구 감소증, 암, 백내장, 불임증 또는 유전적 피해를 야기한다.

인체에 대한 방사선의 노출은 다음 두 가지 양상에 의한다.

◆ 신체 밖의 원인에 의해 발생한 외부방사선(*external* radiation). 엑스선과 감마선, 높은 에너지를 가진 베타 입자, 중성자 또는 우주 밖에서 오는 우주 광선 등이 해당된다.

◆ 음식이나 음수 혹은 의료행위나 사고에 의해 자연적으로 인체 내로 들어오는 방사선 물질로부터 발생되는 내부방사선(*internal* radiation). 방사선 물질의 우발적인 섭취는 방사선 물질을 삼키거나 가스, 먼지, 에어로졸의 흡입이 있으며 피부접촉이나 상처를 통한 흡수에 의해서 일어날 수 있다.

몸속에 들어온 방사선핵종(방사선 동위원소)의 최후의 운명은 그것들의 화학적 특성과 세포와 조직의 자연 구조물과의 상호작용에 달려있다. 몇몇 물질들은 우리 몸속에 널리 분포해 있는 반면 다른 것은 특정 기관에 축적되어 있다. 예를 들면 요오드는 갑상선에 분포해 있고, 칼슘, 스트로티움, 라듐은 주로 골격에 축적된다. 인체에서 방사선 동위원소의 운명은 체내에 들어온 방사선 물질의 화학적 형태에 의해서 영향을 받을 수 있다. 예를 들면 의학적 연구를 위해서 코티졸에 ^{14}C를 표지하여 투여된 carbon-14는 인체에 매우 빠른 속도로 퍼져서 결국 비가역적인 화학적 형태로 전환되지만 글라이신이 붙여진 ^{14}C는 동화작용을 거쳐 인체 내 지방이나 단백질 혹은 다른 물질들에 들어가게 되며, 이러한 ^{14}C는 몇 달 혹은 몇 년 동안 체류된다. 골격에 축적된 방사선 동위원소는 약 50년 이상 체류하게 된다.

방사선핵종은 사람 몸에 침투한 뒤 생물학적 손상을 일으키는데, 이것은 생물학적 움직임뿐만 아니라 초기 방사선의 값, 형태 그리고 에너지가 반으로 감소하기 위해 필요한 시간인 물리적 반감기에 의존한다. 예를 들어, 주로 뼈에 축적되고, ^{239}Pu, ^{226}Ra, ^{228}Th같은 α-입자를 방출하는 방사선 원소는 매우 독성이 강한 것으로 알려져있고, ^{3}H(tritium)과 같은 다른 것들은 독성이 낮은 것으로 간주된다.

인체가 자연계로 부터 나오는 방사선, 바위와 흙으로부터 나오는 우주선, γ-선 그리고 지구상에 우리와 함께 진화해온 음식과 음료 안에 자연적으로 발생하는 방사선물로 부터 나오는 α, β, γ선에 노출되고 있다는 사실을 인지하는 것이 중요하다. 영국에서 이 자연 방사선은 1년에 평균 2.20 millisievert (mSv/a)에 이르고, 자연적인 방사선 기체 radon과 그 산물은 이중 60%에 해당한다(Hughes 1993). 이러한 자연적 방사선과 더불어, 영국의 국민들은 의학적 X-선에 평균 0.37 mSv/a가 추가적으로 노출되고, 직업노출이나 폐기물, 방사능 무기의 부산물에 의해서는 0.1 mSv/a가 추가적으로 노출된다. 방사선 노출의 세기는 세계 각 지역에 따라 매우 다양하다. 예를 들어, 고지대에서, 우주 방사선의 구성물은 수면 높이보다 많고, 암석안에서 자연 방사요소에 의해 방출되는 γ-선은 다른 지역보다 화강암이나 monazite 모래 같은 우라늄과 토륨을 포함한 광물이 풍부한 지역에서 높다.

비이온화된 방사선 *non-ionizing radiation*

파장이 매우 짧은 비이온화된 방사선은 신체를 투과하는데 한계점이 있으며, 그 효과는 일반적으로 피부나 눈과 같은 표면 구조에 국한된다. 투과력은 파장의 길이에 따라 증가하기 때문에 에너지는 깊은 조직에 축적될 수 있다. 잘 알려진 위해효과는 마이크로파 방사선과 동반된 열과 UV 방사선과 동반된 광화학물질이다.

전리 방사선에 의한 생물학적 손상과 달리, 이것은 방사선의 연속에 따라 발생하는 화학반응 때문에 생기는데, UV는 특정 분자에서 UV 광양자 에너지의 직접적인 축적에 의하여 화학적 영향을 나타낸다. 각각의 반응을 나타내기 위한 광자에너지의 역치가 존재하게 되는데 역치 이하에서는 반응을 나타나지 않는다. UV 방사선에 의해 개시되었던 광화학적 반응은 비타민 D의 전구체를 비타민 D로 바꿔주는 것과 같이 사람이나 동물에게 이로움을 주었으나 대부분 잠재적으로 해로움이 있었다. UV 방사선에 무방비상태로 눈이 노출될 경우 심한 염증, 결막염, 격렬한 국소 통증 및 일시적인 시각상실(snow blindness)이 일어날 수 있으나 보통 24시간 이내에 회복된다. 피부에 UV 방사선의 노출은 홍진이나 화상(햇볕에 탐)과 같은 급성 반응들을 일으킨다. 지속적 혹은 만성적인 피부의 방사선 노출은 세포의 조기 노화, 전암 단계의 형성, 기저세포종양이나 흑색종과 같은 피부암을 유발할 수 있다. 어떤 사람에 있어서 UV 방사선의 노출은 광화학적 피부염(photochemical dermatitis)이나 누드러기(urticaria)와 같은 과민반응을 유발할 수 있다.

약 50 MHz 이상의 주파수를 가진 전자기성 방사선에 노출은 조직에 직접 열 축적으로 손상을 일으킬 수 있다. 극초단파(~1에서 ~300 GHz) 주파수에서 열은 막을 통과하는 이온흐름에 변화와 세포 활성효과, 열기를 느끼는 원인 조직에서 분자(주로 물분자)의 이완과 배열의 결과이다. 세포 분열의 비율과 세포 변형에 있어서 변화가 있다고 알려져 있지만, 현재 전자기장이 유전적 손상을 야기하거나 암을 유발시키는 지에 대한 명백한 증거는 없다. 극초단파 방사선을 높은 수치로 눈에 쬐면 백내장과 비슷하게 렌즈 속에 부분적으로 불투명한 부분이 발생하며, 이것은 열을 소멸시킬 직접적인 혈액공급이 부족한 조직에서 국소화상이 일어나기 때문이다. 피부 화상은 많은 양의 극초단파 방사선이 광범위한 양으로 노출된 뒤 발생할 수 있다. 동물에서 극초단파 방사선에 대한 노출의 가장 민감한 척도는 학습된 행동의 일시적인 장애이며, 이 효과는 2-8 watts/kg(WKg^{-1})의 높은 특정파장(SAR)이 흡수될 때 일어난다.

방사선 보호에 대한 생리학 The philosophy of radiation protection

급성 부작용을 일으키는 엑스선의 잠재력은 1895년에 엑스선이 발견된 뒤 몇 개월 후에 인식되었으며, 1920년대 초기에 British X-ray and Radium Committee와 American Roentgen Society가 급성 효과를 피하기 위해 일반적인 방사선 보호 권장법을 제안했다. 그들의 활동은 1928년에 국제 엑스선 및 라듐 보호 위원회(International X-ray and Radium Protection Committee)를 설립하도록 하였으며, 1950년에 잘 알려진 바와 같이 국제방사선 보호위원회(International Commission on Radiological Protection) 또는 ICRP가 되었다. ICRP의 권한은 방사선보호과학에 있어서 공익을 증진시키고, 특히 방사선학적 보호의 모든 측면에서 권고와 지침을 제공하도록 하였다. 권고사항을 준비하는 과정에서, ICRP는 적절한 방사선 보호 수단이 확립될 수 있도록 기본 원리와 양적 근거를 고려하였다. 그러나 ICRP가 만든 권고는 중요하다. 그들 국가가 필요로 하는 가장 적합한 시행규칙이나 법규, 특별한 권고를 명확하게 하는 것은 정부와 보호단체의 책임이다.

해가 지날수록 ICRP는 인간에 대한 방사선의 영향을 고려한 발전된 지식의 관점에서 방사선 방호에 대한 권장사항을 개정해 왔다. 1991년에 공포된 최근의 권고는 방사선 방호에 대한 권장된 개념적인 체제를 우선하는 원칙을 강조했으며, 또한 그것에 기반을 둔 과학적 증거를 제시하였다. ICRP에 의해 권장된 방사선학적 방호의 체계는 세 가지 일반적인 원칙에 근거를 두었다.

◆ **실행의 정당화**. 방사선 상해와 같은 방사선이 일으킬 수 있는 잠재적인 피해를 상쇄할 수 있을 만큼 노출된 개인이나 사회에 충분한 이익을 창출하지 못한다면 실행을 받아들일 수 없음을 의미한다.

◆ **안전에 의한 방호의 최적화**. 어떠한 실행 과정에서 개인적인 방사선 피폭량의 크기, 노출되거나 잠재적으로 노출된 사람의 수가 합리적이어야 하며, 경제적, 사회적 요소들이 최소한으로 유지되어야 한다. 이것은 종종 ALARA 원칙이라 불리는데, As Low As Reasonably Achievable의 첫 문자를 따온 약자이다. 이를 달성하기 위해, 노출은 고유한 경제적, 사회적 판단으로부터 얻어지는 결과의 불공정한 면을 없애기 위하여 잠재적으로 노출된 사람에 대한 위험성이나 개인에 대한 피폭량 제한으로 강제되어야 한다.

◆ **개인적 피폭량과 위험성 제한**. 모든 관련된 행위의 조합의 결과로 만들어지는 개인의 노출은 피폭량의 제한이나 잠재적으로 노출된 사람의 위험성을 통제함으로써 이루어질 수 있다. 이러한 것은 어떤 일상적인 환경에서 이러한 행위로부터 수용불가능한 것으로 판단되는 방사선위험에 노출되는 사람이 없음을 보증하는 것이 목적이다.

현재 방호를 제공하기 위해 필요한 방사선의 유해 효과는 결정론적과 확률적인 영향이 알려져 있다. 결정론적인 영향은 세포의 죽음 때문인데, 만약 피폭 량이 많다면 조직의 기능을 손상시키기에 충분할 것이다. 한 가지 예로 백내장, 렌즈의 혼탁화가 있다. 이에 대한 영향은 방사선 노출이 역치 수준을 초과하지 않으면 나타나지 않는다. 그러한 효과에 대한 방호를 위하여 방사선 피폭 량의 제한은 역치 이하가 되게 해야 한다. 확률적인 영향은 세포가 죽지 않고 변형되었을 때 발생되며 이러한 변형된 세포는 장기간 지체된 후에 암 등으로 변형된다. 확률적인 효과는 비록 드물긴 하지만 가장 낮은 방사선 피폭 량에서도 발생하기 때문에 모든 피폭량에 대하여 평가가 이루어져야 한다. 만약 변형이 유전적 정보를 전달하는 기능을 가지고 있는 세포, 예를 들어 난자와 정자에서 발생한다면 그 결과 초래되는 다양한 영향은 노출된 사람의 자녀에게 나타난다. 이러한 종류의 확률적인 효과는 '유전' 효과라 한다. 모든 출처로부터 이용할 수 있는 증거를 기반으로 하여, ICRP는 노출된 개인에게서 나타날 수 있는 확률적 효과의 확률을 산출하였으며, 이것들은 표 3에 나타내었다. 또한, 위원회는 다른 장기와 조직에서의 유해성 분포를 평가하였으며, 먼저 각 장기의 치명적인 암 가능성을 고려하고, 치명적이지 않은 암에 대한 적절한 요인을 다양화하며, 심각한 유전 질환의 가능성을 추가하고, 상대적인 손실수명을 결정하였다. 장기 중에 손상의 분포는 표 4에 나열해 놓은 것과 같이 조직 질량요소인 W_T에 의해 설명되어진다. 이 값들은 조직이나 장기에서 효과적인 피폭량을 산정하기 위해서 사용되며 식은 다음과 같다.

$$E = \sum_{T} w_T . H_T$$

H_T는 조직이나 장기 T의 등가선량이고, H_T는 조직이나 기관 T의 무게 인자이다.

표 3 ICRP의 권고사항 1990에 제시된 방사선-유도 확률론적 영향의 가능성 (ICRP 1991)

	Probability %/Sv			
Population	Fatal cancer	Non-fatal cancer	Severe hereditary effects	Total
Adult workers	4.0	0.8	0.8	5.6
Whole population	5.0	1.0	1.3	7.3

표 4 ICRP의 권고사항 1990에 제시된 조직 질량요소 w_T (ICRP 1991)

Organ or tissue	w_T
Gonads	0.20
Bone marrow (red)	0.12
Colon	0.12
Lung	0.12
Stomach	0.12
Bladder	0.05
Breast	0.05
Liver	0.05
Oesophagus	0.05
Thyroid	0.05
Skin	0.01
Bone surface	0.01
Remainder	0.05

결정론적인 효과와 확률론적인 효과의 가능성에 근거하여, ICRP는 1990년 권고사항(ICRP 1991)에서 표 5에 기록된 바와 같이 근로자와 일반 대중을 위한 새로운 피폭 한계치를 권고하고 있다. 근로자들을 위해 ICRP는 현재 유효용량은 매년 50 mSv를 초과해서는 안 된다는 조항(ICRP 1997)과 함께 5년을 평균하여 1년에 20 mSv의 한계치를 권고하였다. 일반 대중에게 추천된 용량은 더 낮으며 이는 표 5에 나타내었다. 근로자의 직업적 노출에 의한 한계치는 여성과 남성에게 적용되지만, 임산부일 경우에는 임산부와 태아에게 모두 보호가 필요하다. 따라서, 일단 임신이 되면 잔여 임신기간 동안 임산부의 배 표면에서 동등한 피폭 한계치는 2 mSv를 넘지 않도록 권장되며, 방사선 핵종의 흡수는 Annual Limit on Intake(ALI)의 1/20을 초과하지 않아야 한다.

표 5 ICRP의 권고사항 1990에 제시된 용량한계 (ICRP 1991)

Application	Dose limit	
	Worker	General public
Effective dose	20 mSv per year averaged over defined periods of five years	1 mSv in one year
Annual equivalent dose in:		
Lens of the eye	150 mSv	15 mSv
Skin	500 mSv	50 mSv
Hands and feet	500 mSv	–

방사선 핵종을 다루는 근로자의 방사선 방호를 위해 방사선 핵종 화합물의 최고치를 계산하는 것이 가능한데, 만약 방사선 핵종 화합물이 신체에 축적되고 잔류되어 있다면, 장기와 조직에 대한 피폭 한계치를 넘길 것이다. 이것은 핵종의 방사선 특성과 생물학적 작용으로부터 유래한다. 이 값들로부터 연중 방사선 피폭량의 한계치를 초과하지 않으면서 매년 사람의 체내로 피폭 될 수 있는 최대량을 산출할 수 있다. ALI에서 유래된 방사선 피폭 한계치는 방사선 핵종과 핵종 사이에 다양하다. 예를 들어, 낮은 방사선 독성 핵종 ^{3}H는 삼중수로서 섭취되는데, ALI는 1.3 GBq인 반면, 높은 방사선 독성을 가지고 있는 ^{226}Ra 핵종은 장기간 활동하는 입자를 방사하며, 여러 해 동안 골격에 영구적으로 축적되어 있으며, 흡수를 위한 ALI는 90 kBq 밖에 안 된다.

방사선 작업의 일반적 원칙 Basic principles of radiation work

방사선 방호의 근본 목적은 모든 사람에 대한 손상을 방지하거나 최소화하는 것이다. 이 목적을 달성하기 위하여 방사선 원료를 다루거나 방사선 물질을 운반하는 모든 일이 몇 가지 기본원칙의 엄격한 감시아래 주의 깊게 수행되어야 한다. 특히, 사용된 원료의 활성은 정확하고 중요한 정보를 산출하기 위해 필요한 최소한이어야 한다.

외부에서 몸으로 조사하는 방사선과 같이 투과하는 방사선 원료로 작업할 때는 세 가지 중요한 점이 고려되어야 한다.

◆ 노출된 원료로 작업할 때는 노출된 시간이 짧을수록 작업자가 받는 용량이 적어지기 때문에 일의 효율적인 완수를 위해 최소한의 시간 내에 옮겨져야 한다.

◆ 일반적으로 방사선 강도는 방사선물질로부터 떨어진 거리의 제곱으로 감소하기 때문에 작업자는 방사선물질로부터 최대한 멀리 떨어져서 일을 수행해야 한다. 예를 들어 2미터 거리에서 피폭율은 방사선물질과 1미터 떨어져 있을 때의 1/4밖에 안 된다. 만약 방사선물질의 물리적 크기가 크거나 방사선물질을 다루어지고 있는 곳의 건축물이 방사능의 현저한 산란이 일어나는 곳이라면 이 일반적인 규칙에 예외가 있을 수 있다.

◆ 작업자는 항상 적절한 장벽이나 차폐물 뒤에서 작업을 해야 한다. 차폐물은 방사선물질을 다룰 때 허용가능한 수준으로 방사능의 강도를 감소시키기 위해서 필요하다. 요구되는 차폐물질의 양과 성질은 방사선물질의 종류와

강도에 따라 다양하고, 가급적이면 차폐물은 원료 전체를 에워싸야 한다. 고에너지인 엑스선이나 감마선은 몇 인치의 납이 필요한 반면에 고에너지인 입자는 1 ㎝의 방풍유리, 폴리탄산에스테르 또는 그와 비슷한 물질에 의해 거의 완벽하게 차단된다. 저에너지인 입자는 용기의 벽에서 전부 흡수될 정도로 매우 낮은 투과력을 가진다.

시간, 거리, 차폐물에 대한 이들 원칙은 엑스레이 기계나 용기에 봉인된 방사선 핵종(봉인된 방사선물질이라 함) 또는 개봉되거나 봉인되지 않은 방사선 물질, 즉 용기에 영구적으로 봉인되지 않은 방사선 물질의 용액 또는 다른 조제 물과 같은 방사선 원료를 가지고 하는 모든 일에 적용된다.

봉인되지 않은 원료를 가지고 하는 작업은 더욱 주의를 요구하는데 가장 중요한 것은 봉쇄의 원칙을 세우는 것이다. 봉쇄의 원칙은 장비와 작업절차가 실험실의 휴식공간이나 환경 내에서 인접한 작업지역으로부터 방사능물질이 새어나오는 것을 방지하거나 최소화할 수 있도록 고안되어야 하며, 그렇게 함으로서 작업자가 방사선물질을 흡입하거나 섭식하는 위험 또는 일반적인 오염을 최소화 할 수 있다.

그러한 작업을 위해 요구되는 차폐물 및 봉쇄의 유형은 작업의 특성, 방사능의 총량, 방사선 핵종의 방사선 독성에 따라 다르다.

동물실에서 방사선으로부터의 보호 Radiation protection in the animal house

동물실에서 전리방사선물질의 사용 혹은 동물실에서 근무하는 사람이 도움을 요청하는 절차들은 다음과 같다.

- 방사선 촬영을 목적으로 한 엑스선이나, 방사선학적 연구를 위해 엑스선이나 감마선 또는 중성자에 동물의 노출
- 방사생물학적 연구를 위해 봉인된 방사선핵종으로부터 나오는 감마선을 포함한 지속적 방사선으로 동물의 노출
- 신진대사 과정의 연구와 체내에 방사선 물질의 생물역동학 혹은 방사선물질과 화학물질의 독성연구를 위한 단독이나 반복 주사, 단회 경구투여, 연속적인 급여, 흡입과 같은 방사선 화합물의 동물 투여

X선과 감마선을 이용한 작업 Work with X- and γ-rays

엑스레이 기계 또는 입자발생 장치로부터 나오는 방사선의 급성용량에 동물의 노출은 방사선의 방호 관점에서 최소의 문제를 야기해야 하며, 적절히 잘 고안 된 장비를 제공하고, 적합한 안전 연동장치가 실치되어 있어야 하며, 유지가 잘 되어야 한다. 대부분의 대형 엑스선 설비는 문이 열렸을 경우 기계가 작동되는 것을 방지하는 안전 연동장치가 설치되어 있는 분리된 공간에 고정 설치되어 있다. 이상적인 시설은 기계실 밖에 있는 기사를 확인하거나 기계실 내부에 남아있는 사람을 확인하기 위한 장치나 비디오를 설비할 수 있다. 방사선 시설을 사용하는 모든 사람들은 기계를 사용하기 전에 안전장치와 기계의 특성 및 사용법에 대하여 알아야한다. 기계실은 안전장치가 작동하지 않은 상태로 있거나 해제되어 있는 경우가 있어서는 안 된다. 소형 휴대용 진단 엑스레이가 동물실에서 사용될 경우 조작담당자는 기계가 작동하기 전에 자신이나 보조자가 엑스선이 미치는 영역으로부터 벗어나 있는지를 확실히 해둘 필요가 있다.

동물이 감마선에 지속적으로 피폭되었을 때 동물실 관리자 또는 동물에게 사료나 음수공급, 케이지 청소, 과학적인 관찰 수행을 위해 정기적으로 피폭된 시설에 출입하는 사람을 위한 감시장치가 필요하다. 이런 경우 작업자는 노출된 공간에서의 작업을 허가받기전에 안전 절차에 대해 적절한 교육을 이수하여야 한다. 지속적인 노출에 이용되는 감마선원(原)은 일반적으로 ^{137}Cs, ^{60}CO 같은 다량의 GBq를 포함한 상태에서 밀봉된 캡슐에 담겨 있다. 이와 같은 물질은 방사선 조사실을 개방하기 전에 방사선원을 안전한 상태로 잘 차폐되어진 안전한 위치로 옮길 수 있는 방사능 피폭 유닛에 보관해야한다. 안전 연동장치는 필수적이며, 방사선 발생원이 안전한 상태인지 노출된 상태인지를 명확히 보여주면서 가능하면 조명표시가 되는 다른 장치를 포함해야한다. 지속적으로 방사선노출을 필요로 하는 방에서는 누구든지 작업을 시작하기 전에는 발생원을 안전한 상태로 되돌려 놓아야하며, 모든 사람이 방을 떠나기 전까지 그 상태가 유지 되어야한다. 대량의 방사능 유닛을 다루는 경우, 안전한 상태의 발생원일지라도 유닛으로부터 근접거리에서는 발생하는 방사선량이 비록 작지만 일반적인 방사능 환경보다 높을 수 있다. 그러므로 유닛에 근접하여 작업하는 사람들은 가능한 한 빨리 작업을 마쳐야한다. 케이지 청소나 정교한 동물 실험과 같이 많은 시간을 소비하는 일은 다른 실험실에서 수행하여야 한다. 엑스선 또는 감마선 설비를 다루는 작업을 하는 모든 직원들은 방사능 시설에서 또는 근처에서 작업하는 동안 필름 배지나 다른 종류의 개인적인 모니터 기구를 착용하도록 하는 자체 규정을 따라야 한다.

위의 내용을 요약한 간단한 사전 대책을 잘 보이도록 공지하고, 기계의 안전장치가 정상적으로 작동할 수 있도록 유지해야한다. 엑스선과 감마선에 의한 동물의 피폭 과정에서 어떤 개인이 많은 양의 방사선을 받지 않도록 해야 한다.

방사선 물질을 이용한 작업 Work with radioactive materials

실험용 동물에게 방사선 물질의 투여는 외부로부터 X선 또는 감마선을 조사하는 작업보다 방사선 방호의 관점에서 더 많은 문제점에 노출된다. 그러나 만일 개인이 적절한 훈련을 받았고 많은 과정을 수행하는 동안에 책임과 적당한 배려를 실천한다면 방사선 노출은 엑스선 또는 감마선을 다루는 동물실 직원에 비해 노출 정도가 더 크지는 않을 것이다.

방사선 물질을 동물에게 투여하는 실험의 대다수는 200 kBq 미만의 상대적으로 적은 양을 사용하거나 ^{3}H, ^{13}C, ^{59}Fe와 같이 낮거나 중간 정도의 독성을 가지는 방사선핵종을 사용한다. 비록 감마선을 배출하는 핵을 가지고 있음에도 불구하고, 처리된 동물에 의해서 동물관리자에게 미치는 중요한 외부조사의 위험은 적다. 주요 문제로 대두되는 것은 깔짚에서 생기는 먼지 입자에 흡착된 방사선 핵종을 흡입하거나 먹었을 때, 동물이 내뿜는 가스형태의 방사선 물질을 흡입하였을 때, 할퀴거나 물려서 혹은 노폐물에 의한 피부의 오염으로 야기될 수 있는 내부의 오염 위험이 있기 때문이다. 이런 모든 위험은 적절한 시설 설계와 작업절차, 동물실 위생과 개인적인 기준사항을 항상 준수하는 것과 같은 사소한 부분에 의해서도 줄일 수가 있다.

방사선 독성이 낮거나 중등도인 방사선 핵종에서는 50 MBq 미만, 높은 독성을 가지고 있는 핵에서는 5 MBq 미만의 소량 방사능을 가지고 하는 실험을 위해서는 정교한 시설까지는 필요하지 않다. 방사선 물질을 투여한 동물을 사육하기 위한 분리된 공간 또는 실험실이 준비되어야하며, 환기가 잘되어야 하고, 벽, 바닥, 작업대 표면은 비 흡수성이며 청소가 쉽도록 설계되어야 한다. 필요하다면 바닥자재 사이의 이음새 또는 천장과 벽사이의 이음새에 있는 오염물을 제거하기 쉽도록 설계되어야한다. 바닥은 흡입 가능한 먼지 입자 발생 위험을 줄이기 위해 마른 걸레보다는 젖은 걸레로 청소해야한다.

만일 많은 양의 방사능을 다루는 작업이 필요하거나 사료를 통해 지속적으로 방사선핵종을 투여해야 한다면 확실하게 정해진 구역 내에서 오염된 방사선 물질의 여과나 기체성분을 확실하게 제거할 수 있는 장비를 구비한 보다 엄격한 시설이 요구된다. 종종, 동물을 fume hood 안에 두는 것으로도 충분하지만, 만약 높은 독성핵이 사용될 경우, 이것은 글로브박스 안에서 사육하도록 디자인하는 것이 가능하다.

동물들은 비방사선 동물을 위해 사용되는 케이지와는 분리하여 유지할 수 있는 플라스틱, 스테인리스 스틸 또는 유리로 만들어진 쉽게 청소할 수 있는 케이지안에서 사육되어야 한다. 깔짚은 셀룰로스나 흡수지 또는 거친 입자의 질석 같은 먼지가 나지 않는 것이어야 한다. 적은 양은 방사능이 포함되고, 배출이 적을 것으로 예상될때는 거친 톱밥이 사용 가능하다. 오염된 깔짚, 분비물, 기타 물질은 나중에 논의되는 것처럼 방사선 폐기물로 버려져야 한다. 만일, 양, 개, 또는 영장류 같은 큰 동물이 사용된 실험일 경우, 동물을 사육한 우리나 케이지는 물을 뿌리거나 닦아내어 청소하고, 오염을 제거하기 쉽도록 설계해야 한다. 포함된 방사능의 정도에 따라, 최종 배출 전에 유출물을 처리하거나 저장할 수 있도록 케이지로부터 임시저장 탱크까지 이르는 배수관이 필요할 수도 있다.

방사선 동물 사육을 위해 마련된 공간과 더불어, 하나 또는 그 이상의 분리된 공간이 방사선 물질의 준비와 관리, 그리고 방사능에 노출된 케이지와 장비의 청소에 필요하다. 이러한 공간은 쉽게 청소할 수 있고, 필요할 때마다 오염의 제거가 가능하도록 설계되어야하며, 방사능 물질이 표시된 먹이나 주사할 용액을 준비하고, 방사선 동물의 무게를 재기 위한 정교한 장비가 설비되어 있어야 한다.

방사선 물질을 다루는 작업을 위한 시설을 갖춘 현대식의 수준 높은 동물사육실의 설계과정에서, 우수한 동물관리 및 감염 제어를 위한 요구사항과 방사선 물질을 안전하게 다루기 위한 요구 사이에 충돌이 발생하기도 한다. 일반적인 예는 공조시스템에서 찾아 볼 수 있다 : 미생물 침입위험을 최소화하기 위해서는 일반적으로 주변 구역에 비해 약간 높은 동물실의 기압을 유지할 필요가 있다; 이와 반대로, 방사능 실험실은 공기 중으로 방사능 확산을 최소화하기 위해 약간 낮은 기압을 요구한다. 만약 동물실 안에 fume hood나 laminal air flow workstation의 설치가 필요하다면, 특별한 문제가 발생할 것이다. 이런 상황에서 어떤 절충이 이루어져야하며, 이러한 경우에는 경험 많은 동물실험 전문가, 실험동물 과학자, 방사능 보호 전문가, 건축가, 난방과 환기 엔지니어의 긴밀한 협력이 시설설계에 필수적이다.

감염제어와 마찬가지로, 동물사육실의 높은 수준의 위생 유지는 우수한 방사능 보호실험에서 필수적인 부분이다. 케이지와 동물실은 정기적으로 철저히 청소해야한다. 방사능 실험을 위해 마련된 실험실 내에는 필수적인 장비만 보관하고 항상 깔끔하고 정돈된 상태로 유지해야한다.

방사선 물질을 다루는 모든 실험의 자세한 실험계획은 실험실과 개인위생에 관한 기본적인 규칙을 포함하고 있는 자체 규칙에 포함되어야 한다. 다음의 사항은 필수적으로 고려해야한다.

1) 고무나 플라스틱 장갑은 방사선 물질을 다루는 작업 시에 그리고 방사능 실험을 수행하는 곳에서 항상 착용해야 한다. 오염된 장갑으로 만진 모든 물건은 일반적으로 오염될 것이라는 것을 항상 기억해야한다. 결론적으로 스위치나 콘센트의 탭 또는 방사능 구역 외의 기구를 장갑 낀 손으로 만지는 것을 반드시 피해야한다. 장갑은 사용하고 있는 동안 깨끗이 유지하고 방사능 실험이 수행되는 곳을 떠난 후에는 즉시 철저히 손을 씻고 방사능을 점검해야 한다. 항상 쓰고 버릴 수 있는 장갑을 사용하도록 한다.
2) 방사능 작업 공간에서 작업하는 동안에는 개별의 작업복 또는 다른 보호 장비를 착용하여야 하지만, 작업 공간 밖에서는 입어서는 안 된다.
3) 케이지나 기구 청소처럼 발생된 먼지를 흡입할 수 있는 위험이 있는 모든 작업을 하는 경우, 목적에 맞게 특별히 허가된, 입과 코를 완전히 덮는 방진 마스크 또는 호흡기를 착용해야 한다.
4) 방사선 물질을 다루는 작업을 할 때 작업대는 흡수지 또는 다른 일회용품으로 덮어야한다. 주사를 위한 용액은 흡수지가 깔린 쟁반에 놓아야 흘렸을 때 쟁반 안쪽만 오염이 일어난다. 방사선 액체가 들어있는 병과 플라스크 역시 필수적으로 차폐물이 있는 고정 장치에 장착해 두어야 사고로 부딪힐 경우의 위험을 최소화 할 수 있다.
5) 방사능 용액 또는 방사능 실험 구역 내의 다른 용액은 절대로 입을 이용하여 피펫팅하지 말아야 하며 반드시 적당한 피펫팅 기구를 항상 사용하여야 한다.
6) 방사선 실험실에서 먹고 마시거나, 흡연, 약을 먹거나 마시는 행위 및 화장하는 것을 절대적으로 금한다. 방사선을 다루는 지역 내에서 음식물, 개인용 컵, 흡연도구를 보관하는 행위 또한 명백하게 금지된다.

방사능 작업이 이루어지는 공간 내부와 인접한 공간에 대한 방사능 오염을 모니터링하는 정규 프로그램이 수행되어야하며, 적합한 모니터링 도구는 이런 공간에서 필수적으로 필요하다.

케이지나 다른 장비처럼 바닥, 벽, 의자, 천장, 싱크대, 배수트랩을 모두 검사해야한다. 직원은 방사선 지역 내에서 작업이 끝날 때마다 일상적으로 그들의 손, 발, 옷을 검사하는 것을 가르쳐야 한다. 전리방사선 규칙 1985[Ionising Radiations Regulations 1985; 행정명령(Statutory Instruments) 1985]에 명시되어 있는 규칙 24(1985년 법으로 지정)에서는 법적 요구사항에 따라 검사받고 필요한 장비를 제공하도록 규정하고 있다. 영국에서는 규칙에 대해 더욱 많은 조항이 있다. ^{3}H나 ^{14}C같은 방사선핵종에서 방출하는 낮은 에너지의 β-입자를 검사하기 위해 손과 옷을 검사하는 것은 실행 불가능하기 때문에 결과적으로 매우 높은 개인적 위생 기준이 방사능물질을 가지고 하는 모든 작업을 위해서 필요하며, 이들 핵종을 가지고 작업할 때 더욱 더 결정적인 역할을 하기도 한다. ^{3}H나 ^{14}C에 의한 개인적인 내부 오염에 대한 '생물학적' 검사는 뇨 시료를 이용하여 가능하며, 어떤 상황에서는 일상적인 원칙에서 이러한 모니터링이 수행되도록 고려되어야 한다.

이 절에서는 동물실에서 방사능이나 방사선 물질을 가지고 작업을 할 때 준수해야 할 기본 원칙이 언급되어 있다. 방사선물질을 다루기 위한 자세한 계획안과 특별한 지역의 요구사항은 모든 방사선 물질을 가지고 작업을 하는 개인이 잘 알고 있어야만 하는 지역의 규율에 포함 되어야 한다. 지역적 문제에 대한 자세한 권고는 지역의 방사선 방호 감시관으로부터 얻을 수 있으며, 방사선 방호 감시관은 방사선을 가지고 하는 작업이 전리방사선규율 1985(Ionising Radiation Regulations 1985; Statutory Instruments 1985)에 따라 수행하는지를 보증하기 위해 기관장이 임명한 사람이다. 더욱 자세한 일반적인 정보는 관련 참고문헌에서 얻을 수 있다. 영국에서 방사선 방호와 관련된 대부분의 문제에 대한 권고는 국립방사선 방호 위원회(National Radiation Protection Board; NRPB), Chilton, Didcot, Oxfordshire OX11 0RQ로부터 확보할 수 있다.

적외선과 마이크로파로 부터의 보호 Protection against ultraviolet and microwave radiation

전리방사선을 이용한 작업수행을 위한 가이드와 시행규칙, 국가 혹은 국제적 법률 그리고 국제적인 권고가 정해져 있는 것과는 반대로, 자외선이나 극초단파 방사능과 같은 비전리 방사선을 가지고 하는 작업에 대한 권위 있는 안내서는 현재 거의 없다. 국제 비전리 방사선 방호 위원회(International Commission

표 6 ICRP의 권고사항 1990에 제시된 용량한계 (ICRP 1991)

Frequency	Basic restriction*	Comments
100 kHz–10 MHz	0.4 W kg^{-1}**	SAR‡ averaged over whole body
	10 W kg^{-1}[10 g]***	SAR in head and fetus
	10 W kg^{-1} [100 g]***	SAR in neck and trunk
	20 W kg^{-1} [100 g]***	SAR in limbs
	f(Hz)/100mA m^{-2}	Current density in head, neck and trunk
10 Mhz–10 GHz	0.410 W kg^{-1} **	SAR averaged over whole body
	10 W kg^{-1} [10 g]***	SAR in head and fetus
	10 W kg^{-1} [100 g]***	SAR in neck and trunk
	20 W kg^{-1} [100 g]***	SAR in limbs
10 GHz–300 GHz	100 W m^{-2}†	Power density on any part of body

* Averaged over the masses shown in parentheses
** Averaged over any period of 15 minutes
*** Averaged over any period of 6 minutes
† Averaged over $68/f^{1.05}$ minutes, where f is the frequency in GHz
‡ SAR = Specific Absorption Rate

on Non-Ionising Radiation Protection; ICNIRP)(Bernhardt & Mattes 1997)는 1992년에 조직되었으며, 비전리 방사선에 대한 작업자 보호 가이드를 공포했다(ICNIRP 1996). 영국의 NRPB는 자외선, 극초단파 방사능과 다른 타입의 비전리 방사선의 위험성에 대한 안내와 권고 사항을 제공하고 있으며, 전자기 방사능의 노출에 있어서 '기초적인 규정(basic restrictions)'이라는 용어를 제시하였다. 1993년에 개정되었던 이러한 '기초적인 규정'(NRPB 1993)은 생물학적 고려 사항에 기초를 두었으며, 그 내용은 표 6에 요약하여 제시하였다. 또한 NRPB는 비전리 방사선의 방호에 대한 단기 교육과정을 개설하고 있다.

동물실에서 UV 방사선의 주된 공급원은 시설의 특정부위에 감염을 막기 위해 사용되는 살균램프이다. 비록 살균램프는 254 nm에서 단색의 방사선을 방사하는 반면, laser를 비롯한 다른 방사선은 UV spectrum (100-400 nm)내에서 선택된 파장을 방사하도록 맞추어져 있다.

눈은 UV 방사선에 위험한 기관이므로 자외선을 흡수할 수 있는 적절한 고글을 이용해 보호해야만 한다(Elder 1973). 눈이 보호되고 있는 경우, 노출된 피부가 위험한 장기가 될 수 있다. 0.5 μWcm^{-2}에서 하루 8시간에 걸쳐 254 nm의 UV 방사선에 노출된 피부는 아무런 문제를 일으키지 않는다. 254 nm의 UV 방사선은 피부에 문제를 유발하는데 가장 효과적인 파장이므로, 이보다 더 높거나 낮은 파장에서는 좀 더 많이 노출되어도 문제를 일으키지 않는다.

UV 방사선을 사용하는 모든 작업에서, 눈 혹은 신체의 어느 부위든 빛으로부터의 직접적인 조사를 받지 않도록 해야 한다. 따라서 만약 살균램프조사에 의해 보존되는 구역에서 몇분이상의 작업이 필요할 경우, 작업시간동안은 살균램프의 스위치를 꺼야만 한다. UV 방사선의 노출한계에 대한 국제적인 지침은 현재 공포되어있다(ICNIRP 1966).

또한, 눈과 피부는 극초단파 방사능에 대한 위험 장기이며, 극초단파에 직접적으로 노출되지 않도록 주의해야 한다. 극초단파의 노출한계치에 대한 국제적인 지침도 공포되어져 있다(International Non-Ionizing Radiation Committee 1988). 영국에서 NRPB는 노출에 대한 기본 제한 수치로 0.4 Wkg^{-1}가 권고되고 있는데, 이는 열에 의해 사람이 영향을 받는 것을 막기 위한 수치이다(표 6). 이에 반해 미국에서의 한계치는 10 mWcm^{-2}가 권고되고 있다.

완벽한 지침을 이용할 수 있을 때까지, 구역내에 작업자들과 다른 사람들이 직 · 간접적인 조사로부터 보호받을 수 있는 방식으로 절차와 시설디자인을 하는 것이 극초단파 선원을 이용한 모든 작업에 적합하다. 작업 프로토콜을 디자인 할 때에는 이러한 방사원에 대한 경험을 가진 안전관리 책임자의 조언이 꼭 필요하다.

방사선 작업의 제어적 측면 Regulatory aspects of radiation work

대부분의 전 세계 선진국들은 X-ray기계, 방사선 물질, 그리고 기타 방사능 원인물질의 사용에 있어서 이를 법률로서 규제하고 있다. 대부분의 국가에서 이러한 법률과 관련법규 등은 ICRP에 의해서 권장된 방침과 용량한계를 전적으로 따르고 있다. 기본 방침에 있어서 몇 가지 변화와 용량한계에 대한 수치의 주요한 변화를 담고 있는 ICRP의 최근 1990 권고에서는 이전 장에서 논의한 바 있으며, 결국 이들 변화는 법률 및 이와 연관된 관련법규의 개정을 유도하였다.

영국을 포함한 유럽공동체의 전 국가들은 유럽 원자력 공동체[European Atomic Energy Community (Euratom)]를 탄생시킨 조약에 지배를 받는다. 이 협정서의 30번 조항은 전리 방사선으로부터 근로자들의 안전 및 공공의 안전을 위해 기본적인 기준들의 체계화를 요구하고 있다. 이 협정서의 33번 조항에 따르면, 가입국들은 유럽연합의 지시문서에 명시된 기준을 준수하기 위해 적절한 입법과 규칙의 제정을 요구하고 있다. ICRP의 최근 1990 권고를 반영한 명령 96/29-Euratom은 1996년 5월에 효력을 지니게 되었다. 하지만, 각 국가들의 법규가 개정될 때 까지는 용량한계는 여전히 효력을 지니는 관련국들의 법규에 따를 것이다. 그럼에도 불구하고 방사능으로부터 실질적인 보호를 위해서는 1990 ICRP 권고안에 따른 용량한계 이하로의 노출을 유지하는 것이 현명할 것이다. 몇몇 국가는 이미 이러한 문제에 대해 공식적인 지침서를 발간하였다. 예를 들어 영국의 NRPB는 직업상의 용량한계를 매년 20 mSv, 그리고 임신한 여성의 노출은 정상적으로 노출될 수 있는 양보다 훨씬 적도록 해야 하는데, 남은 임신기간 동안 태아에게 상응하는 용량이 1 mSv를 초과 하는 일이 발생하지 않도록 유지해야 한다. 새로운 영국의 법규는 1999-2000년에 발효될 것으로 예상된다.

국가 법률뿐만 아니라 유럽연합 명령, 그리고 Euratom 협정의 결과로서, 서유럽 대부분의 국가에서는 방사능에 대한 보호기준과 규제들이 상당히 유사하다. 국제적인 수준에서 국제원자력기구(International Atomic Energy Agency, IAEA)는 방사능으로부터의 방호를 위한 기초적인 안전기준(*Basic Safety Standards for Radiation Protection*)을 발간하였는데, 가장 최신판은 1996년에 발간되었다(IAEA 1996). 이러한 기초적인 안전기준은 방사선 방호기준에 있어서 국제적으로 조화된 지침을 제공해 준다.

영국에서는 "작업장 등에서 건강과 안전에 관한 법령 1974"(Health and Safety at Work etc. Act 1974)는 방사능이나 방사선 물질을 가지고 작업하는 것을 포함한 작업장에서 건강과 안전에 관한 모든 측면을 규정하고 있다. 방사능 작업은 전리방사능 규정 1985 [*The Ionising radiations Regulations 1985* (Statutory Instrument 1985)] 및 이와 연관된 공인된 실천규범(Approved Code of Practice)에 의해 보호되고 있으며, 공인된 실천규범은 전리방사능이 발생할 수 있는 다양한 형태의 작업환경으로부터 사람을 보호한다(새로운 법규는 1999년에 공표되어 2000년 1월에 효력을 가질 예정). 법규들은 법률에 의해 강제력을 가지며 건강검진, 용량한계, 관리 감독이 필요한 구역의 지정, 개인 훈련, 위험요소의 평가, 비상계획 등 방사능작업의 여러 측면들을 모두 포괄한다. 공인된 시행규칙은 법규의 시행에 관한 지침을 제공한다. 연구를 포함한 비의학적 방사선과 방사선 요법을 다루는 시행규칙 중 2부 2절에서는 특히 실험실 및 동물실에서의 방사능 작업에 관한 것을 다루고 있다.

방사선 방호를 위한 기본적인 책임은 고용하고 있는 기관에 있으며, 실천규범의 조항 10에서 고용주는 방사능 방호 조언자(Radiation Protection Adviser, RPA)로부터 적절한 인증을 받아 방사선 방호의 모든 측면에 대한 상담이 가능한 사람을 임명해야 한다. 조항 11은 방사선 방호 감독관(Radiation Protection Supervisors, RPS)을 지명하게 되어 있는데, RPS는 훈련이 되어 역량이 충분히 갖추어진 인력으로서 고용주가 조항들을 잘 이행할 수 있도록 도와주도록 제시하고 있다. 또한 조항 11은 방사능 작업을 수행할 때 문서화된 세부규칙의 준비를 요구한다. 이러한 세부규칙들은 작업절차의 문서화, 비허가 된 인원의 관리구역 출입 요령, 관리 구역접속시의 제한, 사고나 비상상황과 같은 불의의 상황시의 계획 등 관리 감독되어야할 부분들을 필히 기재하도록 하고 있다. 모든 작업자들이 이러한 세부적인 규칙에 대해 숙지하는 것은 매우 중요하며, 작업자들이 도움이 필요할 경우 RPS와 어떻게 연락을 취할지도 필히 알고 있어야 한다.

방사선 물질을 취급하는 일은 1948년과 1960년의 오래된 법령을 개정한 방사선 물질에 관한 법 1993(Radioactive Substances Act 1993)에 의해서도 통제가 되고 있다. 이러한 법령들은 방사선 물질의 사용, 보관, 면허 그리고 방사선 폐기물의 폐기에 관한 등록과 허가를 담당한다.

비록 세부적인 내용과 집행에 있어서 약간의 차이는 있지만 다른 국가들에서 방사능 통제에 관한 법률은 영국과 매우 유사하다. 예를 들어 독일의 경우 Atomegesetze와 Strahlenschutzverordnungen (Federal Republic of Germany 1989) 및 Rontgenverordnungen (Federal Republic of Germany 1986)에 의해 통제된다. 미국의 경우 원자로에서 나오는 방사선 핵종에 관한 작업은 미국원자력법 1954(United States of America Atomic Energy Act of 1954)에 의해 통제되는 반면, 다른 방사선 원인물질, X-ray, 전자레인지를 비롯한 가전제품으로 부터의 방사능 등은 건강과 안전을 위한 미국 방사선통제법 1968(United States of America Radiation Control for Health and Safety Act of 1968)에 의해 통제된다. 방사선 물질과 방사선 원인물질의 세부적인 통제는 미국 연방 법률(United States of America Code of Federal Regulations) 특히, 1992년 10장(10CFR) 20, 30, 31, 35편에 따르도록 되어 있는 반면, 수송은 10CFR49에 따른다. 유럽의 경우 방사선 물질 작업의 등록은 RPAs 또는 RPSs에 의한 지정과 방사선 폐기물의 폐기에 관한 면허가 필요하다.

어떠한 국가에서나 합법적으로 방사선 원인물질이나 방사선 물질을 취급하는 모든 작업에 있어서 방사선 방호에 관한 궁극적인 법적 책임은 고용기관에 있으며 실제 작업에 있어서는 그들 자신의 작업으로부터 초래되는 방사선 위해로부터 자신을 보호할 1차적인 책임은 각자 개인에 있음을 명심해야 한다. 결과적으로 작업에서의 잠재적인 위험요소의 본질은 물론 규칙과 절차에 대해 정확히 숙지하기 전에는 어느 누구라도 방사선 원인물질의 사용을 허용해서는 안 된다. 영국에서는 훈련과 자격에 관한 공식기록이 보존되어야 하며(Health and Safety Commission 1992), 많은 다른 국가에서도 훈련과 자격에 관한 유사한 증명서를 요구하고 있다.

방사선 폐기물의 처리 Disposal of radiation waste

방사선 폐기물의 처리는 실제적인 위험에 대한 대중의 걱정 때문에 수많은 나라에서 엄격하게 통제하고 있으며, 방사선 폐기물의 안전한 폐기는 어렵고 비용이 많이 소모되는 문제이다. 영국에서 방사선 물질에 관한 법률 1993(Radioactive Substances Act 1993)에 의해 방사선 폐기물의 처리에 대한 통제는 Her Majesty's Inspectorate of Pollution을 따르는데, 이곳은 방사선 폐기물의 모든 생산에 관한 등록 및 폐기경로를 허가하는 책임이 있다.

동물실에서 나오는 방사선 폐기물의 주된 형태는 낮은 수준의 폐기물로서 쓰레기 처리를 위해 허용할 수 있는 것보다는 다른 방사선 물질을 함유하고 있는 폐기물로서 정의되며, 폐기물 내 방사선 물질의 함량은 알파활량이 톤당 4 GBq, 베타와 감마활량은 톤당 12 GBq을 초과할 수 없다. 동물실부터 나온 이러한 낮은 수준의 폐기물은 플라스틱 장갑, 일회용 주사기, 오염된 의복, 동물의 사체 및 깔짚 등이 있다.

방사선 폐기물을 합법적으로 처리하는 정확한 방법은 영국에서의 HM Inspectorate of Pollution과 같이 관계부처에 의해 허가된 허가규정과 조항에 따라 처리하는 것이다. 이러한 규정들은 특정상황에 알맞게 변화될 것이며, 일반적 권고는 적용되지 않을 것이다. 1~2 $kBqm^{-3}$이하의 낮은 방사선 물질 작업 시 일반적인 국내 폐기 절차를 따르던지 혹은 지역에서 태워버리는 것도 허용된다. 이와 유사하게 아주 낮은 수준의 액체 폐기물인 경우 일반적인 하수 처리과정을 통한 폐기도 허용이 된다. 각각 다른 방사선 물질 폐기 상황에서 매립지나 허가된 폐기 장소로의 이동은 이러한 물질의 취급을 인가 받은 기관에 의해 수행되어야 한다.

모든 오염물질 또는 오염가능성이 있는 물질을 폐기 시에는 RPS로부터 방사선 물질 폐기 방법에 관한 권고사항을 항상 확인해야만 한다.

응급절차 Emergency procedures

다른 국가와 IAEA의 기본적인 안전기준(1996)과 유사한 규정들처럼, 영국의 공인된 실천규범은 기관이 방사선 물질의 작업 중 또는 운반 중에 일어날 수 있는 예상치 못한 사고에 대한 계획을 준비할 것을 요구하고 있으며, 그 계획은 자체의 규정에 따라 문서화 되어야 한다.

개봉된 방사선 용액이나 방사선 물질이 사용되는 모든 상황에서 방사선 물질이 많이 유출될 경우에 취해야 하는 행동에 관한 확실한 지침이 자체규정에 있어야 하는 것은 필수적이다. 방사선 물질이 유출되었을 때 이를 처리하기 위한 장비 또한 필수적이며, 여기에 적절한 모니터링 장비도 갖추어야 함은 물론 모든 직원들은 이러한 응급장비를 다루는 방법 및 그 위치를 분명히 알고 있어야 한다.

대부분의 동물시설에서 심각한 방사능 사고의 가능성 및 방사능 물질의 유출사고가 멀리 있는 일이 아니기 때문에 모든 직원들은 위급 상황시의 절차에 대해 정기적으로 교육을 받아야 한다.

결론 Conclusions

비록 전리 방사선과 비전리 방사선 모든 선원을 정상적으로 사용하거나 특별히 잘못된 사용하는 경우, 사람의 건강에 손상 – 때로는 심각한 손상 – 을 야기할 수 있는 잠재적인 가능성이 있지만, 기관이나 작업자 개인이 방사능 작업 시 철저히 책임감을 가지고 작업에 임한다면 위험도는 작아질 수 있다. 최종적인 안전에 관한 법률적 책임은 고용주에게 있으나, 작업자 개인은 그들 자신과 그들의 동료를 방사능의 잠재적인 위험으로부터 보호해야 하는 1차적 책임이 있다. 게다가 작업자들은 작업 시작 전에 방사선 물질에 관한 교육을 받고 이해하며, 위험요소의 성질과 안전절차를 강조하는 이유 등을 정확히 알아야 한다.

방사능 작업 또는 다른 위험요소를 사용하는 작업 시 안전한 작업을 위해서는 개별적인 훈련과 상식적인 판단이 항상 요구된다. 방사선 물질이나 다른 방사선 원인물질에 대해 정통하는 것이 경시되거나 경멸해서는 결코 안 되며, 전기나 불, 다른 형태의 위험요소들과 같이 방사선 물질은 잠재적인 위험을 지니고 있기 때문에 두려움을 가질 필요는 없으나 주의를 기울여 다루어야 한다.

참고문헌 References

Arena V (1971) *Ionising radiation and life*. London: Kimpton

Bernhardt JH, Matthes R (1997) Recent and future activities of ICNIRP. *Radiation Protection Dosimetry* 72, 167–76

Clarke RH (1993) Response by NRPB to the 1990 Recommendations of ICRP. *NRPB Radiological Protection Bulletin* No. 141, 4–8

Elder RL (1973) Lasers and eye protection. *Science* **182**, 1080

European Council Directive 96/29-Euratom (1996) Laying down basic safety standards for the protection of the health of workers and the general public against the dangers arising from ionising radiation 13 May 1996. *Official Journal of the European Communities* L159, 29 June 1996

Federal Republic of Germany, Röntgenverordnungen (1986) *Bundesgesetzblatt* 923, 1989

Federal Republic of Germany (1989) Neufassung der Strahlenschutzverordnung, *Bundesgesetzblatt* 1321, 1986

Health and Safety at Work etc. Act(1974). London: HMSO

Health and Safety Commission (1985) *Approved Code of Practice – The protection of persons against ionising radiation arising from any work activity.* London: HMSO

Health and Safety Commission (1992) *Management of health and safety at work regulations: Approved code of practice.* London: HMSO

Hughes S (1993) Radiation exposure in the UK. *NRPB Radiological Protection Bulletin* No 145, 10–12

International Atomic Energy Agency (1996) *Basic Safety Standards for Radiation Protection (1996 Edition), Safety Series IAEA.* Vienna: IAEA

International Commission on Non-Ionizing Radiation Protection (1996) Guidelines on UV Exposure Limits. *Health Physics* **71**, 978

International Commission on Radiological Protection, Publication 26 (1977) Recommendations of the International Commission on Radiological Protection. *Annals of the ICRP* **1** (3)

International Commission on Radiological Protection, Publication 60 (1991) 1990 Recommendations of the International Commission on Radiological Protection. *Annals of the ICRP* **21**(1–3)

International Non-ionizing Radiation Committee/International Radiation Protection Association (1988) Guidelines on limits of exposure to radiofrequency electromagnetic fields in the frequency range from 100 KHz to 300 GHz. *Health Physics* **54**, 115–23

NRPB (1993) Board Statement on restrictions on human exposure to static and time varying electromagnetic fields and radiation. *Doc. NRPB* **4**, No 5, 1

Radioactive Substances Act (1948) London: HMSO

Radioactive Substances Act (1960) London: HMSO

Radioactive Substances Act (1993) London: HMSO

Statutory Instruments (1985) No. 1333. *The Ionising Radiations Regulations 1985.* London: HMSO

United States of America Atomic Energy Act (1954) Washington DC: US Government Printing Office

United States of America Radiation Control for Health and Safety Act (1968) Washington DC: US Government Printing Office

United States of America Code of Federal Regulations Title 10 (1992) Washington DC: US Government Printing Office

Further reading

Baranski S, Czerski P (1976) *Biological Effects of Microwaves*. Stroudbirg, PA: Dowden

Dennis JA, Stather J (1997) Non-ionising radiation. Special Issue of *Radiation Protection Dosimetry* **72** (3/4)

National Radiological Protection Board (1989) *Living with Radiation*. London: HMSO

Noz ME, Maguire GQ (1995) *Radiation Protection in the Health Sciences*. Singapore: World Scientific

Shapiro J (1972) *Radiation Protection: a Guide for Scientists*. Cambridge, Mass: Harvard University Press

Sumner D, Wheldon T, Watson W (1991) *Radiation Risks*. 3rd edn. Newton Stewart: Tarragon Press

Sowby FD (1965) Radiation and other risks. *Health Physics* **11**, 879

7

안전관리

John Ryder

목차

서론 Introduction

안전은 매우 중요하다. 이것은 모든 관리자와 직원들의 안전에 대한 책임에 있어서 특히 중요하다. 비록 본 장의 대부분이 특정한 안전책임에 대한 개인의 행동에 대하여 기술하고 있으나 우리는 다음의 원칙에 대한 관점을 간과해서는 안 된다.

◆ 모든 관리자는 그들이 관리하는 활동이 안전하고, 효과적으로 수행될 수 있도록 보증할 책임을 갖는다.

◆ 모든 직원은 안전한 방식으로 일을 수행하고, 안전문제에 대하여 그들의 관리자에게 보고하여야 한다.

안전은 모든 사람의 책임이며 우리는 안전관리를 필요로 한다. 왜 우리가 안전관리를 필요로 하는 가? 에 대하여 두 가지 중요한 이유가 있다:

◆ 안전은 복잡한 문제이고, 법률적 요구와 위험물질의 과잉을 나타내며, 그래서 관리자와 직원들은 생각과 요구 과정에서 이해할 수 있는 가이드라인을 제시해 줄 누군가를 필요로 한다.

◆ 우리는 한정된 자원으로 좀 더 많은 것을 이루려는 압력이 있는 치열한 경쟁세계 속에서 살고 있다. 그래서 개개인이 안전을 위한 노력을 하지 않는다면 안전은 등한시 될 수 있기 때문에 위험하다.

안전은 안전 관리를 수행하는 사람에 의해서 잘 관리되어야 하며, 필요한 권한 또한 부여되어야 한다. 잘 교육되고 잘 훈련된 노동력과 규격화된 장비와 건물은 필수적이다.

건강과 안전관리에 대한 HSE 가이드라인 (Health and Safety Executive, 1997, 1998)은 사고와 작업에 관련된 질병을 감소시키기 위해 5단계를 기술하고 있다.

◆ 효과적인 건강과 안전정책의 수립

◆ 능력, 관리, 협동, 의사소통을 위한 직원의 구성

- 문제의 발견과 표준화된 업무처리의 정착
- 표준처리절차에 대한 수행정도의 측정
- 감시시스템, 절차의 재검토 그리고 경험으로부터 습득

안전관리구조의 도입 Setting up a safety management structure

1992년 수행법률에서 『건강과 안전관리』는 모든 직원들을 법률적 조항에 의해 강제적으로 금지하거나 요구하는 사항에 따르게 하기 위해 필요한 업무에서 직원들을 돕기 위한 하나 혹은 다수의 유능한 사람을 지명할 필요가 있다고 명시하였다. 승인된 시행규칙은 유능한 사람이 직원이나 외부 컨설턴트 혹은 두 가지의 혼합이 가능하도록 명시하였다. 반드시 상근직원의 지명을 요구하지는 않는다. 유능하다는 것은 특별한 자질을 요구하지는 않으나 상대적으로 최선의 실행방법을 이해하고 자신의 경험과 지식의 한계를 인식하며, 그들의 현재 시식과 경험을 지원하기 위한 능력과 의지를 갖추어야 함을 의미한다.

속도와 연관된 안전문제 그리고 그들이 준비를 필요로하는 응급상황이 주어진다면, 대부분의 직원들은 안전문제에 유능한 사람으로 적어도 한 명의 현장 직원을 지정해 둠으로서 그들의 지위를 보호받기를 원한다. 본 장의 나머지 부분에서, 직원들은 안전행정직원 (safety officer)으로 언급될 것이다. 일부기관에서 안전 조언자 (safety adviser)는 안전에 대한 1차적인 책임을 갖는 조언 및 지원관리 과정에서 사람들의 역할을 강조하기 위해 사용된다. 매우 작은 기관에서, 안전행정직원의 역할은 한 사람 시간의 10%정도로 매우 미미하다고 할 수있다. 이러한 경우에, 기관에서는 안전에 흥미가 있고, 선임 실험동물기술자와 같이 오랜 경험을 갖는 사람을 찾는다. 기본적인 요구사항은 필요할 때마다 외부에 도움을 요청하거나 단기교육과정과 회의에 참석함으로써 제공될 수 있다. 거대한 조직에서 안전행정직원을 고용할 경우, 직업보건과 안전관리에 대한 다양한 관점의 능력을 갖춘 특별직원을 전임직원으로 고용한다. 이러한 안전행정직원과 특별직원은 기관의 직업보건과 건강 (IOSH, Institute of Occupational Safety and Health)에 관한 전문가 집단이 되기에 충분한 자질과 경험이 있어야 한다.

안전행정직원의 역할은 일반적으로 다음의 4가지이다:

◆ 건강과 안전에 대한 최선의 실행방법과 법률적 요구사항을 직원에게 알려주는 것

◆ 최선의 실행방법과 법률적 요구사항이 준수되고 있음을 보증하는 것
안전행정직원이 행동을 위임하지만 항상 새로이 검토를 해야 한다.

◆ 도출된 건강과 안전문제를 연구하고 적절한 행동을 권고하거나 수행해야 한다.

◆ 관리자와 다른 직원들이 항상 접근 가능한 지식과 지혜의 창고로서 행동해야한다.

고용주는 최초 개념의 정립과정에서부터 시설을 새로 건축하거나 혹은 리모델링하기 위한 계획을 수립하고 디자인하는 과정에서 관리자와 쉽게 연락하기 위해 안전행정직원과 안전특별직원을 참여시켜야 한다. 이것은 안전요구사항으로서 나중에 추가적인 비용의 지불을 방지하기 위하여 처음부터 기본요소로서 갖추는 것이 필요하다.

안전행정직원은 우수한 판단력, 우수한 대인관계기술, 특히 설득력을 가져야만 한다. 때때로, 그들은 직원들이 듣기 싫어하는 얘기로 충고를 해야 하기 때문이다.

안전요구사항을 대충 보지 않게 하기 위해서는 기관의 최고위층에서 명령을 하는 것이 필수적이다. 안전행정직원은 이러한 기능을 완전히 수행하여야 하지만, 많은 기관에서는 요구된 사항을 충족하기 위해 구조적으로 만족할 만한 선임자를 배정하지 않고 있다. 이러한 경우에, 회장, 사장 혹은 이와 동등한 사람에게 쉽게 접근할 수 있는 선임관리자가 이러한 역할을 해야 한다. 선임관리자는 중요한 문제를 인지하고 유지하기 위해 안전행정직원과 규칙적으로 접촉할 필요가 있으며, 특히 정책결정을 해야 하거나 자원이 연관된 경우에 요구된다.

만약 매우 작은 기관이 아니라면, 각 기관이 그것이 법적 요구사항에 상관없이 유용한 목적으로 활용될 수 있는 안전위원회를 두는 것을 권장한다. 안전위원회는 직원들이 고용주에게 문제를 제기하는 보고체계의 관리, 다양한 보고방법의 확립, 안전문제의 논의 등을 수행한다. 안전행정직원은 이 위원회의 구성원이 되며, 대부분의 경우에 위원회의 의장이 된다. 위원회의 구성에 따라, 위원들은 선출되거나 지명된다. 두 가지 경우에, 그들은 안전에 대한 흥미와 그들이 활동하는 분야에 대해 충분한 지식을 가져야 한다. 그들은 자신의 부서에

서 안전 행위에 대한 특별한 책임이 주어질 것이다. 예를 들어 신규 직원에 대한 훈련과 같은 일을 수행하게 된다. 실제로 안전위원회에서 논의된 많은 안건들은 개별부서에서 안전-관련 정책, 보호 의류의 선정, 장비의 유지 등이 포함된다. 이러한 안건들이 논의될 때, 유지, 구매 혹은 개인증서의 견본을 보유하는 것이 도움이 될 것이다.

안전, GLP 그리고 신뢰성 보증 Safety, GLP and quality assurance

안전은 우수실험실운영 (GLP), 신뢰성보증 (QA)과 중복된다. GLP와 QA요구에 관련된 것들은 안전한 자료를 생산하는 실험동물시설에 적용된다 (Statutory Instruments, 1997). GLP는 문서기록, 일의 권한, 절차의 준수를 강력히 요구한다. QA는 이러한 요구사항에 대한 준수여부를 확인하는 절차이다. 따라서 GLP환경에서 표준작업지침서 (SOP)의 개정, 문제화, 권한에 대한 절차가 존재할 것이고, 그들은 신뢰성보증부서 (QAU)기 될 것이다. 이러한 상황에서, 실제규범과 분리된 시스템을 확립하기보다는 SOP를 통한 특별한 안전요구사항에 대해 효과적이고 편리하게 적용하여야 한다. 유사하게, QA는 안전요구에 대한 준수를 포함하여 SOP 준수의 모든 관점에서 확인하고 보고해야한다. 어떤 일이 정확히 수행되기 위해서는 안전이 중요한 내부관점이라는 인식을 가지게 해야 한다. GLP에 적용되는 실험의 원칙은 생의학연구 실험실에도 적용될 수 있다.

기본서류 Basic documentation

정책 Policy

1974년에 제정된 『업무에서 건강과 안전에 관한 법』은 '모든 고용주는 노동자의 업무수행과정에서 건강과 안전에 대한 관점을 그들의 일반정책을 수행하기 위해 요구되는 법적시간과 비교하여 기술하도록 하며, 고용자들 모두에게 그것을 알리기 위해 발표할 것'을 요구하고 있다. 위험물질이 매우 적은 기관의 경우, 하나의 서류 안에 직원의 안전설명서에 모든 것을 포함할 수 있다. 다양한 위험물질을 취급하는 대형 기관의 경우, 이러한 접근이 비현실적임을 알게 될 것이다. 따라서 개별구역에서 직원의 업무에 대해 자세히 기술한 설명서와 모든 직원에 대한 일반적인 상태를 나타내는 단계적 접근이 좀더 현실적이다. 일반적인 상황은 안전행정직원에 의해서 기록되어져야 한다. 특별한 세부적 설명서는 그 분야에 대한 세부적인 전문지식을 갖는 사람에 의해서 작성되고 그 분야의 선임관리자 혹은 안전행정직원에 의해서 승인되어야 한다.

저자는 한개 회사가 2-단계 접근을 적용하도록 권고한다:

- ◆ 안전매뉴얼은 회사의 안전정책에 대한 기술을 포함한다. 여기에는 위험물질 취급의 원칙, 요구되는 안전 예방조치, 관련된 모든 사람의 이름과 내선 전화번호를 포함한 회사의 건강과 안전에 대한 기록, 비상절차 등을 포함하여야 한다. 안전매뉴얼의 사본은 모든 관리자와 안전위원회 위원들이 보유하고 있어야 하며, 참고자료로 활용하기 위해 모든 직원들도 항상 접근할 수 있어야 한다. 안전매뉴얼을 요약한 안전핸드북은 모든 직원에게 배포해야 한다.
- ◆ 안전 SOP는 개방구역에서 발생되는 예방조치와 그러한 업무를 대신 수행하는 직원, 직위 등을 상세히 명시한다. 실험동물 시설을 위한 안전 SOP는 출입제한, 소독요구 사항, 관리대상 약물의 안전관리, 직원의 예방접종 등에 대하여 기술한다. 각 안전 SOP는 각 분야에 정통한 선임자에 의해서 준비되어야 한다.

기록물은 양식에 관계없이 필요할 때 마다 자료를 보완 할 수 있는 시스템을 갖추는 것이 필수적이다.

ESAC는 교육부서에서 안전정책의 가이드라인을 출판하였다 (HSC Education Services Advisory Committee 1985).

정보와 훈련 Information and training

규정 내에서 자주 사용되는 '정보'라는 단어는 몇 년 전에 이미 문제화되었다. 대표적인 예는 『건강관리를 위한 위험물질의 관리 (Control of Substances Hazardous to Health regulation, COSHH)』(Statutory Instruments 1999)이다. 비록 이러한 것은 지속적으로 요구될지라도, 업무를 어떻게 수행하는지에 대한 훈련 및 보호의류와 필요장비를 충분히 제공받는 직원은 많지 않다. 우리는 그들의 업무와 관련된 위험물질과 위해성에 대한 정보를 주어야하며, 그들이 어떤 특별한 예방조치를 해야 하는 지를 이해해야하며, 기계적으로 그들을 따라가려해서는 안 된다.

다음은 정보제공에 대한 비밀유지의 필요성에 대해 기술하였다. 일부업무는 기밀을 유지할 필요가 있으나 (예를 들어 시험을 위해 새로운 물질의 계획된 사용 혹은 개체에 대한 임상정보), 불편하거나 곤란한 정보를 제한적으로 제공함으로써 비밀을 노출하지 않으려는 생각은 버려야 한다. 분명한 이유가 있고 필요한 경우에만 비밀로서 정보를 처리해야 한다. 따라서 비록 당신이 관심 있는 사람에 대한 정보를 확인 할 수 없더라도, 당신은 안전위원회에서 발생된 사고나 발생한 증상에 대해서 논의할 준비를 해야 한다.

안전훈련은 위험물질을 취급하는 장소에서 일하는 모든 직원에게 필요하다. 사실 업무를 수행하는 장소에 위험물질이 없는 곳은 없기 때문에 모든 사람에게 해당된다고 할 수 있다. 요구되는 훈련의 양은 위해의 크기와 위험물질의 수에 따라 달라진다. 일반적인 작업장의 표준에 따르면, 동물실은 중간단계의 위해를 갖는다. 이러한 위해는 사무실보다는 작고 건축부지보다는 크다.

안전훈련에 가장 중요한 것은 작업장에 첫 출근한 날, 작업장에서 행해지는 훈련계획상의 임시직원과 새로 입사 직원에게 주어지는 유도훈련이다. 기초적인 측면에서 볼 때, 이러한 훈련의 목적은 신입직원들이 새로운 작업환경에 완전히 익숙하지 않은 상태와 가장 취약한 시기인, 처음 몇 주 동안 상해 혹은 병으로부터 직원을 보호하는 것이다. 그것은 화재경보가 울리면 무엇을 하는가, 동물이나 화학물질 혹은 제한구역은 훈련되기 전에 접근하지 못하도록 하는 것, 당신이 손상된 전선으로 연결된 전기장비를 발견했을 때 어떻게 해야 하는지, 그리고 사고발생시 제일먼저 어떻게 도움을 청하는지와 같은 기본적인 사항을 강조한다.

좀 더 이해가 필요한 훈련은 나중에 실시해야만 한다. 일반적으로 직원은 별개의 문제가 아니라 일을 수행하는 방식에 대한 내부문제로 학습되어야 한다. 이것은 훈련이 직장에서 수행되어야 하는지, 가정이나 대학에 참여해서 수행되어야 하는 지에 적용된다. 직업보건안전의 국가시험위원회 (National Examination Board in Occupational Safety and Health, NEBOSH)에 의해서 인증된 [직업보건과 건강]에서 국가자격증 혹은 사고방지를 위한 왕실연합회 (Royal Society for the Prevention of Accidents, RoSPA)의 안전교육과정에 참여한 사람이나 특별한 안전책임자는 이러한 훈련의 예외가 인정된다.

다양한 훈련 비디오는 업무수행 시 특별한 위험물질을 다루는데 필요한 정보를 제공하는데 사용될 수 있다. 흔히, 비디오는 심도 있는 정보를 제공하기 위한 훈련자 매뉴얼과 함께 제공되고, 훈련과정에 제기된 질문에 대한 답변을 주기도 한다. 다른 훈련 매뉴얼로는 테이프/슬라이드 발표, 모든 관련된 직원들에게 제공하는 저가의 만화-형태 소형책자를 포함한다.

훈련기록 Export

모든 기관들은 직원이 수행하는 기술, 받은 교육과 훈련 등을 직원의 훈련기록으로 보유해야 한다. GLP에서 이러한 기록은 강제적인 규정이다. 훈련기록은 위에서 기술된 유도훈련과 같은 안전훈련의 세부사항을 포함해야만 한다.

사고기록 Accident reports

모든 기관은 연구관련사고와 다른 위험한 상황의 발생을 기록하는 시스템을 갖추어야 만 한다. 사고기록은 다음의 두 가지 종류가 있다.

- 기관내 보고서는 상해의 원인이 되는 모든 사고와 위험상황에 대해서 작성해야 한다. 보고서는 사회안전법 1975 (Social Security 1975)에서 요구하는 바와 같이 사고기록서 (Accident Books)로 만들어져야 한다. 사고기록서는 모든 직원들이 자유롭게 이용 할 수 있어야 한다. 보고서는 첫 번째 도움과 후속조치를 포함한 실험동물, 화학물질, 기계에 대한 지속된 상해의 내용, 사고 일자 및 시간, 사고 혹은 상황의 위치와 주요 내용을 포함하고 관련자의 직위와 이름을 포함해야 한다. 안전행정직원은 각 보고서의 복사 본을 수령하고, 안전위원회에서 수령된 보고서의 요약본을 발표하여야 한다. 대형기관에서, 각 보고서는 컴퓨터의 데이터베이스로 저장하여, 요약된 자료와 경향을 도출할 수 있도록 해야한다. HSE 소책자 (Health and Safety Executive 1991)는 사고보고서로부터 유용한 정보를 어떻게 도출하는지를 기술하고 있다.
- 기관은 건강과 안전 행정관이나 지역 책임자에게 RIDDOR 규정 (Statutory Instruments 1995)에서 요구하는 사항을 보고하여야 한다. 이것은 보고할 만

한 질병과 특별히 위험한 상황에 대하여, 죽음, 상당한 손상, 혹은 3일 이상의 결근을 유발하는 좀 더 심각한 사고에 대해서만 요구된다. 또한 이러한 내용은 HSE 소책자 (Health and Safety Executive 1991)에서 가이드라인으로 제시하고 있다. 연구의 균질성을 확보하기 위하여, HSE 혹은 지역담당자에게 보고는 안전행성식원에 의해서 수행되어야 한다. 그러나 죽음, 심한 상해와 위험한 상황은 가능한 가장 빠른 방법(예, 전화)으로 HSE에 보고해야 한다. 안정행정 직원이 없다면 적절한 조정은 이러한 상황이 발생한 부서에서 이루어질 수 있다.

그 외의 다양한 다른 기록들에 관해서는 이 장의 후반부에 기술하였다.

문제에 대한 대응 Responding to problems

기관은 건강과 안전문제를 요약하고, 기록하는 시스템을 갖는 것만으로 충분한 것이 아니다. 건강과 안전문제에 대한 효율적인 행동으로 교정되고 조사되어야 만 한다. 실제적으로 행동요구문제는 아래의 형태로 나누어진다:

사고, 보고. 동물실에서 사고의 가장 일반적인 형태는 동물에게 물리거나 작은 절단, 타박상 그리고 화학물질이 튀는 것이다. 드물게 주사바늘에 찔리는 손상이 발생하기도 한다.

병. 질병에 대한 정보는 다양한 경로에 의해서 나타난다. 예를 들어, 사고기록형태, 질병이 없음에 대한 자체증명서, 의료증명서 등은 건강감독자에 의해 개별부서나 감독에게 직접보고 된다. 매스꺼움 (화학물질에 노출된 결과로 나타남), 피부발진, 눈물이나 눈 가려움, 빰의 긴장, 숨을 헐떡이거나 천식 (실험동물의 알레르기나 화학물질에 노출되어 나타남) 그리고 허리문제 (동물이나 케이지를 다루는 기술부족으로 나타남) 등이 있다.

직원에 의한 준수와 비판. 이것은 질병 혹은 불안전한 상태를 인식한 직원의 상황과 관계가 있다. 예를 들어, 화학물질의 냄새, 손상된 전기선, 주사기와 주사침의 폐기에 대한 부주의한 관리 등이 해당된다.

주변에 의한 준수와 비판. 이것은 환경오염과 관계가 있다. 예를 들어, 소각장 굴뚝으로부터 연기방출, 화학물질과 같은 위험폐기물의 출현 혹은 국민들이 접근할 수 있는 곳에서 주사기를 사용하는 것 등이 해당된다.

HSE감독자에 의한 비판. HSE 감독자는 최소한의 예고 혹은 예고 없이 언제든지 방문할 수 있다. 이러한 방문은 사고상황이나 위험한 상황의 보고에 의해서 시행되거나 정기적으로 실시된다. 표준기준과 비교하여, 허용 범위를 넘는 심각한 편차는 강제적 명령, 금지명령, 고발 등의 결과를 초래한다. 잘 설치되고, 운영된 곳에서 잘못의 발견은 실사자에 의한 개선 권고 편지를 통해 수정되도록 한다.

작은 사고와 직원의 준수는 지역책임자와 안전위원회의 구성원에 의해서 조사되지만 심각한 문제에 대해서는 안전행정직원이 포함되어야 하며, 직원의 심사위원단이 조사를 위해 임명된다. 일과 관련된 질병의 경우, 안전행정직원에 의해 조사되며, 만약 기관이 직업보건부서나 의료보조자를 요구한다면, 동반되어야 한다. 일반대중으로부터 폐기물처리부서의 필요성이 요구되기도 한다. HSE로부터 편지는 결코 무시되어서는 안 된다. 권고는 준수되거나 혹은 행동에 대한 다른 과정이 보다 좋다고 판단되면 합리적으로 판단해서 대응해야 한다.

대부분의 건강과 안전문제는 아래의 여러 가지 요인에 의해 발생한다:

◆ 미숙한 기술

◆ 불충분한 시설

◆ 미숙하거나 불충분한 장비 (개인보호장비 포함)

◆ 정확한 절차의 미준수

◆ 위험물질에 대한 불충분한 정보

문제의 원인을 입증하는 것은 종종 해답을 제시하기도 한다. 미숙한 기술은 추가적인 훈련을 통해 정확성을 증가시킬 수 있다. 정확한 절차를 준수하지 않는 행위인 미준수는 추가적인 훈련과 소개를 통해 정확성을 증가시키고, 훈련활동에 극단적인 경우를 포함함으로써 정확성을 증가시킬 수 있다. 불충분한 시설과 장비는 다른 것으로 대치하거나 개선을 필요로 한다. 미숙한 장비는 수리하거나 교체가 요구된다. 불행히도, 이러한 활동은 선배관리자가 존재하는 곳에서 경제적인 자금의 부족과 같은 문제와 충돌하게 된다. 만약 요구된 개선이 이루어지지 않는다면, 유일한 대체방법은 안전하게 수행할 수 있는 활동 영역을 제한적으로 설정하는 것이다.

일반적으로, 과정상의 최선의 방법은 위해평가를 반복적으로 하는 것이다. 왜냐하면 기대하지 않았던 문제의 발생은 초기 평가가 더 이상 유효하지 않음을 나타내기 때문이다. 만약 활용가능한 정보가 불충분 하다면, 해결방법은 문헌을 조사하거나 데이터를 공급할 사람을 찾아야 한다.

문제를 처리할 때에는 다음의 문제가 발생할 수 있음을 항상 기억해야 한다:

◆ 위험물질의 제거 혹은 실제 위해의 감소를 위해

◆ 안전에 대한 충분한 예방조치에 대한 확신을 회복시키기 위해

첫 번째 문제는 안전행정직원에 의해 제공되고, 작업구역에서 그들의 관리자와 직원의 지식과 정교함을 시험하는 것이나; 두 번째는 의사소통과 인간관계 기술을 시험하는 것이다. 이러한 것이 옳다고 단정하기는 어렵더라도 당신은 믿어야만 한다.

위해성평가의 구성 Organizing risk assessment

1992년 노동법 (Work regulation)에서 유럽기본원칙 (European Framework directive 1989)으로 제시된 "건강과 안전의 관리" (Management of Health and Safety)(Statutory Instruments 1992a)는 특별법에서 관리하지 못하는 건강과 안전에 영향을 주는 모든 위험요인을 충분히 그리고 적절히 평가하도록 모든 고용주에게 요구하고 있다. 이러한 법률은 적용 가능한 모든 안전법을 따르도록 노력하는 안전행정직원을 주요한 출발점으로 제시한다. 그들은 작업장에서 노출되는 모든 위험물질과, 각 위험물질로부터 유발되는 위험성을 평가하고, 만족할 만한 법률적 요구사항을 확인하고 감독한다. 동물사육실에서 발견되는 위험물질과 그것에 대한 관련 법률은 이 책의 다른 장에서 기술하였다. 표 1은 법률로 영국에서 시행되는 유럽원칙을 요약하여 제시하고 있다.

노동법에서 건강과 안전의 관리에서 요구되는 사항의 초기검토는 누가 담당하는가? 비록, 정보와 조언들은 각 작업장의 세부적인 지식을 갖는 사람 (지역담당자와 안전위원회 위원)에 의해서 관리되지만, 이것은 검토이기 때문에 안전행정직원과 특별전문가에 의해서 수행되는 것이 바람직하다. 안전행정직원은 정보를 취합하고, 각 위험물질에 대한 주의사항이 실제 평가에 반영될 수

표 1. 동물사육실과 적용 가능한 법에서 제시하는 위험물질

Hazard	Some possible sources	Applicable legislation
Chemicals	Novel substances, anaesthetic agents, veterinary drugs, fixatives, disinfectants, fumigants, cage washing chemicals and other cleaning agents	The Control of Substances Hazardous to Health Regulations 1999 (COSHH) (Statutory Instruments 1999). COSHH regulations implement the European Carcinogens Directive (Council Directives 1990b)
Allergens	Rodents	The Control of Substances Hazardous to Health Regulations 1999 (COSHH)
Infections	Zoonotic infections, work involving living organisms, e.g. vaccine development, testing of biopesticides, genetic modification	The Control of Substances Hazardous to Health Regulations 1999 (COSHH). COSHH regulations implement the European Biological Agents Directive (Council Directives 1990c). The Genetically Modified Organisms (Contained Use) Regulations 1992 (Statutory Instruments 1992c) implementing the European Contained Use of Genetically Modified Organisms Directive (Council Directives 1990d)
Radiation	X-ray equipment, radiochemicals	Radioactive Substances Act 1993. The Ionising Radiations Regulations 1985 (Statutory Instruments 1985)
Electrical hazards (shock, burns)	Faulty or unsuitable electrical equipment. Water in contact with electrical equipment	The Electricity at Work Regulations 1989 (Statutory Instruments 1989a)
Physical injury	Animal bites, needlestick injuries, cuts from sharp objects, falls, burns	The Management of Health and Safety at Work Regulations 1992 (Statutory Instruments 1992a). May expose the body to allergenic, chemical or infectious hazards covered by COSHH
Manual handling hazards	Lifting and carrying dogs, primates, cages, batteries, animal diet and bedding	Manual Handling Operations Regulations 1992 (Statutory Instruments 1992b) implementing the European Manual Handling Directive (Council Directives 1990a)
Noise	Dogs barking	The Noise at Work Regulations 1989 (Statutory Instruments 1989b) implementing the European Noise at Work Directive (Council Directives 1986)
Fire	Faulty electrical wiring or equipment, flammable liquids	Fire Precautions Act 1971

있도록 노력해야 한다. 알려진 건강과 안전문제는 설명되어야 하지만, 사람에게 상해나 질병이 없어, 위험이 없는 것으로 판단되면 간단히 검토되어야 한다.

어떤 경우에는, 직접적으로 행동을 확인하게 된다. 일반적으로 지역관리자에 의한 세부적인 평가는 건강법에서 제시된 위험물질의 조절 (Control of Substances Hazardous to Health Regulation, COSHH)과 같은 특별법의 요구사항을 따르도록 요구한다. 요약보고서는 사용된 모든 위험물을 확인하는 특별전문가와 안전행정직원에 의해서 요약, 작성하고 관련된 위해가 충분히 조사, 제거, 관리되었는지 포함하여야 한다. 세부적인 평가 혹은 측정을 위해 개선되고 요구된 행동은 분명히 확인되어야 한다. 작성된 요약의 복사본은 지역관리자, 안전위원회의 위원과 모든 관심 있는 직원들에게 제공되어야 한다. 선임관리자는 이러한 것들은 적어도 일부지원 혹은 정책을 내포하기 때문에 안전행정직원 혹은 선배관리자에 의해 설명되어야 한다.

COSHH

COSHH는 요구된 세부적인 평가를 가장 많이 포함하는 것으로써, COSHH 평가를 수행하는 사람은 그렇게 수행한 것을 비판하고, 실제 승인된 규정을 보완한 최신판으로 가이드라인을 제시해야 한다. 이것은 1999년 판 (Health and Safety Commission 1999)이며, COSHH 규정의 1999 버전과 함께 출판되었다 (Statutory Instruments 1999).

COSHH 규정은 유럽발암물질원칙 (Council Directives 1990b)을 내포하고 있다. 결론적으로, COSHH는 다른 위험물질보다 발암물질에 대한 규정을 포함하고 있으며, 8개의 특별하고 강제적인 관리수단을 목록화하고 있다.

피할 수 없는 COSHH 평가의 첫 번째 단계는 구역 내의 각 위험물질의 취급원칙과 위험물질의 목록을 조합하는 것이다. 화학물 혹은 화학부산물의 경우, 정보를 취합하기 위한 시발점으로 용기라벨, 공급사 안선자료 그리고 직업노출한계에 대한 최신판의 EH40 가이드노트 (Health and Safety Executive) 등을 이용한다. 많은 화학물질의 경우, 이들이 요구하는 모든 정보를 제공하게 될 것이다. 다른 경우에는, 과학적인 문헌의 조사를 필요로 하게 된다. 정보를 찾는데 있어 유용한 저서는 *Handbook of Occupational Hygiene* (Harvey 1993), *Dictionary of Substances and their Effects* (Richardson 1992-95), *The Sigma-Aldrich Library of Chemical Safety Data* (Lenga 1987) 그리고 의약품을 위해서는

Martindale (Reynolds 1993)이 있다. 시험을 위해서 다른 부서 혹은 후원자에 의해서 제공되는 새로운 물질의 경우, 화학물질의 구조, 저장조건, 물리적 성질, 인간에서 관찰된 반응 등 이용 가능한 정보에 대한 표준 질문서 양식을 보유하는 것이 유용하다. 이러한 양식은 물질의 공급자에 의해서 작성되어야 하며, COSHH 평가는 사용 전에 수행될 수 있다.

이상에서 언급한 사항들은 안전위원회의 위원 혹은 물질이 사용되는 장소의 지역 관리자에 의해 수집될 수 있으나, 중앙기록의 관리를 위하여 안전행정 직원이 권고할 수 있어야 한다. 이것은 작업장 사이에 일관성을 유지하고, 자료 수집에서 불필요한 중복을 방지하도록 도와준다. 전산화된 자료로 정보를 저장하는 것은 편리하게 이용할 수 있도록 해준다: 대형기관에서 네트워크를 통해 다양한 이용자가 이용가능 하도록 만드는 것은 매우 가치 있는 일이다.

COSHH 규정 범위를 준수하기 위해서는 물질이 항상 순수하거나 정의된 화학적 구조를 갖지 않는 것도 있음을 잊어서는 안된다. 따라서 동물의 알레르기와 인수공통전염병 감염은 법에 포함되며, 이것과 관련된 위해는 반드시 평가되어야만 한다. ESAC (HSC Education service Advisory Committee 1990, 1992)로부터 두 권의 출판물이 유용한 정보를 제공하고 있다.

COSHH 평가의 두 번째 단계는 각 위험물질의 노출이 어떻게 발생하는 지를 고려하는 것이다. 노출의 잠재적인 경로를 고려해야 한다. 물질의 특성과 사용 조건에 따라, 노출은 흡입, 소화, 눈이나 피부 접촉 혹은 주사기나 절단 상체를 통해 발생한다. 노출된 사람 집단은 확인되어야 한다. 노출의 잠재성은 작업을 수행하는 개인에게 제한적이지만 유지보수 기술자와 세탁직원과 같은 다른 집단으로 전파될 수 있다.

COSHH 평가의 세 번째 단계는 작업구역 내에서 발생 가능한 노출을 조절하거나 방지하는 방법이 기술된 이미 문서화 되어있는 준비된 작업절차를 확인하는 것이다. 이것이 수정되지 않았다면 SOP와 다른 문서를 확인하는 것도 좋은 방법이다. 동물 사육실에서 제공될 수 있는 조절수단은 다음을 포함한다:

- 배출되는 공기의 재반입이 없는 사육실 관리의 표준기준
- 필터를 갖는 케이지
- 음압의 안전 캐비닛 (공기는 배출 닥트를 통해 제거되고 작업 면에서 흡입공기를 생성)

◆ 아이솔레이터 내에 전체격리

◆ 고정된 배기가스를 제거하기 위해 바람을 불어내는 환기 부검대

◆ 휘발성 마취가스가 실내 공기로 전파되는 것을 방지하기 위한 마취장비의 카본필터

◆ 작업복, 가운, 장갑, 호흡기와 눈 보호를 포함한 보호의류

비록 요구되는 정보를 취합해서 보내야 함에도 불구하고, 지금까지 기술된 COSHH의 3단계는 상대적으로 쉽다. 다음 단계는 좀더 어렵다. 이것은 각 물질의 위험성에 대한 정보, 노출의 잠재적 경로, 실제적 혹은 제안된 안전들의 사전예방조치 및 노출된 사람집단으로 구성되며, 노출관리가 적설하였는지 결정하게 된다. 일반적으로, 업무가 반복적으로 수행된다고 할지라도, 적절 수준의 관리는 대부분 집단의 건강에 대한 악영향을 예방 할 수 있다. 만약 노출관리가 적절하지 않다면, 이러한 절차는 개선되거나 혹은 더 이상 허용되어서는 안 된다. 이러한 결정은 피할 수 없다. 가장 직접적이고 명백한 경우를 제외하고, 사람들은 아래 사항이 기술된 종이에 서명을 해야만 한다:

◆ 안전에 대한 사전예방조치는 충분한 상태에서, 일이 진행된다.

◆ 안전예방조치는 충분히 나타난다. 일은 진행되지만, 노출 모니터링 혹은 건강검진과 같은 추가조사가 요구된다.

◆ 안전예방조치에서 특별한 개선 문제가 나타난다.

◆ 일은 진행되지 않는다.

결정은 어떻게 이루어지는가? 대부분의 결정은 경험에 기초한 판단을 요구한다. 안전행정직원은 지역관리자에 의해서 내려진 결정에 서명하거나 혹은 직접 결정을 해야 한다. 다행히도, 다양한 가이드의 범주와 목록은 결정과정에서 이용될 수 있다:

◆ 가이드 노트 EH40에서 직업노출표준(OES)에서 승인된 물질의 경우, 만약 노출이 OES 이상이 아니라면, 섭취경로에 의한 노출관리는 적절한 것으로 간주될 수 있다.

◆ EH40에서 승인된 물질의 경우, 만약 노출수준이 MEL 이하인 경우 그리고 합리적으로 시행될 수 있는 정도로 감소된다면 섭취경로에 의한 노출관리는 충분한 것으로 간주될 수 있다.

◆ 발암물질의 경우, 다음 8개의 관리수단 모두가 개선되지 않는다면, 노출관리는 적절한 것으로 간주될 수 없다.

1) 만약 이것이 합리적으로 수행될 수 없다면 취급시스템과 전체과정의 보호
2) 발암물질이 증발하거나 새는 것을 억제하는 작용 혹은 발암물질의 생성을 최소화하는 업무 시스템, 과정 그리고 시설
3) 작업장소에서 발암물질 양의 제한
4) 발암물질에 노출되는 사람의 수를 최소한으로 유지
5) 발암물질을 포함한 지역에서 음식섭취 그리고 흡연의 금지
6) 벽 등의 표면에 규칙적인 세척과 적절한 세정시설을 포함한 위생수단의 준비
7) 발암물질을 포함하는 설비와 이러한 지역의 디자인 및 적절하고 충분한 주의 표지
8) 발암물질의 폐기, 취급, 안전저장과 밀폐된 표시 저장고

◆ 동물 알레르기의 경우, 노출관리는 이 책의 2장에서 기술한 것처럼, ESAC (HSC Education Services Advisory Committee 1990)을 따르도록하며 잘 준수된다면 적절한 것으로 간주될 수 있으며, 건강검진의 결과는 실험동물 알레르기의 낮은 발병률을 나타낸다.

◆ 감염성 위험물질의 경우, 노출관리를 잘 실행한다면 적절한 것으로 간주될 수 있으며, 부적절한 취급으로 발생되는 직원의 감염 혹은 질병의 기록이 없어야 한다. 적합한 수행에 대한 정보의 경우, 이 책의 3장에서 언급한 COSHH 승인된 규정과 ESAC에 의해 제공받을 수 있다. 영장류에 의한 동물성 감염의 경우, ACDP (1998)에 의해서 최근에 개정된 MRC 소책자 (Medical Research Council 1990)에서 제공한다. 감염원을 이용한 작업에서 권장되는 방법은 ACDP 가이드라인 (HSC Advisory Committee on Dangerous Pathogens 1995, ACDP 1997)에서 정보를 제공한다.

OES(직업노출표준) 혹은 MEL(최대노출제한)이 확립되지 않은 화학물질을

사용한 작업의 평가는 어떻게 하는가? 상업적으로 판매되는 물질의 경우, 공급자의 안전자료는 사전예방조치, 노출관리 그리고 개인보호수단을 제공하며, 이러한 내용은 반드시 포함되어야 한다. 새로운 물질의 경우, OES 혹은 MEL이 갖고 있는 동물에게 유사한 독성을 나타내는 물질에 대한 정보를 바탕으로 건물 내에서 노출표순을 작성한다. 만약 노출관리의 다른 방법이 적용된 이후 남아있는 공기 중 오염의 수준이 허용치인지 의심이 된다면, 관리자는 먼지 혹은 증발물질에 대한 호흡보호구의 착용을 요구하게 된다.

흡입 이외의 다른 경로에 의한 노출로 큰 위험성이 있는 장소에서 화학물질을 이용한 작업은 어떻게 평가하는가? 화학물질에 노출된 사람에서 나타나는 증상을 설명하는 것은 필수적이다. 만약 물질에 부식성이 있다면, 또한 완전히 용기에 함유되지 않는다면, 가장 큰 위험은 물질이 튀어서 영구적인 장애가 될 수 있는 눈이다. 눈을 보호할 수 있는 사용가능한 표준물질은 보호안경을 제공하는 것이며, 이것은 반드시 착용해야 한다. 만약 물질이 피부에 자극적이거나 민감하거나 혹은 피부로 흡수되는 독성이 있다면, 물질과 접촉 가능한 모든 피부부위를 보호해야 한다. 장갑은 낮은 투과성을 갖는 물질에 사용된다. 방향족 화합물과 염소용매는 비닐과 고무장갑을 통해 빠르게 투과될 수 있다. 이러한 용매는 합성고무장갑, 폴리비닐알코올 혹은 알루미늄 호일 판으로 만든 장갑이 필수적이다.

일반적으로, COSHH 평가는 구역 내에 노출된 각 위험물질에 대해서 개별적으로 수행한다. 그러나 이러한 과정은 많은 물질에 대한 약리학이나 독성학 시험을 수행하는 곳에서는 귀찮을 수 있다. 이러한 경우에 업무수행이 가능하도록 물질에 접근할 수 있어야 하며, 알려진 위험물질의 성질에 기초하여 몇 가지 위험물의 종류 중에 하나로 각 물질을 승인하고, 각 위험물 종류에 대해 작성된 안전설명서에 대한 평가를 확인해야한다.

COSHH 평가 수행에 대한 부가적인 설명은 HSE 소책자 (Health and Safety Executive 1993)에 의해 제공될 수 있다.

방사선 Radiation

방사선 위험물질을 취급할 때, 첫 번째 단계는 누출되는 방사성화학물질과 방사선을 방출하는 장비에 대해 상세히 기록하는 것이다. 방사성물질을 사용하기 위해서, 기관은 방사선물질법 1993 (Radioactive Substance Act 1993)관리하에서 Her's Majesty's Inspectorate of Pollution (HMIP)에 의해서 제기된 제한증명서 (Certificate of Registration)를 갖추어야 한다. 이러한 증명서는 보관된 각각의 방사선핵물질의 이름과 최대량을 기록해야 한다. 자세한 기록은 방사선물질의 폐기와 수령 등을 포함하여야 한다: 현재 보유기록은 증명서에 주어진 보유제한과 비교하기 위해 유지해야만 한다.

이온화방사선법 (Ionising Radiation Regulations, Statutory Instruments 1985)은 이온화 방사선을 과잉으로 사용되지 않도록 이온화방사선에 대한 농도제한을 제시하며, 작업이 법에 따라 수행되도록 보호차원에서 방사선보호감독자로서 한명 혹은 여러 명의 종업원을 지정하도록 고용주에게 요구한다. 방사선보호감독자는 방사선에 대한 종업원의 노출정도를 평가하고, 만약 이러한 노출이 법에서 정한 범위를 넘어설 경우, 감독구역이나 관리구역의 고용주에게 보고하도록 하고 있다. 종업원이 농도비율, 평균적으로 1분 이상 (7.5 Svh^{-1} 이상) 노출되는 경우 혹은 고용주가 사람이 출입하는 관리구역을 디자인하는 경우, 방사선보호조언자는 특별고문으로 임명되어야 한다.

전자적 위험물 Electrical hazards

전자적 위험물을 조절할 경우, 모든 전자시스템은 "노동법에서 전기" (Electricity at Work Regulation, Statutory Instruments 1989a)에 의해 요구되는 표준대로 유지하고 설치되고 디자인 해야만 한다. 설치는 "IEE 배선법" (Wiring Regulation, Institution of Electrical Engineers 1991)의 권고에 따라야만 한다. 안전행정직원은 적합하게 승인된 장소임을 확인해야 한다. 전기위험물을 피하기 위해, 사용자들은 적절한 행동을 필수적으로 취해야 한다. 플러그를 맞추는 것, 배선을 변경하는 것 그리고 손상된 전자 장비를 수리하는 것은 적절한 자격을 갖춘 사람에 의해서 수행되어야 한다. 방수기능이 없는 전자장비는 습기 있는 지역에서의 사용을 금지해야 한다. 손상이나 결함이 있는 장비들은 서비스를 받아야 하며, 수리에 대해 승인을 해야 한다. 탄력적인 업무수행을 통하여 전선손상을 방지할 수 있다. 실험용 설치류는 PVC 절연체를 매우 잘 씹어먹는다. 구부러지는 전선은 케이지 배터리, 손수레, 주머니동굴에 의해서 손상을 받을 수 있다. 전기위험물의 평가는 적절한 사전예방조치를 준수하는지 확인하는 것이 가장 큰 부분이다.

물리적 손상 Physical injiry

실험동물 사육실에서 물리적 손상에 대한 위해성 평가는 건강에 영향을 주는 주요 위해성이 위험물질자체가 아님을 깨달아야 한다. 그러나 예를 들어 피부에 대한 손상은 체내에 들어가는 알레르기, 위험화학물질, 감염성 인자 혹은 방사성물질 등의 침투를 초래한다. 대부분의 심각한 위해성은 영장류의 인수공통전염병이나 실험적 감염으로부터 유발될 수 있다. 작업과정에서 동물에게 물리고 질병 혹은 상해를 입었을 때 사용 할 수 있는 의학적 처치와 도움에 대해서 일련의 사전예방조치과정이 만들어져야 하며, 동물에서 수행되었던 미생물학적 검사결과를 이용할 수도 있어야 한다. 임산부 혹은 면역시스템에 질병이 있거나 의료치료를 받은 직원은 잠재적으로 심각한 인수공통전염병을 갖는 영장류의 업무로부터 배재를 고려해야 한다. 설치류에게 물리는 것은 일반적으로 심각한 상해를 유발하지는 않으나 천식에 걸린 적이 있거나 민감한 사람에게 심각한 천식을 유발하는 촉진제가 될 수 있다. 천식을 갖는 사람은 설치류의 업무로부터 배제하는 것을 고려해야 한다. 체내로 위험한 화학물질이나 방사선물질이 심각한 양으로 도입되는 사고는 상대적으로 자주 발생하지는 않는다.

동물에게 물리는 빈도는 동물취급기술의 훈련을 통해 최소화 할 수 있다. 장갑 착용은 동물의 혼란이나 민첩성을 감소키지 않는다. 주사기 바늘에 의한 상처의 위해성을 감소시키기 위한, 피하주사용 주사기는 사용 후 다시 뚜껑을 닫지 않고, 보관용기에서 즉각 처리해야 한다. 일반적인 정책에 따라, 날카로운 물체는 날카롭지 않은 끝을 갖는 물체와 동일하게 사용되어서는 안 된다. 예를 들어, 하나의 개봉된 보관용기에서 다른 보관용기로 용액을 이동하기 위해 피하주사용 주사기를 사용 할 수 없다. 날카롭지 않은 피펫 혹은 캐뉼러가 자주 사용된다. 만약 둥근 끝을 갖는 가위가 동일한 효과를 갖는다면 날카로운 끝을 갖은 가위를 사용하지 않아야 한다. 물리적 상해에 대한 위해성 평가는 이러한 도구를 사용하는 장소에서 확인을 할 수 있어야 한다.

평가를 필요로 하는 다른 물리적 손상에 대한 위험성의 예로는 멸균기, 케이지 세척기로부터 혹은 뜨거운 물품과 피펫으로부터 흘러내리거나 타는 물질을 포함한다.

수동작업 Manual handing

수동작업(manual handling)과 같은 다른 법률의 대상이 되는 위험의 경우, 평가과정은 COSHH에서의 경우와 유사하다. 노출된 위험은 먼저 확인하고, 작업을 제시한 후, 현재의 방법을 문서화하고 상황이 만족스러운가에 따라 결정한다. 따라서, 수동작업으로부터의 위해성을 평가하는 경우, 케이지나, 다른 장비 혹은 동물과 같이 성가신 물건 혹은 무거운 물건의 이동을 포함한 업무를 목록화하는 것을 필요로 한다. 중요한 관점은 이것이 몸에 인접하는지, 웅크리거나 비트는 운동을 요구하는지, 일은 어떻게 수행되는지 등의 원인을 도출함으로서 결정 되어진다. 평가가 호의적이지 않다면 다양한 개선방법이 고려되어야 한다. 예를 들어 기계적으로 들어 올리는 장비에 대한 준비, 운반수레 혹은 주머니 운반수레, 편리한 높은 물질저장 수레에 대한 준비, 계단의 준비 등이며, 사람들이 머리위로 잡아당기지 못하도록 하는 것, 방해물을 제거하여 들어올리는 사람이 정확한 기술을 적용할 수 있도록 하는 것, 물건을 다른 사람과 공동으로 들어올리는 것 등이다. 수동작업 수행 평가에 대한 세부적인 가이드라인은 HSE (Health and Safety Executive 1992)에 의해서 발표되었다. 이것은 거의 모든 사람이 내리거나 들어올릴 수 있는 무게에 대한 가이드라인을 포함한다. 여자의 경우, 가이드라인 수치는 1/3정도 감소된다.

소음 Noise

노출감소와 소음평가에 대해 요구되는 행동은 노동법의 소음부분 (Noise at Work Regulations)에서 나타나있다 (Statutory Instruments 1989b). 소음은 짖는 개, 열 발생과 공조기기, 케이지 배터리의 이동, 옴폭 들어간 바닥 면을 갖는 케이지 세척실로부터 발생한다. 평가의 첫 번째 단계는 소음에 노출된 사람과 소음의 원인을 찾아내는 것이다. 개인적인 소음량 측정은 일상적인 소음-노출정도를 결정하기 위해 필요로하게 된다. 만약 소음양이 변한다면, 측정은 반복적으로 수행해야 하기 때문에, 결과를 해석하고 수행하기 위해 필요한 전문성과 장비를 요구하기 보다는 외부의 전문가에게 의뢰하는 것이 좀더 편리하다. 만약 일상적인 소음노출이 85 dB(A)를 넘는다면, 종업원의 첫 번째 행동단계는 소음차단 귀마개를 제공하는 것이다. 만약 일상소음이 90 dB(A)를 넘거나 200 파스칼을 넘는 소음압력 피크에서 행동을 하는 2차단계라면 적절하게 안전표시가 되어 있는 소음-보호구역을 디자인해야 하며, 그곳에 들어가는 사람은 개인적인 소음차단 귀마개를 착용해야 한다. 비글개의 짖는 소음은 2차행동단계 이상이며, 비글개를 사육하는 장소는 소음-차단 구역으로 디자인되어야 한다. 이차 혹은 피크행동단계 이상 높은 소음을 발생할 경우, 소음원을 줄이는 것이 타당하지만, 합리적으로 실행할 수 있는 것이어야 한다. 예를 들어 개에게서 발생하는 소음을 줄이기 위한 실행방법은 고려해서는 않된다.

화재 Fire

화재는 위에서 언급된 다른 위험과 다르게 취급된다. 구조물 혹은 변형된 빌딩에 대한 "건물법" (Building Regulation)에서는 허가신청서에 법에서 요구하는 화재 책임자에 대하여 언급하고 있다. 화재방지 행정가는 전체빌닝을 검사한다. 만약 건물 안에 20명 이상이 일을 하거나 혹은 한 층에 10명 이상이 일을 한다면, 화재증명서가 요구될 것이다 (Fire Precautions Act 1971). 화재 책임자는 위해성 평가와 안전수단을 요구한다. 화재증명을 신청하기위해, 빌딩사용자의 역할을 누가할 것인가를 요구하며, 화재책임자의 설명에 따르게 하기위한 정보를 제공해야 한다. 이러한 것은 일반적으로 소화기, 화재경보음, 탈출구, 탈출과정과 화재 드릴 등과 관련되어 있다.

가연성 유리와 수증기가 있는 곳에서, 장비는 불꽃-억제가 필요하다. 실례로, 과량의 에테르를 이용해 죽은 실험동물을 보관하기 위한 냉장고를 사용하는 방법이 해당된다(이러한 안락사의 방법은 동물복지와 안전을 이유로 권장되지 않는다).

위해감소 Risk reduction

모든 위험물의 경우, 만약 평가 업무가 수행 되기 전에 위해성을 감소시킬 필요가 있다면 요구되는 수단이 분명히 확인되어야 한다. 일반적인 계획에 따른 막연한 언급은 피해야 한다. 요구되는 수단은 다음의 여러 가지 형태가 될 수 있다:

- 더욱 안전한 다른 물질 혹은 과정의 대체
- 오염의 개선
- 작업실행의 변화 (기록된 설명서에 의해 수행)

- 개인보호장비의 개선
- 직원의 예방접종(예를 들어, 파상풍, 광견병, 간염)
- 추가적인 훈련
- 일부 직원의 배제(예를 들어, 임신한 여성, 천식환자, 실험동물에 알레르기를 갖는 사람)

기록 Records

모든 평가에 관한 기록은 적절히 유지할 필요가 있다. 이미 설명한 바와 같이, 모든 평가과정은 결정의 결과이다. 결정을 하는 사람은 누구라도 그것을 정의하고 설명할 준비가 되어있어야만 한다. 따라서 이해할 수 있는 충분한 기록은 향후 실제로 재생하도록 결정을 유도하는 원인과정과 현재상태의 지식에 이용가능하도록 유지되어야만 한다. 예를 들어, COSHH를 다시 한번 적용하는 경우, 기록은 작업구역 내에 존재하는 각 물질에 대해 필요하다:

- 물질의 이름
- 성질에 바탕을 둔 이용 가능한 정보
- 수행된 작업
- 사용된 보관수단
- 사용된 개인보호장비
- 작업에서 배제되어야할 직원의 범주
- 건강 확인에 대한 이용 가능한 자료
- 평가의 결론, 예를 들어, 도달된 결론
- 결론을 유도하는 증명과정(만약 명확하지 않다면)
- 평가를 수행한 사람의 서명과 자료

각 위험물질에 대한 기록을 작성하는 것은 쉬운 일이며, 일부사람들은 그것을 정확히 수행한다. 안전행정직원은 생성된 자료의 양을 최소화하기 위해 일부를 적절히 단순화할 필요성을 인식할 것이다. 그래서 만약 작업 구역 내에서 사용되는 안전 사전예방조치의 2-3개의 표준이 존재한다면, 각각은 전체 위험물질에 적용 가능하며, 평가에 적합한 하나를 도출하기 위해 상호참조하고 SOP상에 안전 사전주의사항을 포괄해야 한다. 만약 SOP에 문서화된 표준규칙이 대조수단에 관해 이미 주어진 결론과 위험물질의 성질을 연관하여 사용된다면 좀더 설명적인 결론은 피할 수 있을 것이다. 다음은 표준규칙의 예이다:

- 만약 물질이 부식성이라면, 화학물질에 대해 안전장갑은 항상 요구되며, 피부를 보호하기 위해 적절한 보호의복을 착용해야만 한다.
- 만약 물질이 OES 혹은 MEL에 존재하지 않는 휘발성 액체라면, 호흡장치가 항상 요구된다.
- 만약 물질이 돌연변이 혹은 기형을 발생하는 물질이라면, 임신한 여성은 항상 배제되어야 한다.

모든 기록은 적어도 40년 동안 유지되어야 한다.

새로운 물질이 구역 내로 도입될 경우, 수행되는 작업이 위험물질로부터 발생하는 위해성을 변화시킬 만큼 충분히 크게 변화된다면, 새로운 작업을 시작하기 전에 반드시 평가가 수행되어야 한다. 따라서 위험물질을 사용할 때는 기존의 평가작업의 특성과 범위가 더 이상 가치가 없을 경우, 언제라도 새로운 COSHH 평가를 요구해야된다. 실제 승인된 법 (Health and Safety Commission 1999)에서는 COSHH 평가가 적어도 5년마다 재검토되도록 제시하고 있다.

교체를 필요로 하는 이행수단 Implementing required changes

일부 교체는 최소한의 요구조건을 필요로 한다. 이러한 예로는 보관용기 혹은 개인보호의복의 사용, 직원에게 문제화된 눈이나 호흡기 보호제품의 교체 등이 포함된다. 또 다른 교체로는 비디오 같은 훈련보조도구의 지급이 있으며, 이들은 보유하고 있는 예산 내에서 편리하게 사용할 수 있다. 그러나 때때로 평가는 많은 비용과 예상치 않았던 교체를 요구하기도 한다. 공조기 수리와 추가적인 용기의 설치를 위해서는 많은 예산이 요구된다. 업무수행에 있어서의 교체는 종업원들의 생산성을 요구하며, 그런 이유로 운영비를 증가시킨다: 예를 들어, 아이솔레이터 내에서 동물의 사육은 모든 취급과 수행업무를 느리게 만든다. 고비용을 요구하는 교체는 기관 관리에 있어 좋은 뉴스로 받아들여지기 힘들다. 선배관리자로 부터 지원과 도움을 받는 안전행정직원은 직원들에게 최상의 동기를 부여해야 한다. 실제로, 다음의 3가지 관점에 대해 명확히 하는 것이 필요하다:

- 왜 교체를 하는 것이 필요한가? 원인은 하나 혹은 여러 가지 법에 위반한 상황 혹은 HSE로부터 잘못에 대한 권고를 받았기 때문에, 건강문제가 발생하였기 때문에, 물질의 위험성에 대한 새로운 정보가 도착하였기 때문에, 현재 사용되는 것보다 좀더 해로운 새로운 물질을 이용한 업무수행이 필요하기 때문이다.
- 의도적인 교체는 원하는 효과에 도달하게 할 것이다.
- 의도된 교체는 비용적 측면에서 문제에 대한 가장 효율적인 반응이다.

자문가로부터의 외부조언은 이러한 관점에 대한 하나 혹은 여러 가지 도구를 필요로 한다.

어려운 문제를 저비용으로 해결하는 능력은 제한된 자원을 갖는 기관에서 고부가가치 기술이다. 아래의 예들은 이러한 것들을 기술하였다:

- 일부 개방된 보관용기 (안전 캐비닛, 후드 등)를 사용하는 경우, 보관의 정도는 개방된 전면의 공기 속도와 연관된다 - 전면속도는 정상적으로 초당 0.5와 1.0 m/sec이다 (영국 표준 BS5726 Class I 미생물 안전 캐비닛 경우 0.7-1.0 ms^{-1}). BS5726을 준수하는 모든 캐비닛은 감염성 미생물의 작업에 사용되지만, 많은 종류의 전면개방후드는 화학적 위험물질에만 사용된다. 이러한 많은 후드들은 안전용기로서는 너무 낮은 전면속도를 갖는다. 만약 일정한 구역 내에서 공기배출에 대한 예비능력을 갖고 있다면, 분당 배출되는 공기의 양은 증가할 것이다. 실제로, 이러한 경우는 자주 발생하지 않는다: 건물 설계자가 이러한 예비능력을 갖추도록 만들지 않았다면, 사용자는 원래 설계된 것보다 많은 후드를 설치하여 사용할 수 있다. 건물로부터 배출되고 공급되는 공기의 양을 증가시키기 위해서는 새로운 건물에 많은 자금이 지출된다. 이 단계에서, 안전행정직원은 구역 내에 존재하는 모든 후드의 개방 면에 관해 심각하게 고려해야한다. 만약 이러한 것들이 후드의 사용을 어렵하

게 하지 않고 배출되는 공기를 감소시킨다면, 전면속도는 좀더 많은 공기의 배출없이 증가시킬 수 있다. 일부 경우, 완벽하지 않은 후드는 개방면을 감소시키기 위해 전면에 추가적인 방풍유리판을 설치함으로서 간단히 허용되는 표준에 도달할 수 있도록 만들 수 있다.

◆ 일부 화학위험물은 발생원으로부터 생성된다. 예를들어 마취장비, 폐기용 쓰레기통으로 화학폐기물을 폐기 하는것 등이다. 발생원에 근접해 있는 부분 배기공조를 활용하는 것은 배출공기의 양을 최소로 하기 위한 최적의 관리법이다.

어떤 교체를 실행하기 위하여 허가를 요청하거나 실행하기 전에, 지역관리자 혹은 안전행정직원은 실행가능성을 확인해야 한다. 이러한 과정에는 안전위원회의 구성원 및 관심 있는 시역의 직원과 관리과정에 대한 모든 근접상담을 필수적으로 포함한다. 만약 가능하다면, 새로운 안전 사전예방조치는 최종결정을 수행하기 전에 반드시 수행해야만 한다. 만약 개인보호장비를 교체하려 한다면, 새로운 형태의 충분한 샘플을 확보하는 것이 가능해야 하다. 또한 교체를 할 때는 교체기간을 고려해야 한다. 만약 새로운 고정장비의 설치 혹은 공사가 필요하다면, 기간은 어떻게 할 것인가? 얼마나 많은 소음, 먼지, 지원의 중단 (전기, 냉 · 온수, 온기, 공조 등)과 업무수행의 중단이 발생할 것인가? 동물이 건물 내에서 존재하는 것이 가능한가?등을 고려해야 한다.

SOP와 같은 서류의 교체는 안전에 대한 사전예방조치에 실제변경이 실행 되기 전에 준비되어야 하지만 긴급히 필요한 안전개선은 시행이 지연되어서는 안 된다. 만약 필요하다면, 시행직후 서류작업으로 보완하고 곧 바로 교체를 할 수 있도록 만들어야 한다.

교체에 의해 영향을 받는 모든 직원들은 새로운 방법으로 훈련을 받아야 하며, 교체의 원인을 그들에게 설명해야 한다. 지역담당자는 예전 방식으로 회귀되지 않도록 일정기간 마다 확인을 할 필요가 있다. 때때로, 교체에 대한 저항이 발생하며, 종종 새로운 사전예방조치를 준수하는 것은 작업속도를 느리게 하거나 불편하게 만들 수 있다. 교체를 통한 새로운 시스템의 설치와 시행은 대량으로 발생되는 저항을 방지할 수 있도록 도와줄 것이다. 비록 그렇다하더라도, 때때로 일부 직원에 의해 거부될 수도 있다. 개인 보호장비의 실제 제품에 대한 개별적인 거부는 때때로 설득력이 있기 때문에, 이러한 거부를 설득하는 것은 매우 중요하다. 예를 들어, 눈을 보호하는 일부

장비는 일반적으로 적용될 수 있는 하나의 제품 사이즈만을 제시하지만 이것은 지나친 편파주의라는 생각이다. 만약 마스크가 오직 하나의 사이즈만 이용가능 하다면, 얼굴의 크기와 모양이 다른 사람에게 적합하지 않을 수 있다. 비록 이것이 하나의 사이즈로 판매되고 있을지라도, 책임 경영자는 각 직원들의 합리적인 요구를 찾기 위해 노력해야 한다. 직원들의 일부는 일회용 장갑의 윤활제로서 전분에 대한 알레르기를 나타낸다. 이러한 문제는 장갑의 내부에 안감을 제공하거나 혹은 윤활제가 없는 글러브를 확보하여 해결이 가능하다.

새로운 안전 사전예방조치에 거부반응을 나타내는 사람들을 납득시키기 위해 무엇을 해야 하는가? 좀더 자세한 설명과 훈련이 수행되어야만 한다. 결국, 훈련절차를 설명하는 것이 필요하며, 지속적인 위반자에 대해 면직을 최종 허가하지만 이것은 최후수단으로만 간주되어야 한다. 그럼에도 불구하고, 기관은 만족할 만한 안전 사전예방조치를 강조함으로서 기관의 역할을 수행해야만 한다.

충분한 기록은 주어진 자료에 대해, 주어진 업무에 대해, 주어진 구역에서 적용된 안전 사전예방조치를 결정하기위해 가능한 모든 것을 유지해야만 한다. 이를 달성하기 위해, 작성된 안전설명서 혹은 모든 안전 SOP의 초본과, 모든 대체된 버전을 보존해야 한다.

대조군측정의 시험과 유지 Maintenance and testing of control measures

위험물질의 대조노출 혹은 제거를 위해 사용된 모든 시설과 장비는 최소한의 안전이 보장된 표준상태에서 작동 되어야 한다. 일반적인 동물실 공조, 안전 캐비닛, 후드, 아이솔레이터 그리고 배기부검 테이블과 같은 기계적인 장비는 그들이 정확히 작동되고 있는지 시험해야만 한다. 요구되는 시험은 공기흐름비율, 필터의 청결, 필터의 투과압력, 보존효과 검사이다. 이러한 검사는 설치 후에 6개월 혹은 12개월마다 규칙적으로 위탁업무로 수행되어야 한다. 시설에서, 장비의 필터가 막히거나 공기흐름이 차단되는 사건이 발생할 때 사용자에게 즉각적으로 알람을 보내주는 것이 적합하다. 규칙적인 시험과 더불어, 제한된 수명을 갖는 필터와 같은 것은 규칙적으로 교체하기 위한 프로그램을 작성해야 한다.

COSHH 규정은 매달 적어도 한번씩 호흡보호장비 (RPE)의 시험을 요구하고 있다. 관을 통한 공기의 공급 혹은 전기모터나 압축가스로 작동되는 RPE의 경우에, 검사는 장비의 정확한 기능을 확인하기 위해서 필요하다. 많은 경우에, RPE의 사용자들은 충분한 보호를 제공하는 일회용 호흡기의 교체를 요구한다.

안전행정직원은 작성된 특별한 절차를 확인하기를 원한다:

- ◆ 규칙적인 검사와 유지를 위해 필요로하는 관리방법
- ◆ 요구되는 시험과 유지행위, 그리고 그들이 수행된 빈도
- ◆ 다양한 행위를 수행하는 사람이 누구인가?
- ◆ 유지관리 행위를 완료하고 시험결과가 어떻게 문서화 되었는가?

검사기록은 의심되는 시스템 혹은 장비를 확인해야하고, 결과가 무엇이고, 언제, 누가 수행했는가를 보여주어야만 한다. 그들은 그들이 발견한 어떤 잘못을 서류화 해야만 한다. 그들은 장비 혹은 시스템이 요구에 따라 작동 되었는가? 혹은 만약 그렇지 않다면 수리가 요구되었는가?를 보여주어야 한다. 이러한 기록은 적어도 5년 동안 유지해야 한다. 안전행정직원은 각각의 장비가 특별한 기간에 유지와 검사를 수행한 사실을 보증하기 위한 기록을 때때로 심사하기 원하며, 때때로 직원의 치료과정에서 기록이 요구되는 일이 발생하므로 이러한 기록은 유지되어야 한다.

노출모니터링 Exposure monitoring

먼지, 증기, 소음, 방사선과 같은 하나 혹은 여러 개의 위험인자에 대한 직원의 노출을 측정하는 것은 필요하다. 또한 모니터링은 초기 위해평가과정의 한 부분으로 노출제한을 계속적으로 준수하고 있음을 증명하기 위해 필요하다. 만약 동물 알레르기로 인해 동물의 사용이 불가능한 사람에게는 모니터링을 할 필요가 없다. 또한 만약 당신이 사전예방조치가 모니터링 없이도 충분하다고 확신할 수 있다면 수행할 필요가 없다. 화학적 위험물의 경우, 관리수단의 적절성을 증명하기 위해서 제한된 수의 물질에 대한 노출 모니터링을 수행할 필요가 있다. 그래서 유기용매의 경우, 적어도 다음의 두 가지에 의해 특성화된 일

부 물질을 모니터링을 하기 위해 선택하여야 한다:

- 낮은 끓는 점
- 낮은 MEL 혹은 OES
- 많은 양의 사용

포름알데히드-재질의 고정물이 사용되는 지역에서는, 이러한 고정물이 많은 양으로 사용되기 때문에 규칙적인 간격으로 공기 중에 포름알데히드 농도를 모니터링하는 것은 항상 필요하며, 포름알데히드에 대한 MEL은 2.0 ppm 이하이다. 더구나, 이러한 제한은 평균 8시간 이상의 장기간 노출뿐만 아니라 평균 15분 이상의 단기간의 노출에도 적용된다. 포름 알데히드농도는 훈증소독 후에 모니터링 되어야 한다.

위험성 먼지의 경우, 미세가루나 많은 양이 사용되거나 혹은 낮은 OES나 MEL을 갖는 몇 가지 물질이 선택될 수 있다. 이러한 선택된 물질은 이용 가능한 관리수단의 최악-조건에서 검사를 받아야 한다.

화학물질에 대한 노출 모니터링 평가를 요구하는 곳에서는 적어도 모든 과정이 12개월 동안 수행되어야 한다. 작성된 절차는 사용된 방법에 대한 표본채취 방법과 측정방법, 표본채취의 빈도와 위치, 그 결과를 어떻게 해석하는지에 대해 서류로 작성해야 한다. 공기 중 오염에 대한 모니터링을 위해 만든 표본채취는 사람이 호흡하는 장소에서 채취하는 것이 가장 이상적이다. 측정은 정해진 시간에 단일 장소에서 오염농도를 결정하거나 혹은 8시간 이상 누적된 노출을 결정하는 것이 좋다. 누적 노출결과는 주어진 시간에 따라 가중된 평균농도를 노출시간으로 나누어 계산한다. 증발에 대한 단일시점 측정은 적절한 센서와 메터 혹은 감지관, 가스 주사기 혹은 공기의 울림에 의해서 그어지는 선을 통해 이루어진다. 증발의 누적 측정은 분석 후반기 동안 적절한 배지에 증발을 포집하거나 혹은 누적 칼라의 변화에 따른 감지배지를 측정함으로서 이루어진다. 누적측정을 위한 먼지표본은 사전에 결정된 공기흐름으로 정확한 필터를 통해 공기를 끌어당기는 펌프를 이용해서 채집한다. 필터에 채집된 물질은 화학물질 분석의 후반에 중량이 측정되거나 분석된다.

직업보건 위생사를 고용한 기관에서 위생사는 노출을 모니터링하는 책임을 갖게 된다. 만약 이러한 사람이 고용되어 있지 않다면, 안전 행정직원은 장비를 사용하는 과정에서 다른 사람을 훈련하고, 필요할 때마다 감지관 또는 먼지채집 필터와 같은 소모품의 재고를 유지하는 등 모니터링 장비에 대한 책임을 지는 직원을 두는 것이 유용하다는 것을 알게 될것이다.

노출 모니터링의 기록은 모니터링된 물질을 확인하는 수단이다; 각 표본의 재집 날싸, 시기 혹은 유효기간, 표본 채취장소, 호흡장소의 표본을 채취한 사람이름, 얻어진 결과. 이러한 기록은 적어도 40년 동안 유지되어야 한다.

MEL 혹은 OES의 각 시간은 누적 평균의 개념으로 나타내기 때문에, 노출의 누적측정은 쉽게 설명된다. 단일시점 측정을 누적하여 평균 농도를 계산하는 것은 에러를 범하기 쉬우므로 최선의 방법은 아니다. 그럼에도 불구하고, 그들의 수준이 최고점과 유사하다면, 단일시점 측정은 가치가 있다. 만약 최대 노출 농도가 노출제한 수치 이하라면, 시간누적 평균농도는 낮으므로 당신이 확실히 준수한 것을 나타낸다. 다른 한편으로, 만약 최고농도가 노출제한 이상이라면, 제한 수치와 직접적으로 비교하기 위한 누적 측정을 필요로 한다.

소음 모니터링은 "기관 위해평가" 부분에서 이미 기술하였다. 방사선 노출에 대한 모니터링은 방사선이 존재하는 장소에 모든 사람은 항상 착용하여야 하는 필름 배지로 실시된다. 노출모니터링의 모든 결과는 안전위원회와 관련된 직원들이 항상 활용할 수 있어야 한다.

건강검진과 건강기록 Health surveillance and health records

위험물질에 노출될 때 현재의 기술로 치료가능한 질병 혹은 진단 가능한 질병이 발생하는 경우에 종업원들의 건강검사가 필요하다. 실험동물에서 알려진 실험동물 알레르기 (laboratory animal allergy, LAA)는 진단 가능한 질병을 증가시키기 때문에, 모든 동물시설의 직원과 동물을 사용하는 사람들은 건강검진을 필요로 한다. 건강검진의 기본은 LAA의 증상에 대한 질문사항으로 구성되며, 직원별로 작성된다: 호흡곤란, 숨을 헐떡임, 뾰루지, 아프고 눈물이 나는 눈, 재채기와 흘러내리는 코 등에 대한 설문지는 적어도 매년 작성되어야 한다. 직원들에게서 이러한 증상이 발생하면 그들의 감독관에게 이러한 증상을 보고하여야 한다. 이러한 증상의 발생은 세게 숨을 내쉬는 동안 최대 공기흐름과 같은 허파기능을 측정하는 방법을 포함하여 의학적으로 진단을 하게된다: 이것은 작은 운반용 기기인 최대 공기측정기 안으로 깊이 숨을 들이마신 후 불어내는 방식으로 측정된다. 비록 COSHH는 종업원들의 건강검사만을 요구하지만, ESAC는 고등교육과정에서 동물 알레르기에 노출되는 모든 연구자와 학생까지 확대할 것을 권고하고 있다 (SC Education Services Advisory Committee 1990). 안전행정직원은 동물 알레르기에 노출될 수 있는 세탁실 종사자와 유지관리 기술자와 같은 다른 직원들까지 건강검진을 확대할지를 고려해야 한다.

건강검진에 대한 임상자료는 의사와 당사자를 제외하고는 비밀로 유지되어야 하지만, 고용주는 업무에 대한 종업원의 적합성을 검토하는 과정에서 이러한 정보를 사용할 수 있다. 엄격한 사전예방조치를 시행하는 동물시설에서는 업무를 지속적으로 수행하기 위해 개인에게 적용되는 LAA기준에 관대하다: 호흡곤란을 포함한 좀더 심각한 경우, 건강에 나타나는 지속적인 손상을 피하기 위해 즉시 이러한 업무를 포기하도록 하는 것이 필요하다. 종업원은 만약 이러한 것이 본인의 직업을 잃게 하는 원인이 된다고 판단되면 증상보고서의 작성을 꺼리게 될 것이다. 만약 기관이 예전의 임상치료 기록을 갖고 있다면 이것은 문제가 덜 된다. 예를 들어 영향받은 사람을 동물 알레르기에 노출되지 않는 다른 작업으로 옮기는 것이 현명한 해결책이 될 수 있다. 증상을 무시하는 것은 건강을 영구적으로 손상할 수 있으므로 단순하게 판단해서는 안된다.

배설물 혹은 오염된 공기, 체액 내 대사체 혹은 화학적 위험물의 측정과 같은 생물학적 모니터링은 화학물질에 대한 노출단계를 결정하기 위해 사용된다. 이러한 측정은 전체 노출의 불완전한 상황을 나타내는 다른 경로에 의한 노출을 판단하는데 유용하다. 혈액과 요(尿) 샘플을 이용한 상대적인 방사선 핵의 측정은 먼지 흡입 혹은 주사기바늘 사고로 초래된 방사선 물질의 흡수가 예상되는 경우에 유용한 방법이다.

종업원들에게는 개인의 익명성을 보장하는 상태로 건강검사의 결과를 종합한 요약서가 제공되어야만 한다. 질문서의 결과를 이용하면 각 문항에 대하여 긍정적인 대답의 빈도를 요약할 수 있다. 만약 누군가가 기관의 다른 부서에서 작업하는 직원집단으로부터 나온 유사한 자료를 비교한다면 동물 알레르기에 노출되지 않는다는 결과를 얻기 쉽다. 동물사육 직원과 관리집단 사이에 증상발생 과정에서 유의적인 차이는 Fisher의 정확한 검사에 의해 결정될 수 있다 (Conover 1980).

고용주는 일상적이 건강검사와 알져지거나 혹은 기대된 발암물질을 이용한 작업을 하는 모든 종업원들의 건강기록을 유지해야 한다. 안전행정직원은 그들에 대한 정보의 대부분을 갖고 있기 때문에, 이러한 업무를 수행하기 위해 개

별 부서를 설득해야 하다. 각 개인을 위해 유지되는 정보는 다음과 같다:

- 성, 이름, 성별, 출생일, 주소, 우편번호, 국가자격번호, 현재 직장의 시작일
- 채용과정에서 건강검사를 요구하는 직업에 대한 기록
- 건강검사 절차의 결론, 수행한 사람과 수행한 시간

건강기록은 마지막 입력 후 40년간을 보관해야만 한다.

동물시설에서는 그 동물의 건강상태에 대한 자료를 보관해야만 한다. 사람 건강에 대한 실제적인 타당성은 영장류에서 인수공통전염병 감염에 대한 검사 결과이다. 예를 들어, 만약 사람이 영장류에게 물렸다면 동물의 *Herpesvirus simiae* 항체의 농도는 항바이러스 치료제를 처치하는데 있어 결정요인으로 작용한다.

폐기물의 안전관리 Safe disposal of waste

폐기물의 적절한 폐기는 환경오염의 방지와 일반 대중, 폐기물 처리자 그리고 직원의 안전과 건강을 도모하기 위해 필수적이다. 폐기물 처리에 대한 법률체계는 환경보호법 1990 (Environment Protection Act 1990)에 의해서 제공된다. 이 법은 공장 혹은 상업 폐기물의 폐기, 처리, 유지, 운반, 도입, 생산하는 모든 사람이 수행해야하는 임무를 내포하고 있다. 관리의무는 폐기물을 생산하는 사람을 제외한 폐기물과 관련된 모든 사람에게 적용된다. 이러한 의무의 적용은 폐기물을 불법적으로 다른 사람에게 배치, 처리 혹은 저장하는 것을 방지하기 위해서 적용되어야 만하고, 권한을 부여받은 사람만이 쓰레기를 보관, 운반해야만 하고, 기록 양식에 따라 잘 기록해야만 한다. 세부적인 가이드라인은 실행법에서 제시하고 있다 (Department of the environment *et al.* 1996)

각 형태의 폐기물이 최선의 경로에 의해 폐기되기 위해서, 발생지역에서부터 철저한 분리는 필수적이다. 이러한 관점에서 볼 때, 폐기물의 폐기는 폐기물을 생산하는 모든 사람들의 업무의 일부분이 된다.

다음 형태의 폐기물은 동물실에서 발생 할 수 있다:

- *검역동물로부터 폐기물*- 모든 것은 소각에 의해 파괴되어야 한다.
- 소각에 의한 파괴가 필요한 *비검역동물로부터 임상폐기물*(예를 들어, 사체, 의학적 치료제의 잔여물, 동물사료 혹은 액체의 혼합물과 실험을 위해 제공된 새로운 물질, 탄소와 3중수소를 포함한 방사선 폐기물, 날카로운 것과 주사기)
- 소각이 필수적으로 요구되지 않는 *낮은 단계의 임상폐기물*(예를 들어, 비검역동물의 고체 깔짚) 이러한 것은 매립지로 보낼 수 있다.
- 조직의 고정액으로 사용되었거나 혹은 부산물과 같은 *액체 폐기물*, 일부 폐기물관리 담당자는 이러한 폐기물을 하수구에 버리도록 허락한다. 이것은 항상 미리 확인해야 한다. 일부에서는, 증류를 이용해 사용된 고정액으로부터 포름알데히드를 회수하는 방법을 적용한다. 다른 방법으로, 폐기물은 전문처리업자에 의해 기관으로부터 수거되기도 한다.
- 전문처리업자 혹은 자체 내에서 소각되어야 하는 휘발성 마취제의 잔여물과 같은 *유기폐기물*. 소각 담당자가 액체음식물에 대한 처리 시설을 갖추지 않는다면, 액체폐기물은 톱밥, 고양이 깔짚과 같은 적절한 고체용기에 흡수시켜 처리해야한다. 만약 폐기담당자가 외부 소각장에 폐기물을 이동시킬 경우, 할로겐화 화합물들은 소각과정 동안에 강한 극성으로 결합되기 때문에, 요오드, 브롬, 염소, 불소화합물을 포함한 폐기물 등은 다른 유기 폐기물로부터 할로겐화 폐기물을 분리하는 것이 좀더 경제적이다.
- 일반적인 종이와 같은 비위험성 폐기물

분류의 기준은 절대적인 것이 아니며, 부분적인 요구에 따라 다양화할 필요가 있다. 포장용소품은 효과적인 업무를 위해 발생장소에서 분류하는 것이 필수적이다. 다른 색깔의 폴리텐 자루는 소각용 고체폐기물과 매립지로 보내야만 하는 폐기물을 구별하기 위해 사용된다. 검역폐기물은 분명히 구분되어야 한다. 사용된 날카로운 물건을 수집하기 위해 적절한 보관용기가 제공되어야만 한다. 액체와 유기액체 폐기물은 사전에 표기된 드럼통에 수집하는 것이 최선이다. 서로 반응할 수 있는 화학물을 혼합해서는 안 된다.

폐기물의 수집과 폐기에 대한 절차는 문서화되어야 하고, 모든 직원들이 훈련을 받아야만 한다. 안전행정직원은 이러한 시스템이 적절히 운영되는지 주기적으로 확인해야 한다.

1995년 10월 1일부터, 시간당 1톤의 임상 폐기물을 소각할 수 있는 자는 시설 설계와 배출기준을 준수하도록 요구하고 있다. 아마도 이후에는 실험동물시설 부터로 발생하는 폐기물의 외부소각이 과거보다 좀더 일반적으로 발생하게 될 것이다.

결론 Conclusion

이 장에서는 주어진 문제에 어떻게 접근하는 가?에 대한 몇 가지 사례를 가지고 안전관리를 위해 요구되는 책임과 행위에 대해 다양한 범위에서 설명하였다. 안전행정직원은 법에서 요구하는 의무, 위험물질에 대한 정보수집, 평가의 수행, 문제에 대한 반응, 적절한 정책, 안전위원회가 포함된 개선을 위한 재정지원에 대한 선임관리자 설득의 감시, 건강검진과 폐기물처리, 노출모니터링, 관리방법의 검사와 유지, 직원의 훈련, 서류화를 위한 적절한 관리 확인 등을 관리자와 함께 수행하여야 한다. 이것은 매우 중요하지만 매우 어려운 직업이다.

참고문헌 References

Advisory Committee on Dangerous Pathogens (ACDP) (1997) *Working Safely with Research Animals: Management of Infection Risks*. Sudbury: HSE Books

Advisory Committee on Dangerous Pathogens (1998) *Working Safely with Simians: Management of Infection Risks*. Sudbury: HSE Books

Conover WJ (1980) *Practical non-parametric statistics*. 2nd edn. New York: Wiley, 167

Council Directives (1986) Council Directive of 12 May 1986 on the protection of workers from the risks related to exposure to noise at work (86/188/EEC) *Official Journal of the European Communities*, 24.5.86, No. L137, 28

Council Directives (1989) Council Directive of 12 June 1989 on the introduction of measures to encourage improvements in the safety and health of workers at work (89/391/EEC) *Official Journal of the European Communities*, 29.6.89, No. L183, 1–8

Council Directives (1990a) Council Directive of 29 May 1990 on the minimum health and safety requirements for the manual handling of loads where there is a risk particularly of back injury to workers (90/269/EEC) *Official Journal of the European Communities*, 21.6.90, No. L156, 9–13

Council Directives (1990b) Council Directive of 28 June 1990 on the protection of workers from the risks related to exposure to carcinogens at work

(90/394/EEC) *Official Journal of the European Communities*, 26.7.90, No. L196, 1–7

Council Directives (1990c) Council Directive of 26 November 1990 on the protection of workers from risks related to exposure to biological agents at work (90/679/EEC) *Official Journal of the European Communities*, 31.12.90, No. L374, 1–12

Council Directives (1990d) Council Directive of 23 April 1990 on the contained use of genetically modified micro-organisms (90/219/EEC) *Official Journal of the European Communities*, 8.5.90, No. L117

Department of the Environment, Scottish Office and Welsh Office (1995) *Secretary of State's Guidance – Clinical waste incineration processes under 1 tonne an hour*. London: HMSO

Department of the Environment, Scottish Office and Welsh Office (1996) *Waste Management: The Duty of Care, A Code of Practice*. London: HMSO

Environmental Protection Act (1990) London: HMSO

Fire Precautions Act (1971) London: HMSO

Harvey B (ed-in-chief) (1993) *Handbook of occupational hygiene*. Kingston upon Thames, Surrey: Croner Publications

Health and Safety at Work etc. Act (1974) London: HMSO

Health and Safety Commission (1992) *Management of health and safety at work: Approved Code of Practice*. London: HMSO

Health and Safety Commission (1999) *Control of Substances Hazardous to Health Regulations 1999: Approved Codes of Practice* L5. Sudbury: HSE Books

Health and Safety Executive (1991) *Your firm's injury records and how to use them*. Bootle, Merseyside: HSE

Health and Safety Executive (1992) *Manual handling: guidance on regulations*. London: HMSO

Health and Safety Executive (1993) *A step-by-step guide to COSHH Assessment*. London: HMSO

Health and Safety Executive (1996) *A Guide to the Reporting of Injuries, Diseases and Dangerous Occurrences Regulations 1995 (RIDDOR)* (L73). London: HMSO

Health and Safety Executive (1997) *Successful health and safety management*. London: HMSO

Health and Safety Executive (1998) *Managing health and safety – Five steps to success*. Sudbury: HSE Books

Health and Safety Executive (annual publication). *EH40/(year): Occupational exposure limits (year)*. Sudbury: HSE Books

HSC Advisory Committee on Dangerous Pathogens (1995) *Categorisation of biological agents according to hazard and categories of containment*. 4th edn. Sudbury: HSE Books

HSC Education Services Advisory Committee (1985) *Safety policies in the education sector*. London: HMSO

HSC Education Services Advisory Committee (1990) *What you should know about allergy to laboratory animals*. London: HMSO

HSC Education Services Advisory Committee (1992) *Health and safety in animal facilities*. London: HMSO

Institution of Electrical Engineers (1991) *Regulations for electrical installations.* 16th edn. Hitchin, Herts: IEE

Lenga RE (ed) (1987) *The Sigma-Aldrich Library of Chemical Safety Data.* 2nd edn. Milwaukee, WI: Sigma-Aldrich

Medical Research Council (1990) *The management of simians in relation to infectious hazards to staff.* London: MRC

Radioactive Substances Act (1993) London: HMSO

Reynolds JEF (ed) (1993) *Martindale: The Extra Pharmacopoeia.* 30th edn. London: The Pharmaceutical Press

Richardson ML (ed) (1992–95) *Dictionary of Substances and their Effects (7 vols).* Cambridge: Royal Society of Chemistry

Social Security Act (1975) London: HMSO

Statutory Instruments (1977) No. 500. *The Safety Representatives and Safety Committees Regulations.* London: HMSO

Statutory Instruments (1985) No. 1333. *The Ionising Radiations Regulations.* London: HMSO

Statutory Instruments (1989a) No. 635. *The Electricity at Work Regulations.* London: HMSO

Statutory Instruments (1989b) No. 1790. *The Noise at Work Regulations.* London: HMSO

Statutory Instruments (1992a) No. 2051. *The Management of Health and Safety at Work Regulations.* London: HMSO

Statutory Instruments (1992b) No. 2793. *The Manual Handling Operations Regulations.* London: HMSO

Statutory Instruments (1992c) No. 3217. *The Genetically Modified Organisms (Contained Use) Regulations.* London: HMSO

Statutory Instruments (1995) No. 3163. *The Reporting of Injuries, Diseases and Dangerous Occurrences Regulations.* London: HMSO

Statutory Instruments (1997) No. 654. *The Good Laboratory Practice Regulations.* London: HMSO

Statutory Instruments (1999) No. 437. *The Control of Substances Hazardous to Health Regulations.* London: The Stationery Office

8

법적 요구사항

kevin Dolan

목차

개요 Introduction

본 장(章)은 영국에서 실험동물과 관련된 일에 종사하는 사람들의 건강과 안전에 직결되는 법적 조건과 의무조항에 관해 다루고 있다. 작업자, 방문자 그리고 일반대중에 대한 법적인 의무사항이 존재한다. 법률은 동물과 직접 연관된 조항뿐만 아니라 전기, 기계, 사고와 폐기물 처리 등에 관계된 내용을 다루고 있다. 이러한 법률은 동물시설보다는 넓은 구역에 적용 가능함에도 불구하고, 동물작업자의 복지, 안전, 건강에 적용될 수 있으며, 동물시설에서 위험물질의 관리를 포함한다.

'건강', '안전', '복지'의 정확한 사전적 정의는 이들에 관한 많은 양의 문헌상에서 찾기 어렵다. 법률 출처는 이들 3가지 중대한 용어에 대한 명확한 정의를 이상하게도 잃어버렸다. '건강'이란 단어의 정확한 정의는 예를 들어, '이것은 환자를 더욱 아프게 만들어 건강을 악화시킨다.'와 같은 부정적인 어구에서 접하게 된다. 긍정적인 의미에서 '건강'이란 본래 부여된 능력으로서 그것을 저해하거나 좋지 않은 조건이 부재한 상태로 법률적 의미로 해석될 수 있다. '안전'이란 용어의 의미는 논의하고 있는 많은 근거들이 있다. 예를 들어 '안전은 위험의 반대이다.'가 바로 대표적인 예이다 – 가능하고 있음직하거나 거의 불가능하거나 예견될 수 있는 모든 우연성에 대한 안전을 의미한다. 안전성(safety), 안전한(safely) 등의 관련된 단어들은 동일하게 해석된다. 만일 어떠한 작업에서 부상의 염려가 없으면 그 일은 '안전하다'라고 말할 수 있다. '복지(welfare)'의 정의는 다소 제한적이지만, 식사와 휴식을 위한 시설과 편의, 의류, 음료수 섭취 등과 같이 Tolley의 *Health and Safety at Work* 핸드북에서 제시된 복지시설 목록이 밀접한 관련이 있다.

법의 집행, 건강과 안전 집행관의 역할 그리고 특별한 형벌의 부과는 필요한 곳에서 실시된다.

이 장은 안전법에 대해 충분히 다루지 못할 수도 있다. 이것은 법이 필요한 곳에 좀더 믿을만하고 이해하기 쉽게 제시되는 분명한 특징을 제시하고 있다. 이러한 상황에서, 법률적인 소송이 가능한 지역에서 전문가들의 조언이 제시될 수 있다.

일반법 Law in general

영국 *United Kingdom*

법령

영국법의 주요 기원인 법령(Statutes)은 귀족(House of Lords)과 의회(House of Commons)에서 통과되거나 국왕에 의해 서명된 법이다. 이러한 법령의 예는 공장법(Factories Act, 1961)과 사무실, 상점 및 철도구내법(the Offices, Shops and Railway Premises Act, 1963)이다. 두 개의 법은 HSWA의 15장 영향에 따라 작업장보건안전법(Health and Safety at Work Act, 1974)의 규정으로 대체되어 가고 있다. 동물시설에서 안전에 대한 특별한 일부 조항은 실험동물의 공급과 사용을 관리하는 UK법과 동물법 1986 (Animal Scientific Procedures Act 1986)과 연관된 시설인증과 시행령에서 나타나고 있다.

의회에서 입법된 법은 지방 관할구역에 따라 제한될 수 있다. 예를 들어 작업장보건안전법의 Part I은 북아일랜드에서는 적용되지 않지만, 작업장보건안전법의 Part III는 스코틀랜드에서는 적용되지 않는다. 일부 경우에서, 유사한 법률은 영국 내에 다른 국가를 위해 규정된다. 시행령의 적용을 담당하는 정부 부서는 지역마다 다양하다. 스코틀랜드와 웰시 사무소는 특별부처에 의해 감독받는 영국 내 법률의 관리를 담당할 수 있다. 향후에, 국가 선거국은 지방분권의 과정을 통해, 특별한 법률적 역할을 할 수 있다.

HSW 관리국은 보건안전위원회(Health and Safety Commission, HSC)와 건강안전청(The Health and Safety Executive, HSE)의 관리를 담당한다. Health and Safety (Enforcing Authority) Regulations (1998)에서는 HSWA와 관련법령 조항의 권한에 대한 HSE와 지방정부사이에 책임부서를 명기하고 있다.

HSE로부터 분리된 부서를 다루는 다른 법률은 적절한 곳에서 언급될 것이다. 이러한 부서는 오염을 다루는 환경부(Department of Envirionment), 동물질병과 검역조항을 다루는 농업, 어업, 식품부(Ministry of Agriculture, Fisheries and food, MAFF), 위험한 병해충에 관한 조항을 다루는 건강국(Department of Health) 그리고 화재조항을 다루는 소방당국(Fire Authorities) 등이 있다.

면제권(Crown immunity)은 의회법(Parliament Acts)에서 오랫동안 이어져 내려 온 규정이다. 만약 국왕소추법(Crown Proceedings Act, 1947)에서 언급된 예외와 법률에서 별도로 언급되지 않았다면 국왕과 정부부처는 HSWA와 같은 법률하에서 처벌로부터 면제된다. 그러나 HSWA는 법률의 정신과 독립조항과 관련된 왕과 황실종사자에게도 적용된다. 국민건강 서비스법안(National

Health Service, 1986)은 국민건강보험(National Health Service) 병원으로부터 왕의 특권을 삭제하여 시행하고 있다.

종속적 입법 Subordinate legislation

많은 최근의 법들은 하위법령(subsidiary legislation)이 국회에 의해서 그들에게 부여된 권한으로 다른 당국 혹은 정부부서에 의해 국회의 전체 처리과정 없이도 삽입될 수 있도록 하는 구조로 형성될 수 있는 법이다. 이러한 위임입법(delegated legislative)의 권한 확대는 법률 자체 내에 명시되어 있다. 예를 들어, HSWA는 고용주의 안전에 관한 일반적인 의무사항을 표기하고 있고, 좀 더 구체적인 규정은 주 사무국이나 다른 입법기관이 규율하도록 정하고 있다. 하위법령은 법률을 수행하는 왕의 부서 혹은 자문위원회에 의해서 문서화된 행정입법(Satutory Instruments, SI)의 형태로서, 적용되는 실제지역에서 관련된 법률 출판물로 나타난다. 행정입법은 명령(Orders), 규정(Regulation) 혹은 규칙(Rules)의 형태로 나타난다. 명령은 일반적으로 법률의 취지하에서 특별한 법률적 의무조항을 내포한다. 규정은 법원을 통해서 강제적으로 시행되고 일반적으로 의무적인 법률의 기본구조에 포함된 좀더 구체적인 일반적인 의무사항을 제시하고 있다. 안전대표자와 안전위원회 규정 1977(Safety Represent-tative and Safety Committees Regulations 1977)과 같은 경우에, 규정은 이것이 법제화 되었을 때 이익을 받는 사람에 의해서 요구될 수 있는 권리를 기술한다. 일부 규정은 그들의 요구사항으로부터 허가될 수 있는 면제에 대한 조항을 포함한다. 법적인 구조 내에 포함된 규칙은 규정과 같은 법적 위상을 지니지만, 집행 절차의 방법과 연관되어 있다.

승인된 실행규범(Approved Codes of Practice, ACOP)은 규정에서 바람직하거나 실행가능한 것보다 좀더 자유롭고 세부적이며, 법률의 준수에서 고려되는 다른 요구사항과 정확한 기술을 나타내고 있다. ACOP는 실제상황에서 무엇이 의무적인 요구사항을 충족하도록 구성하기 위해 고려되어야 하는 가?를 설명하고 있다. 권위있고 승인된 목록은 ACOP와 연관된다. ACOP의 어떤 조항을 준수하려는 사람에 대한 일부의 위반은 위반자체보다는 사람이 조항에 진술된 규정을 위반했는가를 증명함으로써 소송과정에서 위반이 법원에 의해서 수용될 수 있는가? 이다. 그러나, 사람들이 다른 수단에 의해서 규정에 허용을 받고 있다면 법원은 고발을 당할 것이다. 관련된 ACOP의 어떤 규정위반은 위반자를 고소함으로써 불이익을 받도록 할 것이다. 비정부규정(non-governmental codes)은 전문가 혹은 산업체에 의해서 발간된다. 예를 들어, 영국규격협회(british standard institution)는 작업 특별구역에서 적절한 시행절차를 권고하고 있다.

가이드 노트는 강제적이지 않으며, ACOP에서 증거의 중요성을 갖지않는다. 그들은 실제 경험의 가치에 기반한 공식적인 발간자료이다. 그들은 HSE 사찰관이 고용주가 실행하기를 기대하는 방식을 제시한다. 전문성에 대한 최근 문서는 HSC와 HSE에 의해 보고서와 리플랫 형태로 다양한 안전에 관한 주제가 발간되었다.

영국표준(British Standard)은 작업장에서 작업과 장비의 안전성에 대한 기준을 세밀히 다루는 영국표준원(british standard institution)에서 발간한 특별하고 실제적인 규정이다. 그들은 실제로 안전법률을 완전히 준수하기 위한 합법적인 가이드라인이다. 이와 비슷한 국가규격은 이 장의 마지막에서 다시 언급할 것이다. 점진적으로 그들의 영역은 연합유럽표준원(Joint European Standard Institution)에 의해서 도입되는-EN(Euro Normes)-조화로운 기술적 표준에 놓이게 될 것이다. 유럽 CEN (European CEN) 표준은 다음의 type으로 분류한다.

A-type 표준은 기계안전성의 기본적인 원리를 규정한다.

B-type 표준은 안전거리, 소음정도, 경계근무 그리고 조절과 같은 특성들을 다루고 있다.

C-type 표준은 특별한 형태의 기계를 다루는데 필요한 안전을 규정한다.

유럽 *Europe*

유럽연합의 회원국 사이에서 최상위법은 로마조약(Treaty of Rome, 1957)이다. 조약의 기본 원리와는 별도로, 장관 혹은 유럽위원회(European commission)의 규정, 결정, 명령이 있다. 규정(regulation)은 추가적인 입법절차 없이 회원국가에게 직접적으로 적용할 수 있다. 결정(decision)은 즉시 실행되지만, 그들이 효력을 발생하기 위해서는 의회의 승인을 필요로 한다. 우리가 여기서 관심이 있는 지침(directive)은 원칙을 제시하지만, 회원국에 의해 부분적인 수정을 필요로 한다. 비록 명령이 국가입법의 다음 단계이지만, 모든 국가의 법은 적절한 명령으로 해석된다.

안전법률의 분야에서 유럽법은 영국법(UK law)에서 이미 요구한 내용에 약간의 내용을 추가한 것이다. 주요 안전명령, Framework Directive (89/391/

ECC)는 노동규정 1992(Work regulation)에서 건강과 안전관리(Management of Health and Safety)로서 영국법률의 일부가 되었다. Framework Directive는 규정의 "six-pack" 내에서 5개 다른 명령의 결과로부터 유래된다. six-pack의 법률적 기초는 고용주와 노동자에 적용되는 로마조약의 문서 118A (Article 118A)이다. 이러한 규정은 HSC와 HSE에 의해 영국에서 시행되었다. 연관된 명령의 리스트는 이장의 후반부에 기술하였다.

유럽위원회는 건강과 안전 명령의 수단을 감시하고 감독하기 위해 유럽지역 건강과 안전집행부(European Community Health and Safety Executive)를 창설한 것은 아니다. 지역안전법률의 완전하고 공정한 시행을 위해 회원국가의 시행을 돕기 위해 창설하였으며, 위원회는 모든 회원국가의 행정가들로 구성하여 운영한다.

유럽위원회(European Commission)에서 발간한 *General Framework for Action by the Commission of the European Committees in the Field of Safety, Hygiene and Health Protection at Work (1994-2000)*에서, 위원회는 많은 지역법이 작업장의 안전과 건강의 분야에서 과거 몇 년동안 도입되었음을 인식하고 있다. 그래서, 실제적인 관심은 적절한 관리와 모니터링절차를 수행하는 모든 회원국에 의해 적용되는 명령의 지속적인 시행을 보장하고 있는가?에 있다.

국제법 *International law*

국제법은 일반적으로 확정된 처벌이 없으며, 정확한 법률적 개념으로부터 동떨어져 있으나, 일부 조약은 국가를 초월한 협의체의 노력의 결과로 시행된다. 예를들어, 작업장에서 에어로졸과 공기 중 먼지의 건강-연관 모니터링에 대한 새로운 규칙은 HSE에 의해 공인되었다. 먼지-표본채취 절차에 대한 전세계의 조화를 위한 협약(Conventions)은 개정된 HSE 14 가이드문서(Methods for the Deter-mination of Harzardous Substances)에 기술되었다. 법률문서를 위한 특이사항을 나타내는 조항들은 흡입먼지와 에어로졸이 건강에 미치는 영향을 평가하기 위해 적용되었다. 3개의 에어로졸 분획은 – 흡입의 분획, 흉부의 분획, 호흡의 분획 – 정의되었고, 국제표준협회(International Standards Organization), CEN 그리고 정부산업위생학자의 미국협회(American Conference of Govern-ment Industrial Hygienists)에 의해서 허용된다.

법률의 다양한 형태 Various forms of legislation

위임입법의 형태인 지방법(Bylaw)은 확대가 제한적임에도 불구하고, 강제적일 수 있고 구속을 집행할 수 있다. 그들은 국회법에 의해 부여된 권한에 따라 자문위원회 (예, 지방정부(Local authorities)) 혹은 평의원회 (예, 철도회사(the railway))와 같은 집단에 의해서 만들어진 법이다. 적용면에서 지역적이기 때문에 그들이 8장의 관점에서는 벗어나 있지만, 그들을 잊어서는 않된다. 왜냐하면 특별한 지방법, 예를 들어, 화재방지의 승인된 시스템 혹은 쓰레기 배출의 법률적 방법 등이 영향을 주기 때문이다. 지방법의 상세한 내용은 지방정부당국에 의해서 규정될 것이다.

지금까지 고려된 법률의 형태는 입법부로부터 제정된 성문법(Statute law)이다. 법의 이러한 형태와는 다른, 판례, 즉 법원이 과거에 실시했던 판결에 기초한 선례법이 있다. 비록 영국의 성문법이 관습법(Common law), 사법부의 판결에 포함된 지방의 예전의 기록되지 않은 법을 점진적으로 대체하면서 선례법의 중요성이 줄어들고 있지만, 선례법은 아직도 법률과 규정의 해석과정에서 중요한 역할을 하고 있다.

실행과정에서 법의 두 부분이 존재한다 - 형법(Criminal)과 민법(Civil). 형법은 형벌의 부과와 기소를 통해 주에 의해 강요되는 의무를 내포한다. 형사법원에서, 정부는 피고인을 기소한다. HSW는 가장 초기이며, 중요한 형법이다. 민법은 사람들의 의무와 권리를 다루고 있다. 이러한 권리들은 고용보호법(Employment protection Act 1978)과 같은 성문법으로부터 유래되거나 혹은 그들은 과실과 같은 불법행위의 준수에 대한 선례법의 판례에 의해 출판될 수 있다. 민사법원에서 행정부는 두 명의 경쟁자-원고(plaintiff)와 피고(defendant) 사이에 중재역할을 한다. 민법의 결과는 상해에 대한 보상과 같이 형벌이 아니라 배상이다. HSWA는 비실행에 관해서는 법률의 '일반적 의무' 부분에서 언급하고 있으며, HSWA에 따른 법률적 의무를 방치함으로써 발생하는 상해보상은 불가능하다.

작업장보건안전법 The Health and Safety at Work etc. Act 1974

영국에서, HSWA는 작업장의 보건, 안전과 복지를 관리하는 기본적인 법률이다. 이 법은 보건과 안전과 관련된 모든 사람들의 공동 책임과 협조를 촉진시키기 위해서 계획되었다. 의무사항은 1차적으로 고용주에게 적용되지만, 종업원, 1인 종업원, 계약자, 법률적 기술사항의 관리에 있는 사람들에게도 적용된다. 이것은 고용주는 그들의 고용에 관계없는 사람은 건강과 안전에 위험성에 노출되지 않도록 합리적으로 수행될 수 있도록 그들의 약속을 수행하도록 규정한다. 이것은 보호(protection)가 과학자의 방문 혹은 행정부 사찰관(Home Office Inspector)과 같이 동물실로 출입하는 모든 사람뿐만 아니라 감염된 동물을 수령하는 동물사용자와 같이 동물시설에 도움을 주는 모든 사람까지도 적용됨을 나타낸다.

HSWA는 사업규모의 크기나 고용인의 수와 관계없이 모든 사업자에게 적용되어진다. 그러나, 집안일을 하는 하인에게는 적용되지 않는다. 더불어, 근로자보건안전정책규정(Employers Health and Safety Policy Statement Regulations 1975)은 5인 이하의 사업장에는 건강과 안전정책의 구비조건에서 예외로 하고 있다.

법률은 관리, 사찰, 시행에 대한 이해할 수 있고 협력적인 시스템으로 출판되었다. HSWA의 광범위한 접근은 공장법(Factories Act 1961)과 같은 초기 법률의 협소한 "점검리스트"를 이용한 접근방식과 매우 대조적이다. 법률에는 4개 부분이 있다.

*Part I*은 대기중으로 어떤 물질의 방출, 위험한 물질의 관리, 작업장에서 건강, 안전 그리고 복지에 관하여 다루고 있다. 또한 이것은 HSC와 HSE 설립에 관심이 있다.
*Part II*는 산업의료지원을 다루고 있다.
*Part III*는 건물 및 건축을 다루고 있다.
*Part IV*는 다양하고 일반적인 문제를 다루고 있다.

이 법은 합리적인 실행방안으로 위험물질을 관리하고, 확인하며 작업 안전 시스템을 계획할 것을 요구한다. HSWA의 이러한 의무조항은 고용주들의 요청으로 1992년 개정된 작업장보건안전관리규정(Management of Health and Safety at Work Regulations 1992)에 세분화되어있다.

- 기관의 활동에 의해 영향을 받을 수 있는 어떤 사람과 종업원의 건강과 안전에 대한 위험성을 평가하고 필요한 예방수단을 확인해야 한다.
- 위해성평가, 계획수립, 구성, 관리, 모니터링과 검토와 같은 조항에 대한 실행방법으로 만들어야 한다.

- 근로자에게 적절한 건강검진을 제공해야 한다.
- 고용주의 의무를 수행하기 위하여 필요한 수단을 강구하고 계획을 도와줄 수 있는 유능한 사람을 지정한다.
- 비상절차를 마련한다.
- 건강과 안전문제에 관한 정보를 근로자에게 제공한다.
- 동일 지역에서 다른 사람과 협력한다.
- 자신의 사업장 직원이 아니지만 작업장에 있는 작업자에게도 정보를 제공한다.
- 근로자가 위험을 피할 수 있고 건강과 안전에 관해 훈련이 되었음을 점검한다.
- 단기 근무자에게 충분한 정보를 제공한다.

안전에 관한 조직 Safety structure

보건안전위원회(The Health and Safety Commission, HSC)

HSC는 사업자와 근로자의 대표 및 지방당국의 대표로 구성된다. 이것은 근로자의 건강, 안전 그리고 복지에 관한 정책개발 및 생산에 대한 권한을 정부로부터 부여받았다.

보건안전청(The Health and Safety Executive, HSE)

HSE는 HSC에 의해 제시된 가이드라인과 방향에 부합하도록 업무를 수행하기 위하여 HSC에 의해서 지정된 별도의 법률조항이다. HSE는 산업, 교육서비스 그리고 상업에 걸친 자문서비스 조항과 법률적 요구사항을 집행할 수 있는 책임이 있다.

안전관리 대표위원회(Safety management, representatives and committees)

작업장보건안전관리규정(Management of Health and Safety at Work Regulations 1992)은 안전관리에 대한 HSWA의 적용을 위한 기본골격을 제공하고 있다. 작업장보건안전관리규정은 HSWA의 요구사항과 안전행정직원이 아닌 관리자가 건강과 안전을 관리하도록 명시하고 있다. 건강과 안전의 관리는 회사경영의 정상적인 한 부분이어야 한다.

안전정책에 대한 참고문헌은 HSWA의 section 2(3)에 기술되어 있다. 5인 혹은 그 이상의 근로자를 두는 고용주는 법률시행을 위해서 건강과 안전 정책, 안전구조와 배치를 문서로 기록하여야 한다. 그리고 만일 하나 혹은 많은 무역노동조합에 의해서 지정된 2인 이상의 안전대표위원이 요청한다면, 사업주는 반드시 안전위원회를 소집하여야 한다. 안전위원회의 구성과 관할구역에 대한 정보는 작업장 내에 부착하여야 한다. 위원회의 회의록 사본은 몇 가지 적절한 형태로 알리기 위해 정리되어야 한다. 안전문제에 관한 의사소통은 이해할 수 있어야 하며, 일부경우에는 영어뿐만 아니라 다른 언어를 사용할 수도 있다. 안전정책에 대한 기술은 책임의 수준을 명시할 때, 적절한 행정의 명칭을 부여할 때, 그리고 필요할 때, 개성되어야 한다. 사고, 부상 및 의료행위에 대한 기록도 자세히 기술한다.

안전지침은 동물취급, 감염, 화학물질, 방사선과 같이 개인위생에서부터 특정 위해요인에 이르기까지 총괄적으로 다뤄야 한다. 시설내 규칙(in-house code)은 관련된 전문기 집단에서 고안한 가이드라인을 기본으로 할 수 있다. HSE는 ACOP의 권한을 갖으나 실행되지 않는 이러한 지방규칙의 개정을 제안 할 수 있다. 이상적으로, 동물실과 같은 실제구역에는 특별한 규정을 마련하여야 한다.

위험물, 위험 발생과 사고의 조사과정에 선출된 안전대표자들은 중요한 역할을 수행한다. 모든 안전과 관련된 문자에 대한 완전한 정도를 안전대표자들에게 제공하는 것이 고용주들의 의무이다. 안전대표자들은 의료정보를 제외하고, 고용주가 관련된 법률조항을 준수하기 위해 준비한 일부 문서를 복사하고 사찰할 수 있다.

노동자들의 대표자에 비하여, 안전대표자는 다음을 수행하여야 한다.

- ◆ 보건과 안전문제에 대해 고용주와 협의한다.
- ◆ 근로자의 불만을 대신하여 조사한다.
- ◆ 근로자의 불만을 전달한다.
- ◆ 근로자의 건강, 안전 그리고 복지에 영향을 주는 일반적인 문제에 대해 항의한다.
- ◆ 특별한 절차에 따라 사찰을 수행한다.

안전행정가와 더불어, 직원의 모든 다른 구성원들은 건강, 안전 그리고 복지에 대한 의무를 가지며, 안전에 관한 정책의 명확한 가이드라인을 재시해야 한다. 부서장, 관리자, 감독관은 그들의 준수사항을 인지하고 있어야 하며, 안전방법을 제안, 검토, 모니터링, 토의하기 위하여 그들의 안전 대표자와 협의를 해야만 한다. 의무가 부여된 기술자와 같은 감독관은 다음을 수행해야 한다.

◆ 건강과 안전에 관한 관심을 증진시킨다.

◆ 안전 규정에 부합됨을 증명한다.

◆ 장비의 적절한 관리를 증명한다.

◆ 안전장비를 사용할 수 있도록 만든다.

◆ 안전장비의 정확한 사용법에 관심을 갖는다.

이치에 맞게 실현 가능한 대로 최대한 So far as is reasonably practicable

HSWA에 의해 내포된 의무들은 절대적인 것이 아니다. 고용주가 주어진 상황에서 합리적이기만 하면, 그는 HSWA의 조건에 대한 위반이 자동적으로 죄가 되는 것은 아니다. 그러나, 의무는 "실제 사용되는 것보다 좀더 실제적인 수단이 없거나 혹은 실제 행해지는 것보다 좀더 합리적으로 실행될 수 없다"는 것을 고용주들이 보여주는 것이다. 최선의 실행방법은 이용 가능한 자원을 따르고 현재의 지식으로 가능한 최선의 방법이다. '합리적으로 실행가능 한(Reasonably practicable)'이라는 것은 '실행 가능한(practicable)'것보다 덜 제한적이다. '합리적(reasonably)'이란 위험과 위험을 피하기 위하여 필연적으로 발생되는 돈, 시간 혹은 불편함 등과 같은 희생사이에 균형의 계산을 의미한다. 이러한 비용/이익 운동이 수행되었을 때, 만약 위험이 희생에 비해 무의미한 것이라면, 위험 관리를 위해 필요한 단계로 진입하는 것은 '합리적으로 실행가능한'것이 아니다. 불행히도, 실제로 이러한 계산은 주관적인 판단에 의해 수행될 수 밖에 없다.

건강 Health

노동규정 1992에 따른 건강과 안전의 관리하에서, 건강검진항목은 특별한 관심의 대상이며 항상 진행되는 과정이어야 한다. 현재, 건강관련 기록은 40년 동안 보관되도록 요구하고 있다. 만약 고용주의 사업활동이 중단된다면, 기록은 HSE에 전달되어야 한다. 독성물질, 생물학적 위해물질 혹은 방사선에 노출된 어떤 종업원에 대한 자세한 기록은 보존되어야만 한다. 종업원은 그들의 기록에 대한 접근을 허용해야하며, 관련된 정보를 제공하고, 그들 자신이 병원진찰이 가능하도록 해야 한다. 작업장은 적절한 의료행정직원(Medical Officer)에 의해 사찰을 받아야만 한다. 건강검진에 대한 특별 항목은 건강규정 1999 (Health Regulation 1999, COSHH)에 위해물질의 관리 규정 11(Regulation 11)에 언급되어 있다. 이러한 문제에 대한 추가적인 가이드라인은 *Surveillance of People Exposed to Health Risk at Work 1990*(작업 1990에서 건강위험 노출된 사람의 검사)에서 제시하고 있다.

일괄적인 고용전 건강검진은 강제적이지 않다. 식업보건안진조항은 간호업무의 배치, 1차적 도움 그리고 독에 대한 해독제의 이용가능성과 같이 만일의 사태에 대한 보충활동의 문서를 포함한다.

종업원은 작업장에 포함된 다른 사람의 건강과 그들 자신의 건강을 관리해야 한다. 그들은 건강과 안전의 관심에 내해 제공되는 어떤 것을 간섭해서는 않된다.

고용의료권고서비스(Employment Medical Advisory Service, EMAS)는 직업보건안적문제에 대한 권고를 위해 영국에서 이용할 수 있다.

건강이 염려되는 특정분야(Specific areas of health concern)

호흡기 위해요인(Inhalation hazard). 먼지나 연기와 같은 건강에 유해를 주는 물질이 있는 곳에서, 작업과정의 봉쇄 혹은 환기배출과 같은 기술적인 관리 그리고 위험물질을 취급하는 장소에서 음식물섭취의 금지와 불필요한 접근을 막는 것과 같은 행정상관리는 우선적으로 고려해야 한다. COSHH는 호흡기 보호장비의 사용은 위험물질에 대한 노출관리에 대한 최후수단으로 기술하고 있다. 호흡기를 사용할 때, 상황에 적합한 형태를 사용해야 한다. 노출제한에 대한 자세한 내용은 5장과 7장에 기술하였다.

소음(Noise). 소음으로부터 작업자 보호에 관한 EEC Directive 86/188/EEC (1989)은 노동규정 1989에서 소음(Noise at Work Regulation 1989)규정으로 영국에 정착되었다. 이 규정은 3개 활동단계(three action level)로 규정했다: 첫 번째는 85dB에 매일노출되는 것(대개 정상적인 대화가 어려울 때), 두 번째는 90dB, 그리고 세번째는 200 파스칼(pascals)의 가장 높은 음압이다.

고용주는 어떤 종원업이 첫 번째 단계의 활동단계 혹은 그 이상에 노출되었음을 확신한다면, 전문가로 하여금 소음을 평가하도록 해야한다.

◆ 종업원들이 소음에 노출되었다는 것을 확인하고

◆ 그들에게 자신이 아래의 조항을 준수하고 있다는 사실을 제공한다:
규정 7(regulation 7) 소음노출의 저감화
규정 8(regulation 8) 귀 보호
규정 9(regulation 9) 귀 보호구역
규정 10(regulation 10) 고용자에 대한 정보 제공

소음평가는 다음과 같을 때 재검토되어야 한다.

◆ 그것이 더 이상 유효하지 않다고 의심이 가는 이유가 있을 때 혹은

◆ 평가와 관련된 작업에 중요한 변화가 있을 때

만일 두 번째 단계 혹은 가장 높은 활동수준에 도달되었다면, 소음 노출을 감소시키기 위한 수단이 시행되어야 하며, 구역 내에 '귀보호 구역'을 설치해야 한다. 증상의 구분은 BS5378에 의해서 특별히 제시된다. 귀마개는 반드시 제공되고 사용되어야 한다. 이 법률은 일부 케이지-세척구역과 관련이 있을 수 있다. 고용주는 종원업들이 정기적인 청각검사를 실시하도록 해야한다. 제공되는 장비에 결함은 반드시 보고되어야 한다. 고용주는 종업원에게 청각손실의 위해성, 그 위험을 최소화하기 위해 가능한 활동, 귀마개와 종원들의 준수사항들의 이용 가능성에 대한 정보를 제공하여야만 한다.

시력(Sight). 강렬한 광선작업을 수행하는 종업원을 보호하기 위해 필요한 것과 레이저를 사용한 작업자에게 필요한 것과 같은 적절한 눈보호 조항은 오늘날 노동법 1992에서개인보호장비규칙(Personal Protective Equipment at Work Regulation 1992)에 서 다루어진다.

안전 Safety

작업장에서의 안전에 관한 중요한 요인은 다음과 같다.

◆ 안전한 작업플랜트(plant)와 시스템의 유지 및 제공

- 상품과 물질의 사용, 취급, 저장 그리고 운반과정에서 위험성이 없도록 배치
- 안전을 확보하기 위해서 정보, 명령, 훈련, 감독의 제공
- 접근과 피난에 대한 위험-탈출 수단을 제공하고 유지하는 것과 안전상황을 구역내에서 유지하는 것
- 안전 환경의 제공

작업의 안전시스템에 대한 정의는 HSE 리플랫 IND(G)76(L) 1992에 제시되어 있다: 모든 위험을 확인하기 위하여 일의 체계적인 시험의 결과에 기인하는 공식적인 절차이다. 위험을 제거하거나 위해성을 최소화하는 것이 안전한 방법들에 대한 정의이다. 작업의 안전시스템과 연관된 것으로 고려되는 요소들은 다음을 포함한다:

- 부서의 협동과 활동
- 플랜트와 기기의 적절한 배치
- 실제기기들을 사용하는 정확한 방법
- 특별한 절차를 수행하기 위해 승인된 방법
- 수습직원과 경험이 부족한 작업자의 지도
- 작업수행의 일반적인 절차
- 특별한 지도와 주의사항의 제공
- 교체에 대한 요구의 설명과 교체 도입의 절차
- 응급상황과 관련된 비상계획
- 식이요법의 모니터링

안전 정책은 위험에 오랜 기간동안 점진적으로 노출되어 발생할 수 있거나 혹은 노출이 중단된 후에 오랜기간 동안 출현할 수 있는 상해 혹은 건강의 훼손을 보상할 정도로 충분히 광범위해야 한다. 우수실험실시행규정 (Good Laboratory Practice)의 시행은 작업장의 안전시스템의 형성에 대해 기본으로 제공될 수 있다.

특별한 관심 범주(Categories of special concern)

18세 미만의 젊은 사람에 대한 작업의 배치 그리고 훈련과 감독은 특별히 관심을 갖어야 한다. 장애인 작업자들에게 기대되는 안전요구사항은 그들의 장애

를 감안하여야 한다. 작업자가 홀로 있는 곳에는 특별히 그들이 격리된 지역이나 혹은 위해성이 높은 지역에 있다면, 의사소통의 실제적인 방법이 설치되어야 한다. 사용자는 자신의 구역에서 작업하는 다른 종업원을 보살필 의무를 갖는다.

종업원의 의무(Duties of employees)

HSWA는 작업장에서 건강과 안전에 관한 종업원의 법률적 의무를 언급하고 있다. 작업하는 동안 모든 종업원들의 의무는 다음과 같다.

- ◆ 작업장에서 그들의 행동 혹은 실수에 의해 영향을 받을 수 있는 다른 사람과 자신의 건강과 안전을 합리적으로 관리하는 것
- ◆ 법에 명시된 어떤 조항하에서 혹은 조항에 의해서 어떤 다른 사람 혹은 그들의 고용주에게 강요된 어떤 요구사항 혹은 의무사항을 고려하여, 그들과 공동으로 수행되기 위해서는 수행되거나 혹은 완료되기 위해 요구되는 사항 혹은 의무를 필요로 한다.

따라서, 작업자들은 안전행정가 혹은 관리를 위해 안전정책에서 위험성 혹은 단점을 지적해야 하며, 음식섭취, 음주, 흡연, 화재위험이 있는 것의 도입과 같은 행동은 작업장에서 삼가야 한다. 그러나 별도의 관리구역에서 작업과 관련된 특수한 상황에서, 작업자들에게 적절한 음수대에 의한 음수섭취를 허용해야 한다 (Ionising Radiations Regulations 1985).

훈련(Training)

적절한 훈련을 제공하기 위한 의무는 HSWA의 조항으로부터 유래된다. 이러한 의무에 충실하기 위하여, 고용주는 다음을 준수해야 한다.

- ◆ 신규종사자를 위한 교육프로그램의 소개와 이해할 수 있는 안전규칙과 절차의 도입
- ◆ 주기적으로 반복되는 훈련의 제공
- ◆ 전보되거나 승진된 종업원이 건강과 안전에 대한 위험성 없이 임무를 수행할 수 있도록 충분한 지도와 훈련받을 때까지 새로운 임무에서 작업을 시작하지 못하도록 보증하는 것
- ◆ 관리자를 위한 적절한 훈련을 제공하는 것

◆ 종업원의 요구에 관심을 기울이는 것

◆ 수행하였거나 받았던 훈련에 대한 구체적 문서

종업원은 그들이 관심을 갖고 있는 새료와 기계, 모든 플랜트의 정확한 사용, 안전장비의 사용, 위험물의 안전에 관한 지도를 수용할 의무가 있다. 안전대표자 (Safety Representative)의 훈련은 그들이 기대하는 노동조합에 대한 문제이다 (참고, Safety Representative and Safety Committees Regulations 1977).

건강과 안전에 관한 규정 (Health and Safety (Training for Employment) Regulations 1990)은 HSWA에서 정한 '종업원'이라는 의미에 관련된 훈련을 받은 사람(학교에서 직업교육 등)이라는 의미를 포함하고 있다.

훈련에 대한 조항은 안전정책 문서에 반드시 규정해야 한다. 관심이 있는 특별한 구역은 특별한 주의를 필요로 한다. 예를들어, COSHH 규정은 위험물질에 노출되거나 취급하는 과정에서 훈련문제와 수행하여야 하는 예방책에 대한 강력한 준수사항을 내포하고 있다. 특별훈련은 이러한 분야의 지도자를 위하여 제공되어야만 한다.

스트레스는 동물실에서 적절하고 충분한 훈련의 중요성 측면에서 내무부 (Home office)에 의해 관리되었다. 동물법 1986 (과학절차)과 관련된 시행령 (Home Office 1989, p5 para 2.9)에 주의사항이 포함되어 있다: 직원은 사고, 화재 혹은 다른 응급상황 그리고 인수공통전염병 개체가 발생한 경우에 수행하여야 하는 행동을 알고 있어야만 한다. 지명된 자격을 갖는 사람은 모든 개인적 훈련이 충분히 이루어지는 것을 보증해야만 한다.

정보(Information)

근로자를 위한 건강과 안전 정보에 관한 규칙 1989 (Health and Safety Information for Employees Regulation 1989)에서는 고용주가 건강과 안전법 (예를 들어, 적절한 법률집행권의 지방사무소, HSE와 고용의료조언서비스 (Employment Medical Advisory Service))에 따른 의무와 요구사항에 대한 정보에 종업원들이 관심을 갖도록 할 것을 요구한다. 만약 리플랫들이 포스터대신 사용되었다면, 각 종업원들은 복사본을 제공받아야만 한다. COSHH의 본문에 따르면, 종업원들은 위험물질의 모니터링 결과를 통보받아야만 한다. HSWA와 소비자보호법(Consumer Protection Act 1987)에서는 위험에 관한 충분한 정보 혹은 제공되는 물질이나 제품의 안전한 사용상태에 대해서 사용자에게 제공되도록 제시하고 있다. 이러한 조건은 동물공급자에게도 해당될 수 있다.

복지 Welfare

HSWA의 본문에서, '복지'는 화장실, 샤워시설, 청결한 작업장 등의 조항에 집중되어 있다. 비록 참고문헌은 일련의 다른 규정에서 언급된 복지로 구성되어 있지만, 복지요구사항은 작업장 규정(Workplace Regulations 1992)에서 분명히 제시하고 있다.

온도(Heat)

공장법(Factories Act 1961)과 사무실 · 가게 · 철도 구내법(the Offices, Shops and Railway Premises Act, 1963)의 조항에는 작업장의 최소온도로 16℃ 를 제시하고 있다. 이러한 내용은 작업장(Health, Safety and Welfare)규정 1992에 의해 1996년 1월 1일에 폐기되었다. 이러한 규정과 함께 오늘날 ACOP, L24 1992은 모든 작업장에서 적절한 온도를 유지하도록 요구하고 있다.

조명(Light)

충분한 조명은 시력이 손상되지 않도록 작업장에 갖추어져야 한다. 자연광이 들어오지 않는 공간에서, 비상등은 전원공급이 단절되는 경우에 제공되어야만 한다. 수동장치 스위치(Override Switch)는 시간에 따라 조명이 조절되는 곳에 설치되어야 한다. 만약 복도의 조명이 시간에 따라 작동된다면, 주조명이 꺼졌을 때, 안전한 활동을 위해 충분한 조명이 갖추어져야 한다.

운반(Lifting)

수동작업관리규정 (Manual Handling Operations Regulations 1992)에서는 척추손상의 위험이 있는 물건의 수동작업과 관련된 조항이다. 물건의 무게에 따라서만 작업을 규정하는 것은 더 이상 충분하지 않다: 활동을 수행할 수 있는 개인의 능력, 물건의 크기, 형태, 특성 그리고 필요한 관리수단과 같은 요인이 고려되어야한다.

고용주들은 다음의 의무를 갖는다:

- 종업원들이 부상의 위험성이 있는 작업에서, 종업원들이 어떤 수동작업이 합리적으로 실행가능할 때까지 수행하지 말아야 한다. 그러나 합리적으로 실행된다면, 이러한 수동작업을 회피할 수는 없다.
- 모든 수동작업에 대한 활동을 조사해야 한다
- 평가에서 확인된 어떤 위험성은 합리적으로 실행될 때까지 감소시켜야 한다.

청결(Cleanliness)

고용주는 화장실, 세척실을 깨끗하게 유지하도록 제공하고 옷을 보관하기 위한 저장공간을 제공해야할 특별한 의무를 갖는다. 청소계획은 다음을 확인해야 한다.

- 청결한 플랜트, 지역과/혹은 구조물
- 사용된 청소방법, 청소물질, 청소장비
- 청소 횟수
- 청소작업을 수행한 것을 보증하기 위한 개인별 책임
- 청소용 세정제나 전기장비의 사용에 필요한 예방조치

동물법 (Animal Act 1986)의 시행규칙(Code of Practice (Home Office 1989))에는 동물실 직원의 복지에 대한 관심 혹은 필요사항에 대하여 언급하고 있다. 개인시설은 직원실, 기록실, 충분한 탈의실, 제독실(decontami-nation area), 응급조치실, 화장실, 외출복과 보호장구를 저장할 공간이 포함되어야 한다.

작업시간(Hour of Work)

과도한 작업시간은 복지문제보다는 건강과 안전상의 문제이다. HSWA의 일반적인 관점이 적용됨에 따라 작업종료의 문제는 이 단계에서 소개한다.

장시간 그리고 부적절한 근무교대는 육체적, 정신적 피로의 원인이며, 피로를 유발하고, 사고의 원인이 되며, 내부문제가 아닌 것으로 언급되어야 한다. 작업-유발 스트레스에 관한 논쟁의 경우에, 과도하지 않고 부적절한 근무교대도 아닌 시간에 제공된 업무는 고용주의 책임이다. 작업시간에 관한 규칙은 근로보호법(Employment Protection (Consolidation) Act 1987)에 따라 종업원들이 실제 이용 가능하도록 작성할 것을 언급하고 있다. 최근, 유럽 근로시간 지침 (European Working Time Directive (93/104/EEC))은 고용기간에 대한 최소한의 휴식시간과 주간 작업시간을 제한하고 있으며, 근로시간 규정(Working Time Regulation 1998)이 영국에서도 다루어지고 있다. 건강과 안전규정(Health and safety (Young Persons) Regulation 1997)은 이와 관련된 법이다.

계약종료(Termination of employment)

종업원이 불안전하게 업무를 수행한다면 종업원과의 고용계약 종료는 정당화될 수 있다. 공정한 것으로 고려되기 위해서, 계약종료는 불공정한 해고와 관련된 법에 명시된 규칙을 확인해야만 한다. 고용주의 행동은 각 상황에 충분히 합리적이어야 한다.

법의 시행 Enforcement

HSWA는 HSE 혹은 지방당국(Health and Safety (Enforcing Authority) Regulation 1998)에 의해서 시행된다. 적절한 절차로 지명된 감독관은 모니터링에 필요한 장비를 지참하고 합리적인 시간에 방문한다. 그들은 구역 내에 어떤 것도 검사할 수 있으며, 그들이 필요하다고 생각하는 활동을 하게된다. 그들은 어떤 사람으로부터 관련된 정보를 얻기위해 대면질의를 하기도 한다.

만일, 법을 위반한 것이 있다면 개선 경고가 주어질 것이다. 어떠한 것이 문제가 되느냐 혹은 않되느냐 하는 것은 감독관의 재량권에 달려있다. HSWA의 Section 22 조항에 따른 감독관의 중지경고(prohibition notice) 권한의 개요는 소비자보호법(Consumer Protection Act 1987)에 의해 개정되었다. 감독관은 부상의 위험이 심각하다고 판단되어지는 곳에 경고조치를 내리게 된다. 경고조치 후에도 개선되지 않으면 담당자 또는 법인은 기소를 당하게 된다.

동물시설에서 특별 위해물질 Specific hazards in the animal facility

위해물질(Hazard)-어떠한 상황에서 이용할 수 있거나 이용불가능하며 잠재적으로 위험한 것-은 위해성(risk)과 혼동되어서는 않된다. 위해성은 바람직하지 않은(unfavorable) 결과가 발생될 확률을 의미한다. 따라서 위해성평가(risk assessment)는 정량적 요소, 즉 확률의 측정이 수반된다.

동물 Animals

동물법(Animal Act 1986)의 시행규칙(Code of Practice 1989)에는 동물과 관련된 특별한 위험물질에 대해 기술하고 있다. 예방조치들은 동물을 부적절하게 취급함으로서 발생할 수 있는 물림, 긁힘, 알레르기, 미생물 감염같은 위험에 사람들의 노출을 최소화하고 동물에게 처리되는 위험에 노출되지 않도록 동물실에서 시행되어야 한다.

물리적 위해요인(Physical hazards)

들이받고, 찍히고, 물리는 등의 위험은 동물시설에 대한 전체 위해성의 한 부분으로 반드시 고려되어야 한나. 이러한 평가의 결과에 따라, 만약 필요하다면 보정목적의 약물과 장비뿐만 아니라 보호복 이용과 작업시스템이 구비되어야 한다. 취급방법은 위해성 최소화와 억압 최소화가 균형을 이루어야 한다. 동물과 관련된 모든 사람들은 보정방법의 정확한 사용과 취급의 방법에 관한 훈련을 받아야만 한다. 동물법 (Animal Act 1986)과 관련되면서 Directive (86/609/EEC)를 준수하는 과정에서 습득된 개인면허는 이러한 형태의 법률을 수행하기 위해 필요하다.

내규(in-house rule)는 원숭이, 독사와 같이 크고 위험한 동물을 다루기 위해 확립되어야 한다. 그러나, 동물에 의해 발생된 상처는 즉각적으로 보고되고, 적절하게 처리되어야 한다. 위험야생동물법(Dangerous Wild Animal Act 1976)은 가정용 동물보다는 커다란 상처를 받을 수 있는 야생동물종에 대하여 언급하고 있다. 이러한 동물의 관리자들은 지방당국의 면허를 획득해야 한다. 동물원과 내무부에 등록된 지역은 이 법률의 조항으로부터 제외된다.

인수공통전염병(Zoonoses)

농업법(Agriculture (Miscellaneous Provisions) Act 1986)은 인수공통전염병의 관리에 대해 소개하고 있다. 인수공통전염병 명령(Zoonoses Order1975)은 가축에서 브루셀라증(brucellosis)과 살모넬라증(salmonellosis)의 발생을 보고하기 위한 필요사항에 대한 연구를 포함하며, 위험한 생명체의 리스트를 지속적으로 갱신하도록 하고 있다.

COSH 평가(Control of Substance Harzardous to Health Regulations 1999)는 건강에 해를 끼치는 미생물의 존재로부터 발생할 수 있는 인수공통전염 위해

물질에 대해 설명하도록 하고 있다. 이러한 미생물에 대한 자세한 내용은 이 책의 3장에서 찾을 수 있다. 평가 결과는 백신과 같은 가능한 예방절차, 가능한 감염된 동물과의 접촉을 제한하여야만 하고, 검역규칙을 준수하여야 한다. 파상풍 면역은 최신의 것으로 항상 유지하여야 하며, 정기적인 의료검사는 위해성에 노출된 직원이 항시 이용할 수 있어야 한다.

동물법(Animal Act 1986)의 시행규칙(Home Office 1989, p21 para 3.77)에서는 이러한 위해성을 언급하고 있다: 인수공통전염병의 감염 위험이 높은 동물들은 감염을 최소화하기 위한 방법으로 취급하고 관리하며 반드시 케이지에서 사육하여야 한다. 위험병원체 자문위원회(Advisory Committee on Dangerous Pathogens 1998)는 영장류로 부터 감염위험성을 다룬다.

격리(Quarantine)

광견병 명령 (Rabies (Importation of Dogs, Cats and Other Mammals) Order 197)에 따라, 영국으로 들어오는 대부분의 동물들에 대해서 강제적으로 6개월 격리(compulsory six-month quarantine)를 실시한다. 지속적인 격리(perpetual quarantine)는 흡혈박쥐에서 시행된다. 새의 경우에, 격리의 규정 기간은 35일이다. 특별한 경우에, 격리기간은 수입 면허장에 기재되어 있다. 면허장의 자세한 내용, 건강증명서, 광견병과 다른 격리요건들은 MAFF의 동물건강과(Animal Health Division) 혹은 스코틀랜드 농림국 혹은 브리스톨의 환경국 야생생물과 보존면허과로부터 받을 수 있다. 북아일랜드에서 수입은 농림국에 의해 관리된다.

격리는 MAFF사찰관의 감독하에 실시되어야만 한다. 엄격하고 자세한 규칙은 정기적인 수의학적 검사의 대상이되는 시설에 확립되어 있다. 허가는 격리동물의 이동을 위해 취득해야하며, 사용된 운반용차량은 MAFF에 의해 승인을 받아야 한다.

감염된 동물과 동물의 산물의 수입과 관련된 유럽의 규정들은 문제가 되었었다. 이와 관련된 3가지의 특별한 조약이 있다.

- ◆ Directive 90/425/EEC은 동물 병원균과 관련이 있다.
- ◆ Directive 92/60/EEC은 EU 회원국 간에 인수공통전염병과 수의학적 확인을 생략하고자 하는 것이다. 이것은 동물과 동물부산물이 처리되는 지역에서 확인수행 규정을 준수하도록 제한함으로서 이루어진다.

◆ 발라이 규정(Balai (Catch-all) Directive)이라고 알려진 Directive 92/65/EEC은 EU외부로 부터 회원국 내로 수입되는 동물, 정액, 난자, 배아의 관리와 EU로부터 기원(sources)된 실험동물에 적용되는 전체 광견병 격리를 위해서 만들어 졌다. 제공되는 이러한 기원들은 기원된 국가의 관련부처에 의해 허가를 받는다.

이러한 지침은 '동물과 축산물의 수입과 수출에 관한 규정(Animal and Animal Products (Import and Export) Regulations 1993 and 1995)'에 의해 영국에서 정착되었다. 규정은 지방행정당국에 의해서 집행되고 시행된다. 목록 2(Schedule 2)는 다양한 유럽 지침에서 지명된 EU 외부국가로부터 동물들의 수령에 대한 점검사항들을 지정한다. 이러한 새로운 규정에도 불구하고, 광견병명령은 모든 육식동물, 영장류 그리고 박쥐에 지속적으로 적용된다. 예를 들어, 만약 교배를 위한 개, 고양이와 같은 동물들이 무역으로 수입되지 않는다면, 다른 모든 동물들의 수입에 지속적으로 적용되고, 출생이후 가둬서 사육되어 그들의 계통을 유지하고 있음을 보여줄 수 있을 것이다.

산업질병(Industrial disease)

일부 동물과 연관질병은 산업질병법(Industrial Disease (Notification) Act 1981)에서 언급되었다. 사회보장법(Social Security (Industrial Injuries) (Prescribed Diseases) Regulation 1985)에 따라, 이윤을 얻기위해 청구인에게 자격을 주는 직업상태 혹은 질병이 규정되어 있다. 이들의 일부는 농장동물을 다루는 작업자와 관련된다. 이러한 목록은 다음을 포함한다: 탄저균(anthrax) 감염, 조류 클래미디아증(avian chlamydiosis), 포충증(hydatidosis), 랩토스피리증(leptospirosis), 브루셀라증, 연쇄상 구균(Streptococcus suis) 감염, 양의 클래미디아증(ovine chlamydiosis), 결핵(tuberculosis).

알레르기 *Allergies*

실험동물 알레르기(Laboratory animal allergy, LAA)는 동물과 함께 일하는 사람의 몸에 이상 반응을 유발시킬 수 있으며 자각되는 임상증후군(clinical syndrome)이다(2장 참조). 손상, 질병 그리고 위험발생 규정 보고서(Reporting of Injuries, Diseases and Dangerous Occurrences Regulation 1995)는 만약 질병이 작업노출의 결과라면, 보고할 대상 질병으로 천식을 목록에 포함하고 있다.

동물, 효소, 항생제 그리고 글루타알데히드와 같은 규정에 등록된 원인물질의 일부는 동물실에서 작업과 관련된다. 직원 건강검진은 초기에 알레르기 증상을 확인해야 한다. 알레르기 관리의 효율적인 프로그램은 비록 개인 보호장비가 방어의 2차단계로서 간주됨에도 불구하고, 개인보호장비와 적절한 환기와 같은 것들이 도입되어야만 한다.

기타 위험물질들 Other hazards

병원균(Pathogens)

생물학적 위험물 지침(Biological Agents Directive (90/679/EEC))에서는 세포배양과 유전자변형 개체를 포함한 미생물로서 생물학적 위험물질(biological agents)을 정의하고 있으며, 종업원들이 이러한 물질에 노출될 수 있는 곳에서 작업활동에 적용된다. COSHH 규정(COSHH Regulations 1999)은 대상물에 대한 유럽규정을 시행하도록 하고 있다. COSHH 규정은 작업장에서의 생물학적 위험물 사용을 관리하며, 다음에 대하여 좀 더 명확히 정의하고 있다.

> *생물학적 위험물(Biological agent)* – 감염, 알레르기, 독성 또는 인체 건강에 해를 유발할 수 있는 다른 것으로 유전적으로 변형된 것을 포함한 어떤 미생물, 배양세포 및 인체 내부기생충
>
> *미생물(Microorganism)* – 유전물질을 복제하거나 전달할 수 있는 비세포 혹은 세포, 미생물학적 독립체

새롭게 알려진 생물학적 위험물의 분류와 첨가는 계속적으로 진행되고 있다. 개정 생물학적 위험물 분류는 개정된 COSHH 규정에 반영되어 있다.

미생물학적 위험물은 이 책의 다른 곳에서 자세히 다루고 있다 (3장 참조). 여기서는 고용주에게 요구되는 행동 형태의 개요를 설명하고 있다. 종업원들의 건강에 위험한 생물학적 위험물을 동반하는 작업의 위해성은 반드시 평가되어야만 한다. 생물학적 위험물을 직접적으로 취급하는 작업자와 예를 들어 관리직원과 같이 부수적으로 노출되는 작업자는 차이가 있다. 위험물의 위해를 없애는 방법은 위해생물체를 적절히 처리하거나 혹은 해로운 생물체를 해롭지 않은 생물체로 교체함으로서 제거될 수 있다. 노출관리는 개인보호장비에 의해서 보다 다른 수단에 의해 합리적이고 실행가능하며 확실한 것이어야 한다. 안전 캐비넷과 아이솔레이터는 때때로 필요하다. 4가지 위험물질의 그룹

에 따라 실험실격리를 4단계로 기술하고 있는 *Categorisation of Biological Agents according to Harzad and Categories of Containment* (Health and Safety Commission 1995)라는 특별한 가이드라인은 위험병원체 자문위원회(Advisory Committee on Dangerous Pathogens, ACDP)에 의해 제공된다. 동일한 제목의 자료가 ACDP(1997)에 의해 최근에 발행되었다.

고용주는 효과적인 상태를 유지하고 시험하는 장비와 관리방법을 확인하기 위한 모든 합리적인 단계를 시행할 것을 요구 받는다. 시험과 검사 기록들은 적어도 5년간 보관하여야 한다. 종업원들은 관리수단을 사용해야 하며, 어떤 손상들을 보고하도록 요구 받는다.

종업원들의 생물학적 위험물에 대한 노출은 모니터링되어야 하고, 종업원들의 검사기록은 40년동안 유지되어야만 한다. 미생물을 다루는 작업에 대한 직업상의 노출 제한은 없다. 건강검진은 다음과 같은 곳에서 이루어져야 한다.

◆ 확인 가능한 질병이 노출과 관련될 수 있는 곳

◆ 작업 상황에서 발생할 수 있는 질병이 있을 수 있는 곳

◆ 질병을 탐지하기 위한 기술이 있는 곳

손상, 질병 그리고 위험발생 규정 보고서와 개정안은 병원균이 포함된 지역에서 심각한 사고 혹은 주사바늘에 찔리는 것과 같은 사고와 작업과 연관되거나 혹은 결과로서 발생하는 생물학적 위험물에 노출된 결과로서 어떤 사람의 죽음에 대한 HSE 규정에 따른 보고서를 요구한다. 미생물 위험물 사고를 다루는 비상계획도 있어야 한다. 1999 COSHH규정에 기반한 생물학적 위험물을 관리하는 새로운 ACOP는 1999년에 문제화되었다. 광견병바이러스명령 1979 (Rabies virus Order 1979)는 오직 면허 조건하에서만 광견병 바이러스를 보유하고 사용하고 수입힐 수 있도록 허가했다.

생물학적 위험물질의 저장, 운반, 폐기 (Storage, transport and disposal of biological hazardous materials). 병원균은 적절히 표시된 튼튼한 용기에 안전하고 단단히 보관되어야만 한다. 적절한 규정이 동반되어야 한다. 멸균 후, 소각은 폐기의 완벽한 형태이다. HSC(1991)의 가이드라인은 *Safety working and the prevention of infection in clinical laboratoreis*에 나타나 있다.

병원균 재료의 우편송부(Postage of pathological material). 병원균 재료의 우편송부는 우체국 리플랫 k681(Post Office's leaflets k681) 혹은 DSO61을 준수해야만 한다. 여기에는 흡수재질 혹은 밀봉 보관상자를 사용하는 것을 포함하여 이러한 물질의 포장에 필요한 요구사항을 언급하고 있다. 일부 경우에, 폴리스틸렌 상자가 적합하다. 포장물에는 '병원균 샘플(pathological specimen)'과 '취급주의(fragile with care)'라고 표시하여 일등급우편으로 보낸다.

발암물질(Carcinogens)

발암물질의 통제(*Control of Carcinogenic Substances*) ACOP는 발암물질(암의 원인이되는 물질)의 노출로부터 작업자들을 보호하기 위해 COSHH규정 1999를 준수하고, 규정 90/394/EEC (Directive 90/394/EEC)와 개정안을 영국에서 실행하기 위한 것이다. 발암물질 노출과 관련된 위해성은 적어도 5년마다 규칙적으로 평가되어야만 한다. 이전에, 이러한 평가는 작업의 변화가 있을 경우에만 요구되었다. '흡입에 의한 암의 발생'이라는 새로운 위해성 구절은 평가보고서에서 사용되기 위해 도입되었다. 발암물질과 관련된 건강검진과 모니터링은 40년 동안 보관할 것을 요구하고 있다. 모든 위험물질에 대한 모니터링과 건강검진 기록을 유지하기 위해 오늘날은 40년 이상으로 확대하고 있다.

발암물질의 존재의 법률적 관리는 지속적으로 관심의 대상이다. 이 문제는 유럽규정(European Directive) 90/394/EEC (97/42/EC and 98/C 123/12)을 2번에 걸쳐 개정함으로써 반영되었다. 원래의 규정(Original Directive)(90/394/EEC)은 EU수준에서 발암물질의 노출 제한치를 설정하기 위해 제공되었고 발암물질에 대한 직업노출의 관리와 방지를 위해 EU전체에 최소 표준으로 확립되었다. 제1차 개정안은 벤젠에 대한 유럽노출수준을 검토하였다. 여기서는 원래 규정의 적용과정에서 모순과 모호성을 논의하였다. 또한 여기서는 농약, 화장품, 의약품, 위험한 폐기물과 같이 이전에 화학적으로 배제된 형태를 추가하였다. 제1차 개정의 결과는 향후 변경된 최대노출제한 (Maximum Exposure Limits, MELs) 목록이 COSHH의 목록1로부터 삭제될 것이라는 것이다. HSC는 목록의 변화에 대해 승인하고, 그 목록들이 HSE 연보 EH40 (직업노출제한, Occupatonal exposure limits)에 발행될 수 있도록 했다. 이러한 1차 개정안으로부터 도출된 규정의 실행은 2003년 6월 26일에 이루어졌다.

발암물질규정에 대한 2차 개정(2nd Amendment to the Carcinogen Directive)은 현재 협상중이다 (1999년에). 예를 들어, 위험물질규정 (Dangerous Susbstance Directive (67/548/EEC)에서 정의된 돌연변이 유발물질 범주 1 혹

은 2로서 유전이 가능한 유전자 손상의 원인이 되는 물질에 대한 규정으로 확대하려고 한다.

유전자변형(Genetic modification)

유전자변형 미생물의 사용에 관한 규정(Directive on the Contained Use of Genetically Modified Microorganisms)과 유전자변형 생물체의 환경으로 방출에 관한 규정(Deliberate Release into the Environment of Genetically Modified Organisms(90/220/EEC under A.100A))은 사람의 건강과 안전, 환경의 보호 그리고 형질전환동물을 이용한 작업시설의 영향에 집중되어 있다 (4장 참조). 이들 2개의 규정은 HSWA와 환경보호법 1990(Environment Protection Act 1990)에 따라 유전자변형생물체 밀폐사용규정 1992 (Genetically Modified Organisms (Contained Use) Regulations 1992)과 유전자변형생물체 방출규정 1992와 1995 (Genetically Modified Organisms (Deliberate Release) Regulations 1992 and 1995)으로서 영국에서 시행되었다. 자세한 내용은 4장을 참조하라.

유전자 변형생물체의 최초 사용 통보는 필수적이며, HSE로부터 승인은 일부 활동에 대해서도 반드시 필요하다. 이러한 조항들은 비상상황에 대한 것도 만들어져야 하며, 사고는 이중으로 보고되어야 한다. 일반사고와 심각한 사고는 유전자변형안전위원회(Genetically Modification Safety Committee)의 관심대상이 될 수 있다. 인간의 건강과 안전에 대한 위해성 평가와 더불어 환경 위해성 평가가 필요하다. 또한 환경위험을 방지하기 위한 최선의 기술을 활용할 것으로 요구하고 있다. 사찰관은 중지명령과 법원의 개선명령에 대한 권한을 갖고 있다. 주정부 사무국은 유죄선고를 받은 사람의 비용으로 손상을 개선하도록 하는 권한을 갖는다. 환경으로 방출에 대한 자문위원회(Advisory Committee)가 존재한다. 유전자변형개체규정(Genetically Modified Organisms (Contained Use)(Amendment) Regulations 1992)은 최근에 발효되었으나, 상황은 아직도 진행 중이다. 1998년 10월 26일의 의회명령(Council Directive)은 규정 90/219/EEC를 개정하였다. 규정은 2000년 4월 30일에 새로운 규정으로 개정될 것이다.

위험물질 *Hazardous substances*

위험물질은 COSHH 규정에서 총괄적으로 다루고 있다. 동물시설에서 접촉하는 건강에 위해한 물질에는 세정제, 소독약품, 마취제, 알레르기 유발물질과 병원균 등이 포함된다.

COSHH의 주요특성은 건강 위해성의 평가이다. 건강에 위해를 주는 물질에 종업원들의 노출가능성이 있는 작업장에서는 작업을 시작하기 전에, COSHH 법적 요구사항을 준수하기 위해 필요로하는 단계와 작업에 의해 만들어질 수 있는 위해성에 대한 적절하고 충분한 평가를 수행해야만 한다. 만약 유효성이 의심되거나 혹은 작업장에서 변화가 발생했다면 평가에 대한 검토가 필요하다. 평가는 전문가(competent person)에 의해 수행되어야 한다. 전문가는 발암물질 규정(Carcinogen Directive)(90/394/ECC)에 따라 일을 수행하기 위해 필요한 지식, 경험, 실행능력 그리고 기술을 갖고 있는 사람으로 정의하고 있다. 물질에 대한 잠재적인 효과는 그들의 양과 형태, 종업원들의 노출양에 대한 측면을 고려해야 한다. 이러한 노출은 어떤 발행된 표준치와 비교되어야 한다. 부수적으로 과거의 경험, 이전의 기록 그리고 동성에 대한 정보 등이 활용될 수 있다.

COSHH 규정은 작업에서 건강에 부정적인 효과의 원인이 되는 모든 물질을 포함하고 있다. 다음의 5가지 범주가 있다:

- ◆ 강한 독성, 독성, 해로움, 부식성 혹은 자극적 범주로 나누어지고, 화학물질 규정 1994 (Chemicals (Hazard Information and Packaging for Supply) Regulations 1994)에 포함된 인가되고 승인된 목록에 있는 물질
- ◆ COSHH의 목록1과 EH 40에서 이전에 특화된 최대노출한계(Maximum Exposure Limit)가 알려진 물질 혹은 HSC에서 직업표준노출(Occupational Exposure Standard, OSE)이 승인된 물질
- ◆ 건강에 해로운 미생물
- ◆ 위에서 언급한 것처럼 건강에 이상을 유발하는 어떤 물질

COSHH의 가장 최근 버전은 건강 위해물질의 관리규정 1999(Control of Substance Hazardous to Health Regulation 1999)이다. COSHH에 따르면, 이러한 규정의 개정은 위원회명령 96/55/EC (Commission Directive 96/55/EC)에 따르며, 많은 새로운 물질은 COSHH의 범주 내에 포함된다. 새로운 호흡기 위험물의 위해평가에 대한 내용이 삽입되었다. 그리고 호흡기 자극물과 감광제에 대한 범위가 개정되었다. 시험방법들은 화학물질의 위해성을 결정하기 위하여 기술되었다. 이 부분에 대한 법은 아직 확립되지 않았다. 작업장에서 화학물질과 관련된 위해성으로부터 작업자의 건강과 안전 보호에 관한 의회명령 (Council Directive 98/24/

EC)은 1998년 4월 7일에 도입되었으며, 2001년 5월 4일에 UK의 시민들에 의해 규정으로 도입되었다.

개인보호장비의 규정에 의한 위험물의 관리는 만약 고용주가 노출이 다른 수단에 의해 관리되거나 방지될 수 없다는 것을 보여줄 수 없다면 허용되지 않는다. 시간-중량평균 (time-weight average, TWA)으로서 언급되는 특정 기간이상 평균적으로 공기 내에 위험물질의 농도로서 표현되는 직업상 노출제한(OES, Occupational Exposure Limits, OELs)의 2개 셋트가 존재한다. 2개 시간 단위인 장기간(8시간)과 단기간(15분)이 사용된다. 단기간의 노출(Short-term exposure limits, STELs)은 몇분 동안의 노출에 의해 원인이되는 눈 자극과 같은 손상을 방지한다. 최대 노출제한(Maximum Exposure Level, MELs)은 암 혹은 천식과 같은 심각한 건강효과의 원인이되는 물실에 내하여 그리고 안전노출 정도가 완전히 결정될 수 없거나 혹은 물질에 대한 안전수준이 존재하지만 그들의 수준에 대한 관리가 합리적으로 실행될 수 없는 경우에 확립되어야 한다. 직업상 노출표준(OES, Occupational Exposure Standards)은 섭취에 의해 매일 노출된 작업자의 건강과 안선에 손상이 없는 수준으로 학립되어 있다. OEL과 MEL은 EH40에서 발행되고 계속적으로 검토되고 있다.

MEL에서 승인된 물질에 관한 종업원들의 의무는 합리적인 수준이하 또는 MEL이하로 노출수준을 감소시키는 것이다. 특별한 주의는 악역향이 발생하지 않는 역치가 분명하지 않는 물질 혹은 물질의 고농도가 매우 짧은 기간에 손상을 줄 수 있는 장소에 요구된다. 비록 예외적인 상황에서 OESs가 초과될지라도, 종업원들은 초과된 것의 중요성에 대한 이유를 확인해야하며, 가급적 빨리 수용할만한 제한치에 노출을 감소시키기 위해 합리적인 실행노력을 해야한다 (5장과 7장 참조).

피부를 통해 흡수될 수 있는 파괴되지 않는 물질은 'sk'표기법으로 기술된다. 위해평가에서, 고려사항은 사람들이 위험물질 노출에 어떻게 반응하는가?의 영향에 대한 다른 요인의 존재를 제시하는 것이다. 이러한 요인들은 알콜, 의약품, 고온 그리고 다양한 작업형태들이다. 여러 가지 물질에 노출되는 곳에서, 혼합노출의 전체효과는 개별적인 노출의 총합보다 좀 더 위험하다. 위해평가에서, 추정은 효과가 첨가적이라는 것을 고려해야 한다. 이러한 경우에, 전문가의 상담이 권고된다.

화학유해물질 경계공지(Chemical Hazard Alert Notices, CHAN)는 EH40에서 매년 출현한다. 그들은 현재 과학적인 정보가 안전노출 제한치를 설정하기 불가능한 것으로 제시한 물질에 주목한다. 이러한 물질에 대한 MELs의 설정은 독성물질 자문위원회(HSC's Advisory Committee on Toxic Substances, ATCS) 의해서 고려될 것이다.

신규물질 통보(Notification of new substances)

신규물질규정의 신고 (Notification of New Substances Regulations 1993, NONS)는 일부규정을 개정하였다. 예를 들어, 위해평가조항은 새로운 물질에 의해 유발 가능한 후유증으로부터 사람과 환경을 좀더 보호하기 위하여 개정되었다. 제조업자와 수입업자는 그들이 시장에 판매하려는 새로운 물질의 양, 사용, 특성 등에 대한 정보제공을 요구받는다.

운반, 포장 그리고 저장(Transport, packing and storage)

CHIP 2로 알려진 화학물규정 1994 (Chemical (Hazard Information and Packaging for Supply)Regulation 1994)은 예를들어, 위험물질 규정 (Dangerous Substance Directive (65/548/EEC) 등 9개 조항을 개정하였다. CHIP 2 규정은 공급자가 위험물질 정보의 이해를 위해 필요한규정에 정해진 양식의 포장 표식과 안전 데이터 쉬트를 제공하도록 요구하고 있다. CHIP 2와 관련하여, ACOP (L63 1993)가이드, 승인된 공급목록 (L115 1998), 안전 데이터 쉬트의 ACOP (L62 1995)가 있다. 이러한 발간자료들은 시간의 경과에 따라 개정된다.

유해가스(Noxious gases)

ACOP 30, *Control of Substances Hazardous to Health in Fumigation Operations* (L86 1996)은 종업원을 보호하기 위해 업무수행에 필요한 수단을 특별히 제시하고 있다. 시설공조시스템에 익숙하고 훈련된 사람만이 훈증작업을 수행하도록 하고 있다. 개인보호장비에 대한 조항에서는 고용주가 훈증 노출방지가 다른 수단에 의해 가능하지 않으며 합리적인 실행이 불가능하다는 것을 보여 줄 수 있는 곳에서만 허용한다.

관리는 이산화탄소나 액화질소 등과 같은 동물시설에서 사용되는 다른 가스에 대해서도 시행되어야 한다.

의약품과 독극물 *Medicines, drugs and poisons*

COHSS 규정은 치료를 위해(임상적시험 포함) 물질이 투여되는 환자에는 적용되지 않지만, 투여에 참여하는 직원(약사, 간호원, 의사등)에는 적용된다. 임상

시험 혹은 투여를 위해 동물에 물질을 투여하는 사람인 수의사와 연구자들은 COSHH 규정에 적용된다. 의료처방명령 1997 (Prescription Only Medicines (Human Use) Order 1997)의 조항에 따라, 의료처방은 연구를 수행하는 다른 연구기관 혹은 대학에 제공될 수 있다. 의약품남용법 1971 (Misuse of Drugs Act 1971)은 이러한 의약품의 소유, 공급, 생산, 수입을 제한하고 있으며, 관리의약품을 분류하고 목록화하였다. 의약품남용규정 1973 (Misuse of Drugs (Safe Custody) Regulation 1973)은 어떤 관리대상 의약품(규정 1의 목록에 특별히 언급된 의역품보다는 다른 것)은 허가받지 않은 사람이 의약품에 접근하지 못하도록 해야하며, 방 혹은 캐비넷, 잠금장치의 안전한 곳에 유지하여야 하며, 의약품을 소유한 사람은 허가 받은 사람만이 개봉할 수 있는 잠금장치 용기에 보관함을 보증하도록 규정하고 있다. 규정의 3장에서는 문서의 기록에 대하여 자세히 기술하고 있다.

휘발성 마취제와 같이 동물에게 위험한 의약품의 투여는 작업자에게도 위험하기 때문에 반드시 적절한 보호장비가 있는 곳에서 수행되어야 한다 (5장 참조). 건강서비스복록 7호(Health Service Sheet No. 7), *Waste Anaesthetic Gases*, 법률적 의무를 어떻게 수행하여야 하는지와 노출관리의 실제 가이드라인을 제시하고 있다. 7장에서 기술된 가스는 오늘날 OESs에 포함되는 아산화질소, 할로세인, enflurane, isoflurane이다.

의료용으로 사용되지 않는 독극물은 독극물리스트명령 1978(Poisons List Order 1978)에 목록화된 물질의 공급을 제한하는 독극물법(Poisons Act 1972)과 독극물규정 1982(Poisons Rules 1982)에 의해서 관리된다. 독극물은 3장에 기술된 연구 혹은 교육을 수행하는 기관 혹은 사람에게 목록에 기술된 판매자에 의한 공급을 제외하고는 약사에 의해서만 판매될 수 있다. 독성물질의 라벨(label), 보관방법, 취급요령 운송방법에 대한 특별한 요구사항이 있다.

방사선 위험 *Radiation hazards*

방사선 위험의 자세한 사항은 이 책의 6장에서 다루고 있다. 법의 기본형태는 방사선물질법 (Radioactive Substance Acts 1948, 1960, 1993)이다. 최근 법은 이전의 법을 검토하고 수정하여 만들어진 것이다. 다양한 규정과 규칙들은 s.15에 따라 만들어진 HSWA의 연관된 법적조항인 이온화 방사선규정 1985 (Ionising Radiations Regulations 1985)과 연계되어 있다. 그들은 이온화 방사선의 안전한 사용을 위한 의무사항을 기술하고 있다. 규정 6에 따른 일차적인 의무는 '사용되는 이온화 방사선과 관련된 작업과 연관성이 있는 모든 고용주는 종업원과 다른 사람이 이온화 방사선에 노출이 확대되는 것을 합리적이며 실행가능한 방법으로 제한하기 위한 모든 필요한 단계를 실행해야 한다'는 것이다.

위험물을 피하기 위해 권고되는 방법은 적절한 시설과 방사선 물질이 포함된 충분한 훈련에 대한 조항을 포함하고 있다. 강력한 모니터링과 충분한 건강검진은 필수적이다. 엄격한 기록은 방사선 물질의 사용, 누출, 저장, 폐기를 위해 필요하다.

방사선물질면제명령 (Radiation Substances (Substance of Low Activity) Exemption (Amendment) Order 1992)은 활동성이 4 베크렐/ml을 초과하지 않는 탄소14 혹은 티타늄을 포함한 방사선 폐기물의 폐기에 대한 법률적 관리를 제외시키고 있다.

이온화 방사성규정 1993 (Ionising Radiation (Outside Workers) Regulation 1993)은 적절한 작업자만이 방사선 작업에 배정되었는지를 확인하기 위하여 파견작업자의 고용주와 그들이 작업하는 장소의 운영자 사이에 정보교환을 요구하고 있다. 적절한 장부는 규정의 목록에 대한 자세한 정보를 포함하여야 한다.

작업장에서 이온화 방사선에 대한 규정은 유럽으로 옮겨갔다. 의회명령 (Council Directive 96/29/Euratom)은 이전의 규정을 개정하였고, 2000년 5월 13일 시행을 위해 1996년 5월 13일 적용을 시작하였다. 규정은 이온화 방사선의 관리를 강화하고, 최대 노출허용 수준을 감소시켰다. 응급상황 준비와 자연방사선에 노출에 관한 요구사항을 도입하였다. 이러한 조항으로부터 도출된 규정은 1999/2000년에 UK에 도입되었고, 이온화 방사선 규정 1993에 포함되었고, 의료용 노출조항을 실행하게 되었다. 명령 96/29/Euratom에서 응급상황준비 조항은 방사선 비상규정 1992 (Radiation Emergencies Regulation 1992)에 대한 일반정보를 포함하게 될 별도의 규정으로 시행될 것이다.

영상표시장치(Visual display units)

보건과 안전규정 1992 (Health and Safety (Display Screen Equipment) Regulations 1992)은 디스플레이 영상장비를 사용하는 작업에 대하여 최소한의 안전과 건강 요구기준에 대한 명령(90/270/EEC)에 부분적으로 영향을 미쳤다. 규정에 제시된 최소한의 요구사항은 규정에 대한 목록을 생산하는 것이다. 규정은 정신적 스트레스, 눈의 피로, 근육에 생기는 문제점과 같은 위해성의 평가를 요구한다. 각 단계들은 장비의 인체공학적 설계에 의한 위험의 감소를 위해 실행되어야 한다. 육안검사도 활용가능하다. 광민감 간질(photosensitive epilepsy)의 병력을 갖는 개인 혹은 VDU와 연관되어 보이는 피부발진이 일어나는 사람은 종업원의료자문서비스(Employment Medical Advisory Service, EMAS)의 도움을 받을 수 있다.

규정 92/85/EEC의 부록 I과 II를 수행하는 작업장에서 건강안전관리 규정(Management of Health and Safety at Work Regulation 1994)은 작업장에서 임신부의 건강과 복지에 관한 내용을 언급하고 있다. VDU의 사용에 대한 중요한 발간서은 Health ans Safety (Sidplay Screen Equipment) Regulation 1992, Guidance on Regulations (L26 1992)와 VDUs. An easy guide to the Regulations (HS(S)90 1997)이다. 두 가지 문서는 HSE로부터 확보할 수 있다.

VDU의 사용에 대한 관리규정은 법에서 VDU 사용자를 '그들의 정상적인 작업의 중요한 부분으로 디스플레이 영상장비를 주로 사용하는 사람'으로 정의하고 있기 때문에 동물시설에서 중요하지 않게 취급된다.

장비 Equipment

기계(Machinery)

소비자보호법 1987 (consumer Protection Act 1987)에 의해 개정된 HSWA에 따라, 작업장에서 사용할 장비의 제조업자, 설계사, 수입업자 그리고 공급자는 설명서에서 그것이 작업장에서 사람에 의해 설치, 사용, 청소, 유지되는 모든 시간에 건강에 위해성이 없고 안전하도록 설계되고 제작되었다는 것을 보증할 의무를 갖는다.

작업장 장비와 연관된 많은 직접적인 규정들은 작업장 장비의 제공 및 이용 규정(Provision and Use of Work Equipment Regulation 1992)으로 고용주들에게 적용된다. 이러한 규정들은 작업장에서 장비에 대한 규정을 제공하는 명령(89/655/EEC)의 일부분으로 나타난다. 규정은 장비의 안전성, 검사, 청소, 유지, 적합성에 대한 방향을 제시한다. 제어시스템의 효율, 보호방법, 기계의 위험한 부분, 주의 표시를 요구한다. 기계의 사용에서 안전에 관한 충분한 훈련과 교육이 주어져야만 한다. 기계 작동의 작업상황이 고려되어야 한다. 규정은 1998년에 개정되었고, HSE는 ACOP (L22 1998)에서 공식적인 가이드라인을 발간하였다.

작업장에서 작업장비의 사용을 위한 최소한의 안전과 건강 요구사항에 대한 명령 89/655/EEC는 95/63/Ec로 개정되었다. 개정안은 장비 안전의 다음과 같은 측면을 강조하였다.

◆ 이동장비와 끌어올리는 장비에 대한 물리적인 안전보호대의 제공을 위한 최소한의 요구사항

◆ 장비가 설치된 곳에서 계속적으로 장비가 사용될 수 있도록 직원들에게 장비 설치와 사용 중 검사에 대한 일반적인 요구사항

동물시설의 장비(Equipment in the animal unit). 케이지와 물병은 위험할 수 있다: 마감이 불완전하고 돌출된 것은 피해야하고, 위험한 케이지는 즉시 폐기하거나 혹은 수리해야 하며, 가급적 유리제품보다는 플라스틱 제품을 사용해야 한다.

매우 잘 정비된 실험동물시설에서, 세척기, 소각로, 고압멸균기, 청소기 등의 충분한 장비들은 작업장 장비의 제공 및 이용 규정(Provision and Use of Work Equipment Regulation 1992)을 충족해야 한다 (공중보건법 1936은 43℃ 이상 고온의 액체 혹은 대중 하구 폐기물 스팀으로 방출을 금지하는 것을 언급하고 있다). 스팀제너레터, 고압멸균기와 멸균기계 장치 등과 같은 건물의 일부 물품은 압력용기 및 운반가스용기에 관한 규정(Pressure Systems and Transportable Gas Containers Regulation 1989)의 적용 대상이기도 하다.

주목할 만한 것은 거대한 장비의 위치에 대한 것이다. 이러한 문제에서 고려 요인들은 공간, 조명, 공조 그리고 접근성이다. 문신 표기, 털깍기 혹은 물병세척과 같은 활동을 위한 작은 장비와도 연관 위해성은 무시해서는 않된다.

많은 출판물들에서는 끌어올리는 시설과 장비에 대한 규정 (Lifting and Equipment (Records of Test and Examination etc) Regulation 1992)에서 주된 관심사의 변경을 요구하고 있다. 규정에 대한 가이드는 HSE(L20 1992)로부터 이용할 수 있다.

전기기기(Electricity)

모든 작업장에서 전기안전은 HSWA내에 법률적으로 명시되어 있다. 이러한 구역에서 고용주의 의무에 대한 명확성은 작업장에서 전기 규정 1989(Electricity at Work Regulations 1989)에 나타난다. 규정에 대한 가이드라인 보고서는 HSE (HS(R)) 1989에 의해 발간되었다.

장비 설명서는 전기 공급을 위해 연결될 때 안전해야하고 쇼크를 방지하기

위한 허용 수준이 제공됨을 보증하기 위하여 EU-허용 우수기술실행 표준이어야 한다. 모든 구불어지는 케이블과 코드는 요구되는 안전 표준이어야 한다. 모든 주의표시는 장비에 선명하게 표시되어야 한다.

모든 전기시스템은 위험 방지를 위해 설치되고 유지되어야 한다. 작업과 관리는 안전에 대한 설립 원칙에 따라 수행되어야 한다. 전기장비는 그것이 설치된 환경 내에서 제한적으로 사용되어야 한다. 적절한 훈련과 전문가 혹은 적절한 감독관에 의해 지시받는 사람만이 전기적 설치를 제공하도록 허용된다. 장비에 전기공급을 차단하기 위한 수단이 존재하여야 한다. 적절한 작업공간은 전기장비의 주변에 제공되어야 한다.

시험(Testing). 실사는 전기기술협회(Institution of Electrical Engineers, IEE)에 의해서 개발된 전기장치를 위한 규정에 따라 수행된다. 문제점의 보고와 기록 보존을 위한 효율적인 시스템이 존재해야만 한다. 사용전에 케이블, 플러그, 장비는 육안점검을 해야한다. Class I (접지) 휴대용 전기 장치는 일년에 한 번씩 세부적인 검사를 받아야 한다. Class II (2중 절연) 휴대용 전기 장치의 자세한 점검주기는 사용 빈도에 따라 수행한다.

동물실에서 전기(Electricity in the animal house). 양서류와 열대어 관리실에서 전기취급에 대한 특별한 관리가 필요하다. 정기적으로 씻어내리는 과정이 수행되는 실에서 플러그는 물튀김-방지와 접지 누출방지가 이루어져야 한다. 120V DC와 650V DC사이에 볼트가 작동하는 전기영동 탱크가 있는 곳에서, 만약 뚜껑이 열려있다면 전류가 흘러갈 것이므로 그것들은 잠금장치가 설치되어야만 한다. 만약 볼트가 650V DC이상이라면, 부가적인 안전스위치는 DC를 흘려보내는 접지 폐기 스위치가 적합하다.

개인보호장구(Personal protective equipment)

고용주가 필수적이고 적절한 개인보호장비를 종업원에게 제공하는 것은 작업장에서 개인보호장비 규정(Personal Protective Equipment at Work Regulation 1992)에 언급되어 있다. 이러한 규정들은 작업자에 개인보호장비 사용에 관하여 최소한의 건강과 안전상에 요구사항에 대한 명령(Directive 89/656/EEC)에 영향을 주었다. 이 규정은 고용주에게 다음을 요구한다:

- 다른 수단에 의해서 적절히 관리되지 않아 건강과 안전에 위해한 곳에서는 개인 보호 장비(personal protective equipment, PPE)를 제공한다.
- 위해의 방어에 적합한 PPE를 선별한다.
- 허용 가능한 표준의 PPE를 유지하고 저장 공간을 제공한다.
- 제공된 PPE가 적절히 사용됨을 보증한다.
- 종업원들이 제공되는 PPE의 사용에 대한 설명과 정보를 제공받고 있음을 보증한다.

PPE 사용과 함께, 적절한 건강검진의 제공과 노출 모니터링은 지속적으로 수행되어야 한다. 종업원들은 PPE를 적절히 사용할 의무를 지니며, 어떠한 결함 혹은 손상에 대해서 보고할 의무를 갖는다. 요구되는 PPE의 사용에 대해 종업원들에게 추가 부담금의 의무는 없다.

개인보호장비규정 1994는 명령 93/68/EEC와 93/95/EEC을 시행하고 있다. 규정은 모든 PPE가 유럽표준에 부합한 것을 나타내는 "CE표지(marking)"를 이중으로 표시해야만 한다. 개인보호장비규정 1996은 이러한 문제에 대한 유럽명령 (96/58/EC)를 실행하였으며, 개인보호에 대한 CE준수 표시에 의해 부가적인 정보제공을 생략할 수 있다.

작업장 Workplace

HSWA에 제시된 작업장에서 건강과 안전에 대한 요구사항은 작업장 규정(Workplace (Health, Safety and Welfare) Regulations 1992)에 자세히 언급되어 있다. 이들 규정들은 최소한의 작업장 표준에 대하여 명령 89/654/EEC로 실행된다. 규정는 3개 범주로 분류된다:

- 예를 들어, 낙하물에 대한 보호를 제공하는 것 등과 같은 사용자와 연계된 작업장의 초기구조, 안전을 위해 설계된 디자인 특징의 기술
- 빌딩/작업자 상호작용 ; 적절한 배치, 충분한 공조, 적절한 공간, 편리한 작업환경, 적절한 온도(ACOP L24 1992에서 제시하는 가이드라인 참조), 적절한 조명의 제공
- 화장실, 샤워실 등의 기본시설은 규정 10과 11에 따라 설치

이러한 생활편의시설의 대부분은 이전의 법률에서 이미 요구하고 있다. 새로운 내용은 창문청소의 안전, 휴식공간에서 비흡연자의 보호, 임신부 혹은 모유수유 어머니를 위한 휴식시설을 포함한다.

HSWA에 포함된 접근과 전진에 대한 안전수단을 제공하기 위한 의무는 예를 들어 안전시설의 문, 도로교통을 위해 요구되는 사항 등과 같은 규정에 의해 영향을 받는다. 동물시설에 실제로 적절한 것은 모든 표면이 깨끗해야하며, 모든 통로와 공기통로는 장애물이 없어야 하며, 주의표시는 미끄러운 바닥부위에 제시되어야만 한다.

동물사육시설에서 창고는 특별한 주의를 필요로 한다. 비계획적인 저장의 결과는 재앙이 될 수 있다. 위험들은 잘못 쌓여진 건초, 잘못 쌓여진 살충제들 그리고 그들 자체로는 위해기 없지만 다른 종류의 화학물질과 함께 존재할 때 해로운 화학물질들의 혼합으로부터 발생한다. 고용주는 저장실에 함께 보관되는 위험물질을 인식하도록 COSHH에 따른 의무를 갖는다. 저장 순서는 규정 6에 따라 요구되는 위해평가의 부분으로 기술되어야 한다.

화재 Fire

화재예방 규칙(Fire Precautions (Workplace) Regulation 1997)은 작업장 명령(89/391/EEC)와 '구조'명령(89/654/EEC)의 화재와 관련된 안전조항으로 시행된다. 규정과 동반된 내무부 가이드노트 (Home office guidance notes (1997))는 잔류하는 사람 수, 구조적 특징, 화재가능성 그리고 작업의 특성에 기초한 위해평가를 요구하는 것이 특징이다.

발화 가능성이 높은 액체의 보관은 화재-저항 용기에 보관하도록 하고, 최소한으로 유지해야만 한다. 만약 냉장고 안에 보관해야 한다면, 장비는 불꽃-저항성이 있어야만 한다. 발화 가능한 액체는 점화의 원인이 될 수 있는 장비로부터 멀리 떨어진 후드에서만 사용하여야 한다. 동물의 휘발성 마취제를 이용하여 죽인 동물의 사체는 최선의 실행방법에 따라 조심해서 폐기해야만 한다.

방화안전증명서(The fire certificate)

화재예방법(Fire Precaution Act 1971)에 따라, 내무부와 소방당국에 의해 허가된 20인 이상이 근무하거나 10명의 근무자가 지상층 이상에 놓여있는 곳은 화재안전증명서가 요구된다. 화재안전증명서를 획득하기 위해서, 주인 혹은 사용자는 FPI의 신청서를 작성하여야 한다. 소방당국은 다음의 사항에 대한 적절성을 확인하기 위해 건물을 사찰한다:

- 탈출 수단
- 탈출 수단이 항상 사용 가능한지 확인하는 방법
- 화재진압 수단
- 화재진압 시스템

신청과 증명서발급사이의 과도기에, 화재예방법에 대해 사용자는 다음의 의무를 갖는다:

- 탈출 수단이 사용 가능한지 확인하는 것
- 화재의 경우 준수해야하는 절차를 종업원들에게 훈련하는 것
- 화재진압 장비를 유지하는 것

화재안전증명서는 특별한 상황을 내포하고 있으며, 건물 내에 부착하여야 한다. 위험물질의 위치와 건물에 대한 변화는 반드시 고지해야 한다. 개선 혹은 금지사항에 대한 고지의 불이행은 화재안전증명을 취소하거나 혹은 문제의 원인이 될 수 있다.

화재경보기(Fire alarms)

모든 새로운 화재경보기는 시스템 디자인, 설치 그리고 서비스를 위해 '시행규칙' BS 5839 Part I 1988을 준수해야 한다. 대부분의 상황에서, 사용된 장비들은 BS 5445인 '자동화재감지 시스템의 구성(Components of automatic fire systems)'을 충족해야만 한다. 수동과 자동 화재경보기 시스템과 더불어, 정기적인 시험, 사찰 그리고 유지관리를 수행하는 것은 매우 중요하다.

동물법 1986의 COP (Home Office 1989, p11 para 2.64)는 소형 설치류에게 들리지 않는 알람경보기를 권고한다. 조건15(Condition 15)에서, 설계증명서(Certificate of Designation)는 화재를 진압하기 위한 적절한 절차는 항상 유지되어야 함을 명기하고 있다.

탈출수단(Means of escape)

탈출노선은 비상구가 잠겨있지 않은지, 방화문이 고정되어 열려있지 않은지를

매일 점검하여야 하며, 모든 표시는 비치되어 있고 볼수 있어야 한다. 만약 필요하다면 비상등은 BS5226의 비상등(Emergency lighting)에 따라 설치되고 유지되어야 한다.

소방훈련은 일년에 적어도 한 번씩 실시하도록 권고한다. 기록은 날짜, 피난 시간 그리고 참여자 수 등을 포함하여 유지하여야 한다. 직원의 총원이 얼마이더라도, 화재사건에 활동할 수 있는 책임이 있는 사람을 지명해야만 한다.

화재의 경우, 소방관은 불을 진압하기 위해 시도할 것이고, 인간의 생명을 구하게 될 것이다. 만약 동물을 잘 아는 책임있는 사람이 존재하지 않는다면 동물을 이동하려는 시도를 할 수는 없다. 소방관은 사람을 구하는 것을 제외하고 위험한 병원체를 이용한 작업이 수행되는 시설로 들어가지 못하거나 위험한 병원체를 포함한 냉상용기를 개봉하지 않는다. 이러한 용기들은 분명하게 표기를 해야한다. 소방당국은 예를 들어, 수족관 혹은 독이 있는 뱀의 존재 등과 같은 특징 혹은 소방관의 접근에 영향을 주는 작업의 특별한 형태를 알고 있어야만 한다.

기타 위험물과 위해성의 관리 Control of other hazards and risks

보안 Security

보안은 연구에 동물의 사용을 반대하는 사람들로부터 위협 때문에 동물실에서 안전과 연관된다. 직원의 보호는 동물실 관리의 중대한 문제이다. 발생 가능한 위험들은 개인적인 폭행, 차량이나 편지 폭탄으로 인한 상해, 개인재산의 손상과 공포이다. 동물법 1986의 COP(Home office 1989, p5 para 2.12)는 보안의 필요성을 인식하고 있다: 구역의 변경 혹은 새로운 시설을 설계하는 동안에는 지역경찰의 범죄예방관(Crime Prevention Officers) 혹은 다른 전문가에게 보안에 관하여 알려야 한다.

법률은 범죄를 예방하기 위하거나 혹은 떠날 것을 요구하는 사항에 대해 거부하는 불법침입자를 쫓아내기 위하여 합리적인 힘을 행사하도록 허용한다. 필요한 힘은 자신을 방어하는데 사용할 수 있다. 불행히도 이러한 용어는 현재의 법률에서는 정확히 없다. 이러한 경우에 법원의 결정은 항상 예상 가능하지도 않다. 그러나 위험한 동물을 보호하는 사람들은 만약 동물이 개인과 재산을 보호하기 위해 구역 내에 유지하지 못하거나 혹은 이러한 유지가 합리적이지 못하다면 (동물법 1971 참조), 무단출입 원고인에게 상해에 대해 법적 책임이 없지 않다. 경비견법 1975(Guard Dogs Act 1975)에서는 상업지역을 보호하는 동안 경비견은 관리자에 의해 관리되거나 혹은 구역 내에 자유롭게 돌아다닐 수 있음을 명시하고 있다.

고용주들은 생체해부 반대론자(anti-vivisectionist)들의 활동에 영향을 받을 수 있는 동물사육실과 관련된 종업원들을 보호하기 위해서 개인상해보험을 드는 것이 현명하다.

폐기물처리 *Waste disposal*

폐기물처리를 관리하는 가장 최근의 법률은 공해관리법 1974 (Control of Pollution Act 1974), 공해관리법 1989 (Control of Pollution Act 1989), 그리고 환경보호법(Environment Protection Act 1990, EPA)이다. HSWA는 유독하거나 역겨운 물질의 배출을 방지하기 위하여 제공된다.

어떤 용어의 의미를 파악하기 위해 오염관리상에 법률을 이해하는 것은 중요하다. '관리폐기물'은 산업적, 상업적 그리고 내부구역으로부터 발생하는 모든 폐기물이다. '특별폐기물(special waste)'은 생명체에 위험하고 21℃ 혹은 그 이하의 인화점을 갖으며, 하나 혹은 여러 개의 공해관리법 1980에 목록화된 물질을 포함한다.

EPA는 폐기물관리를 위한 '관리의무', 폐기물의 처리가 인간의 건강에 대한 위해나 환경오염을 피하기 위한 합리적인 단계로 수행됨을 보증하기 위한 목적을 기술하고 있으며, 다음과 같은 모든 합리적인 수단을 시행해야 한다:

- 폐기물의 불법적인 폐기방지
- 폐기물의 누출 금지
- 폐기물이 허가받은 사람에 의해 운반됨을 보증하는 것

환경보호관리법 1991(Environment Protection (Duty of Care) Regulation)은 폐기물이 운송 전에 충분히 기술되고, 기록들이 2년 동안 보존됨을 보증하기 위해 화물운송장과 서류체계를 확립하였다.

폐기물관리면허에 따르지 않고, 관리폐기물의 처리, 유지, 폐기를 하는 것은 EPA에 위반이다. 폐기물관리면허규정 1994(Waste Management Licensing Regulation)에 따라, 동물부산물은 수집과 운반이 동물부산물명령 1992 (Animals By-product Order)에 따른다면 산업 혹은 상업폐기물처럼 처리되지 않는다.

폐기물의 수집운반 규칙(Collection and Disposal of Waste Regulations 1988)은 생산자의 구역 내에 그 것이 다른 곳으로 폐기될 때까지 관리폐기물의 저장을 허용한다. 특별폐기물 혹은 다른 위험폐기물이 저장되고 취급되는 곳에서, COI ISS 규정이 적용된다.

EPA는 다음의 어떤 것으로 법에 명시된 일을 정의하고 있다:

- 어떠한 구역들
- 구역에서 발생하는 연기
- 어떠한 축적 혹은 침전물
- 어떠한 동물들
- 구역 내에서 발생하는 소음 (진동포함)

그들은 건강에 해롭거나 혹은 귀찮은 것이다 (다른 사항의 편리 혹은 편안함을 방해하는 불법). 최근에 지방당국은 법률적인 소란행위가 발생할 지역에 폐기 경고를 내릴 권한을 갖게 되었다. 어떠한 예외문제에 대하여, '최선의 실행방법들'은 귀 찮은 문제를 방지하기 위해 사용된다.

EPA는 회사가 환경적 위법행위에 포함된 곳에서 회사의 행정가 혹은 관리자에 대한 개인배상책임(personal liability)의 개념을 도입하였다.

연기배출(Smoke emission)

청정공기법(Clean Air Act 1956)에서는 연기(smoke)는 연기에 포함된 그을음, 재, 연마가루 등을 포함하여 정의하고 있다. HSWA는 독성 혹은 해로운 물질의 대기 방출을 방지하고, 배출될 수 있는 물질이 해롭지 않도록 만들기 위한 최선의 실행방법을 사용할 의무를 갖는다. 건강과 안전규정(Health and Safety (Emissions into the Atmosphere) Regulations 1983)은 HSWA에 적용되는 독성이 있고 해로운 물질과 구역을 목록화했다. 이러한 목록은 건강과 안전 개정규정 1989에 의해 확대되었다. 이러한 사항들은 EPA에 의해 관리되고 있다.

오염 HP사찰관(Her Majesty's Inspectorate of Pollution, HMIP)은 사용자에게 개선명령을 제시할 수 있다. 만약 HMIP가 오염이 심각한 개인 손상의 원인이 될 수 있다고 생각한다면 그들은 금지명령을 내릴 수 있다.

오염관리법 1974(Control of Pollution Act)는 지방당국에 사찰의 권한을 부여하도록 개정하였다. 청정대기법 1956, 1968, 1993은 지역당국이 '연기관리지역(smoke control area)'처럼 그들의 제한구역을 설정할 수 있도록 허용하였다.

연기오염관리법 (Control of Smoke Pollution Act 1989)은 매연(dark smoke) 배출의 원인이되는 사람을 포함하기 위해 사용자를 넘어 매연 배출의 위법행위로 확대되었다. '매연'은 링겔만 매연 농도표(Ringelmann smoke scale)에서 탁한 정도가 2단계(shade 2)를 초과하는 물질이다.

수질오염(Water pollution)

Directive76/464/EEC와 유사한 일련의 조항들은 강물로 제한된 물질의 방출관리를 다루고 있다. 자세한 내용은 수자원법(Water Resources Act 1991)에 확립되었다. 수로로 폐수와 화수의 배출은 필요한 허가를 환경당국으로부터 확보했을 경우에만 허용된다.

동물사육폐기물(Animal house waste)

동물법 (Animal (Scientific Procedures) Act 1986)의 COP는 다음을 권장한다: 폐기전에 무해충 폐기물 수집구역이 폐기물 처리를 위해 제공되어야 한다. 특별한 절차는 사체, 방사성폐기물 혹은 다른 해로운 물질을 취급하기 위해서 제공되어야 하며, 감염성, 독성 혹은 방사성 활성 사체는 위험성이 존재하지 않는 상태로 폐기되어야 한다.

동물시설로부터 동물사체, 조직, 체액, 주사바늘, 주사기 등은 관리폐기물규정(Controlled Waste Regulations 1992)에 따라 임상폐기물(clinical waste)로 분류되며, 위험병원체에 자문위원회(Advisory Committee on Dangerous Pathogens)와 보건자문위원회(Health Services Advisory Committee)의 특별관리대상이 된다.

안전정책은 폐기물의 표시, 색깔코드, 분류, 적절한 포장, 이동 그리고 폐기를 위한 절차로 구성되어 있다. 방사선 활성물질의 폐기물 기록은 보관되어야 한다. 소각로와 관련된 위험성은 날카로운 것과 방사능의 존재에 대한 것이다. 폐기물 배출자는 이러한 일을 수행하는 허가받은 폐기물관리자 혹은 허가받은 폐기물운반자가 안전하게 폐기물을 운반하도록 관리할 의무를 갖는다.

폐기물 폐기의 단속(Enforcement (waste disposal))

특별관리를 수행하는 폐기물 관리 담당국(Waste Regulation Authority)은 영국의 대부분지역에서 국가의회이며, Wales, Islands 지방의회, Scotland 지방의회 그리고 수도권에서 처럼 특별담당국이 있다. 런던 담당국은 Guidelines for Segregation, Handling and Transport of Clinical Waste (1989)을 갖고 있다.

표시와 알림 *Signs and notices*

건강과 안전규정(Health and Safety (Safety Signs and Signals) Regulations 1996)은 EC 표시명령 92/58/EEC(EC Safety Signs Directive 92/58/EEC)로 실행되고 있다. 규정은 어떠한 안전표시를 제공하고, 유지할 것을 고용주에게 요구한다. 작업장에서 건강과 안전관리 규정(Management of Health and Safety at Work Regulation 1992)의 규정3에 따라 그들의 위해성의 평가는 안전 표시에 제공될 수 있는 유용한 정보로서 잔여 위해성을 확인하도록 하고 있다.

규정의 목적을 위한 안전표시는 일반표시기, 간판(illuminated sign), 음향표시, 수신호 등이 포함된다. 화재표시도 포함된다. 작업장 내에서, 필요한 곳에서 교통표시에 대한 것도 요구된다.

종업원을 위한 건강과 안전정보 규정(Health and Safety Information for Employees Regulations 1989)에 따라, 고용주는 다음을 준비하여야 한다:

- 각 층 및 작업실에 온도계
- '건강과 안전법-당신이 알아야하는 것' 포스터
- 관련 규정의 요약본 및 복사본
- 구급상자 담당자(혹은 사람들)에 관한 알림
- 고용주 보상책임법(employers liability act 1969)에서 요구하는 보험증서
- 방화안전증명서(fire certificate)에 따른 어떤 필요한 정보
- 관련 조사당국, HSE와 종업원 의료 자문서비스(employment medical advisory service)의 지역주소

손상제한 Damage limitation

응급처치 *First aid*

응급처치 제공에 대한 의무는 건강과 안전규정(Health and Safety (First-Aid)

Regulations 1981)에서 다루고 있다. ACOP와 가이드라인은 1977년에 개정되었다. 규정은 다음과 같이 3개의 의무사항을 규정하였다:

◆ 응급처치를 제공하기 위한 고용주의 의무

◆ 근로자에게 응급치료에 필요한 정보를 제공해야 하는 고용주의 의무

◆ 응급처지에 필요한 장비를 제공하여야 하는 자영업자의 의무

응급처치는 '간호'가 아니며, 그것은 사고나 위험발생 현장에서 손상을 최소화하기 위한 특별하고 제한적인 활동이다. 건강과 안전(응급처치) 규정 1981은 응급처치의 정의에 정제약(tablet) 혹은 치료제(medicine)의 처치와 같은 사소한 질병(minor illness)을 포함하지 않는다.

1997 ACOP는 실제 작업장에서 예측가능하게 존재하거나 있을 수 있는 위험에 대한 평가를 수행하고, 만약 그들이 존재한다면 독성물질에 대한 해독제를 제공하는 것과 같은 적절하고, 충분한 응급처치수단을 제공하도록 고용주의 의무를 제시하고 있다.

응급실과 응급치료사의 범위와 분포는 모든 종업원들이 빨리 그리고 쉽게 접근 할 수 있어야 한다. 이러한 것의 범주는 종업원의 수, 작업활동의 특성, 위치와 체계에 따른 작업자의 분포 등이 고려되어야 한다.

응급처치 정보는 사용절차를 포함하여야 하며, 모든 종업원들은 배치의 변화에 대해 공지를 받아야만 한다. 응급처치실은 분명하게 표시되어야 하고, 이름과 위치는 문앞에 붙여야 한다.

ACOP에서는 응급치료사는 응급처리자격증(first aid certificate)을 보유한 사람을 적절한 사람으로 정의한다. 이 자격증은 3년 동안 유효하다. 기간이 만료되었을 경우 재교육과 재시험을 치러야 한다. 만일 응급치료사가 없다면, 책임을 수행할 사람을 지정하는 것이 규정에 적합한 것으로 승인된다.

◆ 질병환자나 부상자가 의료나 간호행위를 요구하는 어떤 상황

◆ 응급치료사가 없는 동안의 어떤 응급 장비와 시설

지정된 사람은 응급상황의 첫 번째 도움이상의 다른 응급처치를 제공하지 못하지만, 전문적인 보조의 책임이 주어진다.

만약 혼자 일하는 작업자가 작은 상해를 당했다면, 그는 구급상자를 사용하거나 전화로 도움을 요청할 수 있다. 좀 더 심각한 상해가 발생한 곳에서, 도움을 줄 수 있는 동료가 없는 것은 불충분한 응급처치로 구성된 것으로 볼 수 있다. 이부로부터 간간이 걸려오는 전화는 혼자 작업하는 작업자의 상태를 확인하기 위한 방법으로 사용될 수 있다.

사고 *Accidents*

사고는 손해 혹은 부상의 원인이 되는 예견되지 않은 사건이지만, 예상과 계획은 사고발생의 위해성을 줄이고 그들의 피해를 최소화할 수 있다.

산업재해, 직업병 및 위험발생 보고규정(Reporting of Injuries, Diseases and Dangerous Occurrences Regulations 1995, RIDDOR)은 아래와 같은 사항에 대하여 관리당국에 대한 보고와 위해작업장에서 활동에 대한 책임이 있는 사람의 의무를 명시하고 있다.

- ◆ 치명적 사고
- ◆ 커다란 부상사고 및 상황
- ◆ 심각한 특성의 위험 발생
- ◆ 3일 이상 작업능력을 상실하게 만든 사고
- ◆ 작업과 관련된 질환(산업재해의 부분에서 언급)
- ◆ 가스의 안전한 공급을 다루는 문제

사회보장 규정(Social Security (Claims and Payments) Regulations 1979)에 따라, 작업장에서 사고로 부상을 당한 종업원은 가능한 빨리 고용주에게 구두 혹은 글을 통해 즉시 알려야 한다. 고용주는 보고된 모든 사고의 상황을 연구하기 위한 합리적인 단계를 수행하여야 하며, 종업원들에 의해 제공된 정보와 그들이 발견한 사실들 사이에 차이점을 기록해야 한다. 확립된 안전정책에서는 내부적인 보고절차를 설명해야 한다. RIDDOR에 대한 가이드는 HSE (HSE 31 1995, L73 1996)으로부터 이용할 수 있다. 사고뿐만 아니라 병원체의 탈출은 중요하며 보고되어야 한다. '위기일발(near misses)'은 안전정책을 검토하기 위해서 필요한 사항을 나타낸다.

기록물보관(Record-keeping)

어떠한 사고 혹은 위험발생에 따른 세부사항은 3년동안 보관해야 한다: 날짜와 시간, 희생자의 이름 및 직업, 상해 내용, 발생지점, 상황 · 보고되어야 하는 질병의 경우, 영향받은 사람의 직업과 질병의 특성은 기록되어야만 한다.

사고기록은 10인 혹은 그 이상의 사람이 근무하는 작업장에 대해서 사회보장규정(Social Security Claims and Payments) Regulations 1979)에서 요구한다. 비록 미세한 손상이라고 할 지라도 다음 사항에 대해서는 기록해야 한다: 부상자의 이름, 주소, 직업, 사고일자, 장소, 사고원인.

이러한 기록이 거짓으로 판명되었을 때에는 법에 의거하여 처벌을 받게 된다.

책임 *Liability*

이것은 불법행위와 관련된 법의 복잡한 영역이다 - 즉 이것은 형사법이 아닌 민사법이다. 민법의 경우는 처벌에 부담보다는 보상에 대한 죄를 포함한다. 손해배상을 요구하는 원고는 그의 주장이 사실임을 입증하여야 한다. 상대방(피고)는 그의 주장을 반박할 증거를 제시하여야 한다. 민법의 경우에, 청구인은 개연성 확률(balance of probability)상에 그의 경우를 증명하는 것으로 충분하다.

소유주의 책임(occupier's liability)

소유주책임법(Occupier's liability Act 1984)에 따라, 소유자는 그의 방문자에 대한 주의 의무(duty of care)를 가지고 있다. HSWA는 이 규정을 보다 더 강화하였다. 그들에게 주어지는 정보는 그들이 접촉해야하는 위험의 특성과 범위 그리고 구역 내에서 수행되는 활동에 상응해야한다. 안내서와 경고는 카드에 인쇄형태로 주어져야 한다.

무단침입자(Trespassers). 불법침입자가 직면하게되는 위험을 알고 있는 소유자는 인도적 의무(humanity duty)를 갖는다 – 일반적인 감정 혹은 인간성으로서 이러한 단계에서 수행해야 할 의무는 위험을 방지하기 위해 고지하는 것이다.

대리 책임(vicarious liability)

비록 근로자가 고용주의 명령에 고의적으로 불복종한 것으로 보여질 지라도, 고용주는 종업원의 위법 혹은 불법행위에 대한 민사 혹은 형사적인 책임을 갖는다. 종업원은 장비를 고려하여 신중하게 행동하지 못한 것에 대하여 혹은 작업장에서 다른 사람과 그들 스스로 합리적인 책임을 다하지 않은 것에 대해 HSWA에 따라 법적인 책임을 갖는다.

법적책임은 고용주와의 계약에 따라 계약자의 작업행동에 대하여 초래될 수 있다. 그러므로, 계약자의 작업은 면밀히 통제되어야 한다.

고용주 책임(Employer's liability)

법률개혁법 (Law Reform (Personal Injuries) Act 1948)에 따라, 고용주는 다른 종업원의 불법행위에 의해 유발된 종업원의 상해에 대한 책임이 있다. 고용주 책임법 (Employers' Liability (Defective Equipment) Act 1969)은 제3자의 전체 혹은 일부의 잘못으로 장비 결합이 원인이 되어 종업원에세 지속된 상헤가 발생하면 고용주의 법적 책임을 규정하였다.

고용주의 법률적 엄격함은 지나치게 강조될 수 없다. 만약 자체의 규칙을 감시하기 위한 결정적인 원인이 없었다면, 고용주는 발생한 어떠한 손상에 대한 부분적인 책임만을 지게될 것이다.

해고는 건강과 안전이유의 경우에 발생할 수 있다. 예를 들어:

- 종업원의 불안전 혹은 무모한 행동
- 안전한 직업 수행에 필요한 종업원의 능력 미비
- 명령 복종에 대한 종업원의 거부

해고에 대한 근거는 합리적이어야 한다. 만약 종업원의 해고가 고용주의 안전하지 못한 업무수행에 의해서 초래된다면, 근무환경을 따라 잡지못하는 해고(건설적 해고)와 불공정한 해고가 발생할 수 있다.

청구(Claims)와 혜택(benefits)

보상은 사람 혹은 재산상에 손상 혹은 상실에 대한 수선과 치료를 위해 지불되는 것이다. 건강과 안전의 측면에서, 보상의 두 가지 기본형이 고려되어야 한다:

a) 개인의 고용 과정에서 혹은 사고의 발생에 대한 보상 혹은 고용 과정에서 계약된 질병에 대해서는 법정질병급여(Statutory Sick Pay SSP), 국가보상질병급여(National Insurance sickness benefit), 국가보상장애급여(NI disablement benefit)를 이용할 수 있다.

b) 태만, 법령상의 의무위반(Breach of Statutory Duty) 및 기타 위법행위로 인해 겪게되는 기능 상실에 대한 손상은 민법에서 보상받는다.

산업재해를 겪는 종업원 혹은 SSP에 해당하는 종업원은 이러한 체계하에서 고용주로부터 규정된 비율로 보상을 지급을 받는다. 만약 종업원이 SSP지급에서 제외된다면, 고용주는 교환형태의 SSP를 제공해야만 한다.

종업원이 작업 시에 발생하는 사고는 만약 반대의 증거가 없다면 고용과정에서 발생하는 것으로 처리된다. 만약 종업원이 고용주에 의해서 제공되는 운반수단으로 작업장으로부터 혹은 작업장으로 가는 운송과정 동안 손상을 받았다면, 그들은 작업시간으로 처리된다.

만약 종업원이 고용주에 의해 금지된 어떤 것 혹은 관련법률 조항의 어떤 것에 반대되는 행위를 하는 동안 상해를 당했더라도, 혜택은 지불될 수 있으며, 조업원들이 수행했던 것들이 고용주의 사업의 목적을 위해 제공된다면 종업원의 직업 범주내에 있는 것으로 보기 때문이다. 유사하게, 상해를 받은 다른 사람 혹은 상해의 위험에 놓여있는 사람을 도와주는 동안 혹은 재산상의 심각한 피해를 최소화하거나 피하기 위해 수행하는 동안 상해를 받은 종업원은 혜택을 제공하기 위해 자격이 부여된다.

만약 손상이 고용과정에서 지속적으로 발생하였고, 종업원이 사고의 발생에 직접 혹은 간접적으로 유도 혹은 기여하지 않았면, 다른 사람의 나태 혹은 잘못된 실행에 의해 혹은 동물의 행동에 의해 혹은 어떤 물건이나 혹은 조명에 의해 손상을 받은 종업원도 혜택을 받을 것이다.

업무상의 질병(industrial disease)

만약 한 사람이 의사의 검사결과, 그들의 건강에 심각한 위험성 없이 실제 업무수행을 지속할 수 없다면, 의사는 특별 혹은 무기한 기간 동안 이 사람의 업무를 중단할 수 있다.

고용보호법(Employment Protection (Consolidation) Act 1978)에서는 법률적 조항에 따라 시행되는 어떤 요구사항의 결과에서 의학적인 진단에 따라 업무가 중단된 사람에게 유예기간 동안 (최대 26주 동안) 고용주에 의해서 보수가 지급될 자격을 준다. 이러한 종업원은 만약 유예기간에 그들이 고용주에 의해서 시행되는 합리적인 요구사항을 준수하지 않거나 혹은 고용주에 의해서 만들어진 적절한 다른 작업의 제안을 거부한다면, 지불을 받을 자격이 없다. 종업원이 이러한 조항으로부터 혜택받기 위해서는 매주 16시간 이상 그리고 적어도 한달 동안 고용되어야 한다. 의학적 진단에 따라 해고된 사람은 노동재판소(industrial tribunal)를 통하여 부당해고에 대한 손해배상을 청구할 수 있다.

완성된 혹은 서명된 보고서들은 책임의 인정으로 간주되지 않기 때문에, 이러한 다양한 주장을 인식하는 것은 중요하다.

기본적 요구 Bases of claims

계약위반 소송(breach of statutory duty)

법적 요구사항을 준수하지 않은 사람은 행위에 따른 부상이나 손실에 대하여 민법상에 책임을 진다.

과실(Negligence)

이것은 민법 법원에서 대부분 주장의 기초가 된다. 어떠한 위험이 손상, 상해 혹은 죽음의 원인이고 방지의 실패가 예견될 때 책임은 과실에 대하여 부여된다.

기여과실(Contributory negligence). 이것은 다른 사람의 잘못에 의한 부분과 자신의 잘못의 결과로 손상을 겪는 사람에게 적용된다. 기여과실은 자신의 안전에 대하여 원고에 의한 관리부주의를 증명함으로서 성립된다. 원고자신의 부주의는 손상의 원인으로 실제 작용하지 않았고 범위를 넓혔을 경우에 해당된다. 이러한 요인들은 보호장비가 상해를 입은 작업자에 의해 적절히 사용되지 않았을 경우에 밀접한 관련이 있다.

무과실책임(Strict liability)

개인의 목적을 위하여 동물을 집으로 데리고 왔거나 또는 그 곳에서 동물을 수집, 보관하고 있는 동안에, 만약 동물이 그들의 위험성을 유지한 상태로 탈출하여 피해를 입혔을 경우, 탈출의 결과로 나타나는 모든 손상에 대하여 우선적인 책임이 있다. 그리고 붐비는 도로를 통과하거나 공기 중에 병원균을 전파하는 탈출동물은 이러한 형태의 책임이 적용된다.

불법방해(Nuisance)

일부 불법방해는 공기청정법(Clean Air Act 1993)에 의해 금지된다. 연기, 냄새, 소음과 진동은 불법행위로 적용될 수 있다. 공해관리법(Control of Pollution

Act 1974)은 불법행위의 금지를 요구하기 위해 해당인에게 명령을 통지할 수 있는 권한을 지방당국에 부여한다.

동물에 대한 책임(Liability for animals)

동물법(Animal Act 1971)은 동물에 의한 상해와 손상에 대한 책임에 관한 과거의 관습법(common Law)을 통합하였다. 법은 원인이되는 위험에 대해 길들여지지않은 동물 종의 주인에게 책임이 있도록 했다. 길들여진 동물의 경우, 주인은 동물의 비정상적인 성향에 의한 손상에 대해서도 책임을 지도록 했다. S.6(5)는 특별히 동물실 직원에 해당된다: 동물 주인에 의해 직원으로 고용된 사람이 위험에 처한 경우, 그는 그것이 자발적으로 수행된 것으로 처리되지 않는다. 만약 종업원이 업무상 동물에 의해 손상을 받았고 보상에 대한 소송을 제기한다면, 이것은 법적책임에 맞서 불법에 대한 분명한 책임이 고용주에게 적용될 수 없음을 의미한다.

보험에 의한 보호 등 *Protection by insurance, etc.*

잠재적인 책임은 보험에 의해 보장된다. 이것은 보증액수, 포함된 위험성, 해당하는 사람, 그리고 정책에 포함된 법률적 비용이 고려되어야 한다. 모든 고용주는 종업원이 당하는 질병 혹은 신체손상에 대한 책임을 보증하기 위해 노동자책임법 (Emploter's Liability (Compulsory Insurance) Act 1969)을 준수한다. 노동자책임규정(Emploter's Liability (Compulsory Insurance) Regulation 1998)은 한번 발생하는 주장에 최소한 5백만 파운드를 보험에 가입할 것을 고용주에게 요구한다. 보험증서는 사업장에 공지하여야 한다.

법을 찾을 수 있는 곳 Where to find the law

영국(United kingdom)

법령과 법안은 다음으로부터 얻을 수 있다:
The Stationery Office (HMSO), PO Box 276, London SW8 sDT.
다음의 발간자료는 주기적으로 업데이트 된다:
Halsbury's Laws of England. London: Butterworth
Halsbury's Statutory Instruments. London: Butterworth

유럽연합(European legislation)

이러한 주제에 관한 정보는 다음으로부터 얻을 수 있다:

Jean Munnat House, 8 Storey's Gate, London SW183 AT. Tel: 020 7973 1900

Office Ior Official Publications of the EU, 2 Rue Mercier L-2985, Luxembourg

Celex (Communitas Europae Lex) available on CD-ROM, covers a compendium of EuropeanL Legislation

ECLAS (European Commission's Library Automated System). Eurobases, Commission of the EU, Rue de Loi 200, B-1049 Brussels, Belgium

영국의 실제법령 등(UK Codes of Practice etc)

이러한 법적 자료와 공식적인 문서에 대한 정보는 다음으로부터 얻을 수 있다:

Health and Safety Executive, Information Centre, Broad Lane, Sheffield S3 7HQ. Infoline: 0541 545500. Fax: 0114 289 2333.

HSE Books, PO Box 1999, Sudbury, Suffolk CO10 6FS. Tel: 01787 881165.

The Stationery Office Ltd, PO Box 276, Nine Elms Lane, London SW8 5DT. Tel: 020 7873 0011.

영국표준에 대한정보(일부는 유럽표준에 일치하지 않음) 는 다음으로부터 이용가능하다:

British Standards Institution, Standards Sales - Customer Services, 389 Chiswick High Road, London W4 4AL. Information Centre Tel: 020 8996 7111.

유럽표준은 다음에 의해 도출되었다:

Comité Européen de Normirisation, centrar Secretariat, Rue de stassart 36. B-1050 Brussels, Belgium

UK/EC정보의 다른 출처는 다음과 같은 데이터베이스가 있다:

Barbour Index, Health and safety professional Database, Barbour Index plc, Windsor, Berkshire.

Technical indexes Ltd, Willoughby Road, Brackneil, Berkshire RG12 8DW.

NB. 소송을 포함한 어떤 특별한 문제들은 가능한 빨리 법률전문가에게 자문을 구해야 한다.

다음의 발간문서는 교재안에 언급되었거나 관련된 정보의 다른 출처이다.

법령 *Statutes*

Agriculture (Miscellaneous Provisions) Act 1968
Animals Act 1971
Animal Health Act 1981
Animals (Scientific Procedures) Act 1986
Clean Air Act 1956, 1968, 1993

Consumer Protection Act 1987
Control of Pollution Act 1974
Control of Pollution (Amendment) Act 1989
Control of Smoke Pollution Act 1989
Crown Proceedings Act 1947
Dangerous Wild Animals Act 1976
Employers' Liability (Compulsory Insurance) Act 1969
Employers' Liability (Defective Equipment) Act 1969
Employment Protection (Consolidation) Act 1978
Environmental Protection Act 1990
European Communities Act 1972
Factories Act 1961
Fire Precautions Act 1971
Guard Dogs Act 1975
Health and Safety at Work etc. Act 1974
Industrial Diseases (Notification) Act 1981
Law Reform (Personal Injuries) Act 1948
Medicines Act 1968
Misuse of Drugs Act 1971
National Health Service (Amendment) Act 1986
Occupiers' Liability Act 1984
Offices, Shops and Railway Premises Act 1963
Poisons Act 1972
Public Health Act 1936 and 1961
Radioactive Substances Act 1948, 1960, 1993
Water Resources Act 1991

법령규제: 규칙 regulation, 훈령 orders, 규정 rules

많은 법령규제들이 법률조항에 의해 수정될 예정이다:

Animals and Animal Products (Import and Export) Regulations 1993 (SI 3247), 1995 (SI 2428)
Animals By-Product Order 1992 (SI 3303)
Anthrax Order 1991 (SI 2814)
Chemicals (Hazard Information and Packaging for Supply) Regulations 1994 (SI 3247) (CHIP 2), various amendments to 1999 (SI 197)
Collection and Disposal of Waste Regulations 1988 (SI 819)
Control of Pollution (Special Waste) Regulations 1980 (SI 1709)
Controlled Waste Regulations 1992 (SI 588)
COSHH Regulations 1988 (SI 1657), 1994 (SI 3246) and 1999 (SI 437)
Electricity at Work Regulations 1989 (SI 635)
Employers' Health and Safety Policy Statements (Exception) Regulations 1975 (SI 1584)
Employers' Liability (Compulsory Insurance) Regulations 1998 (SI 2573)
Environmental Protection (Duty of Care) Regulations 1991 (SI 2839)
Environmental Protection (Prescribed Processes and Substances) Regulations 1991 (SI 472)

Fire Precautions (Application for Certificate) Regulations 1989 (SI 77)
Fire Precautions (Workplace) Regulations 1997 (SI 1840)
Genetically Modified Organisms (Contained Use) Regulations 1992 (SI 3217) as amended 1998 (SI 1548)
Genetically Modified Organisms (Deliberate Release) Regulations 1992 (SI 3280), 1995 (SI 304)
Genetically Modified Organisms (Risk Assessment) (Records and Exemptions) Regulations 1996 (SI 1106)
Health and Safety (Display Screen Equipment) Regulations 1992 (SI 2792)
Health and Safety (Emissions into the Atmosphere) Regulations 1983 (SI 943), amended 1989 (SI 319)
Health and Safety (Enforcing Authority) Regulations 1998 (SI 494)
Health and Safety (First-Aid) Regulations 1981 (SI 917)
Health and Safety Information for Employees Regulations 1989 (SI 682)
Health and Safety Policy Statement (Exception) Regulations 1975 (SI 1584)
Health and Safety (Safety Signs and Signals) Regulations 1996 (SI 341)
Health and Safety (Training for Employment) Regulations 1990 (SI 1380)
Health and Safety (Young Persons) Regulations 1997 (SI 135)
Ionising Radiations Regulations 1985 (SI 1333)
Ionising Radiations (Outside Workers) Regulations 1993 (SI 2379)
Lifting Plant and Equipment (Records of Test and Examination, etc.) Regulations 1992 (SI 195)
Management of Health and Safety at Work Regulations 1992 (SI 2051), as amended 1994 (SI 2865) etc.
Manual Handling Operations Regulations 1992 (SI 2793)
Misuse of Drugs (Safe Custody) Regulations 1973 (SI 798)
Misuse of Drugs Regulations 1985 (SI 2066), 1995 (SI 3244), 1996 (SI 1597)
Noise at Work Regulations 1989 (SI 1790)
Notification of New Substances Regulations 1993 (SI 3050) (known as NONS)
Personal Protective Equipment at Work Regulations 1992 (SI 2966)
Personal Protective Equipment (EC Directive) Regulations 1992 (SI 3139) amended 1994 (SI 2326) and 1996 (SI 3039)
Poisons Rules 1982 (SI 218)
Poisons List Order 1978 (SI 2)
Prescription Only Medicines (Human Use) Order 1997 (SI 1830)
Pressure Systems and Transportable Gas Containers Regulations 1989 (SI 2169)
Provision and Use of Work Equipment Regulations 1992 (SI 2932), 1998 (SI 2306)
Public Information for Radiation Emergencies Regulations 1992 (SI 2997)
Rabies (Importation of Dogs, Cats and other Mammals) Order 1974 (SI 2211)
Rabies Virus Order 1979 (SI 135)
Radioactive Substances (Substances of Low Activity) Exemption (Amendment Order) 1992 (SI 647)
Reporting of Injuries, Diseases and Dangerous Occurrences Regulations 1995 (SI 3163) (known as RIDDOR)
Safety Representatives and Safety Committees Regulations 1977 (SI 500)
Social Security (Claims and Payments) Regulations 1979 (SI 628)
Social Security (Industrial Injuries) (Prescribed Diseases) Regulations 1985 (SI 967)
Special Waste Regulations 1996 (SI 972, 2019)

Special Waste Regulations 1996 (SI 972, 2019)
Special Waste (Amendment) Regulations 1996 (SI 2019), 1997 (SI 251)
Supply of Machinery (Safety) Regulations 1992 (SI 3073)
Waste Management Licensing Regulations 1994 (SI 1056)
Waste Management Regulations 1996 (SI 634)
Working Time Regulations 1998 (SI 1833)
Workplace (Health, Safety and Welfare) Regulations 1992 (SI 3004)
Zoonoses Order 1975 (SI 1030)

유럽 명령 *european directives*

Official Journal of the European Communities에서 발간된 자료

67/548/EEC: on the approximation of laws, regulations and administrative provisions relating to the classification, packaging and labelling of dangerous substances (Dangerous substances directive)

76/464/EEC: on pollution caused by certain dangerous substances discharged into the aquatic environment of the community

80/1107/EEC: on the protection of workers from the risks related to exposure to chemical, physical and biological agents at work

86/188/EEC: exposure to noise at work – protection of workers from the risks related to exposure to noise at work

86/609/EEC: on the approximation of laws, regulations and administrative provisions of member states regarding the protection of animals used for experimental and other scientific purposes

89/391/EEC: on the introduction of measures to encourage improvements in the safety and health of workers at work (general principles on health and safety – Framework directive)

89/392/EEC (amended in 91/368/EEC) and 93/37/EC: on the approximation of the laws of Member States relating to machinery (Machinery directives)

89/654/EEC: concerning the minimum safety and health requirements for the work place (Workplace directive)

89/655/EEC: concerning the minimum safety and health requirements for the use of work equipment by workers at work (Use of work equipment directive). Amended 95/63/EC

89/656/EEC: on the minimum health and safety requirements for the use by workers of personal protective equipment at the work place (Personal protective equipment directive)

89/686/EEC: on the approximation of the laws of the Member States relating to personal protective equipment (Personal protective equipment (PPE) directive); see also 93/68/EEC, 93/95/EEC, 96/58/EEC

90/219/EEC: on the contained use of genetically modified microorganisms. Amended 98/81/EC

90/220/EEC: on the deliberate release into the environment of genetically modified organisms

90/269/EEC: on the minimum health and safety requirements for the manual handling of loads where there is a risk particularly of back injury to workers (Manual handling of loads directive)

90/270/EEC: on the minimum safety and health requirements for work with display screen equipment (Display screen equipment directive)

90/394/EEC: on the protection of workers from the risks related to exposure to carcinogens at work (Carcinogens directive); since amended 97/42/EEC, 98/C 123/12

90/425/EEC and 92/60/EEC: veterinary and zootechnical checks applicable in intra-community trade in certain live animals and products with a view to the completion of the internal market

90/641/Euratom: on the operational protection of outside workers exposed to the risks of ionizing radiation during their activities in controlled areas

90/679/EEC (amended 93/88/EEC): on the protection of workers from risks related to exposure to biological agents at work (Biological agents directive)

91/322/EEC: on establishing indicative limit values by implementing Council Directive

91/383/EEC: supplementing the measures to encourage improvements in the safety and health at work of workers with a fixed duration employment relationship or a temporary employment relationship (Temporary workers directive)

92/58/EEC: on the minimum requirements for the provision of safety and/or health signs at work (Safety signs directive)

92/65/EEC: laying down animal health requirements governing trade in and imports into the Community of animals, semen, ova, and embyos not subject to animal health requirements laid down in specific Community rules referred to in 90/425/EEC (BALAI agreement)

92/85/EEC: on the introduction of measures to encourage improvements in the safety and health at work of pregnant workers etc. (Pregnant workers directive)

93/67/EEC: risks to man and the environment of substances notified in accordance with Council Directive 67/548/EEC (Risk assessment directive)

93/88/EEC: providing a community classification of biological agents

93/104/EEC: concerning certain aspects of the organisation of working time (Working time directive)

94/33/EC: on the protection of young people at work (Young workers directive)

96/29/Euratom: laying down the basic safety standards for the protection of the health of workers and the general public and workers against the dangers arising from ionizing radiation

96/55/EC: on the approximation of laws, regulations and administrative provisions of the Member States relating to restrictions on the marketing and use of certain dangerous substances and preparations which relates to supply of specified substances for use at work.

98/24/EC: protection of health and safety of workers from risks related to chemical agents at work

규정 *code*, 가이드 노트 *guide note* 그리고 권고 *advirsory literature*

다음의 발간자료는 아래의 주어진 주소의 HSE 혹은 법률사무소 (Stationery Office)로부터 얻을 수 있다.

가이드노트 시리즈는 다음의 5가지로 나눈다:

Chemical Safety (CS)
Environmental Hygiene (EH)
General Series (GS)
Medical Series (MS)
Plant and Machinery (PM)

안전에 관한 문헌에서 언급되는 다른 약어들은 다음과 같다:

COP	Codes of Practice
EH	Environmental Hygiene Series
HSC	Health and Safety Commission Leaflets
HS(G)	Health and Safety: Guidance Booklets
HS(R)	Health and Safety: Regulations Booklets
IND(G)	Industrial General Leaflets
L	Legislation Series (Leaflets)
SIR	Specialist Inspector Reports

많은 관련문서가 있으며, 그들의 대부분은 무료로 얻을 수 있다. 이것들은 시리즈와 숫자로 업데이트되며, 약어참고문헌은 충분한 확인을 위해 사용된다. 다음의 리스트는 교재에 순서적으로 제목에 따라 분류하였고, 법적준수에 대한 몇가지 방식을 서술한 많은 교재를 포함하고 있다.

작업장 등에서 건강과 안전법[Health and Safety at Work etc. Act (HSWA)]

HSC 2	Health and Safety at Work, etc. Act. The Act outlined 1994
HSC 3	Advice to employers 1995
HSC 5	Health and Safety at Work, etc. Act. Advice to Employees 1994
HSC 6	Writing a safety policy statement: Advice to employers, 1990
HSC	Management of health and safety at work regulations. ACOP 1992
HSE 23(Rev)	Health and safety legislation and trainees (A guide for employers) 1991
HS(G) 48	Human factors in industrial safety 1989
HS(G) 61	Surveillance of people exposed to health risks at work 1990
HS(G) 65	Successful health and safety management 1997
IND(G) 76L	Safe systems of work 1992
IND(G) 275	Managing health and safety – Five steps to success 1998

흡입(Inhalation)

HS(G) 37	An introduction to local exhaust ventilation 1993
HS(G) 53	The selection use and maintenance of respiratory protective equipment 1998
HS(G) 54	The maintenance, examination and testing of local exhaust ventilation 1998

소음(Noise)

HS(G) 56	Noise at work: Noise assessment information and control 1990
IND(G) 99(rev)	Noise at work – A guide for employees 1998

조명(Light)

HS(G) 38	Lighting at work 1997

승강기(Lifting)

HS(R)26	Guidance on the legal and administrative measures taken to implement the European Community Directives on Lifting and Mechanical Handling Appliances and Electrically Operated Lifts 1987
IND(G) 143L	Getting to grips with manual handling; a short guide for employers, 1993
IND(G) 110(rev)	Lighten the load: Guidance for employees on musculoskeletal disorders 1993
L20	A guide to the Lifting Plant and Equipment (Records of Testing and Examinations etc.) Regulations 1992
L23	Manual handling: guidance on regulations 1992

위해물질(Hazardous substances)

EH 40	Occupational exposure limits (annual)
EH 64	Summary criteria for occupational exposure limits 1998
HSC	Safety in health service laboratories: safe working and the prevention of infection in clinical laboratories 1991
HSE	The occupational zoonoses 1993
HSE 14 MDHS	Methods for the determination of hazardous substances (various years)
HS(G) 97	A step by step guide to COSHH assessments 1993
IND(G)91L(rev)	Drug abuse at work: a guide to employers 1990
IND(G)136(rev1)	COSHH: A brief guide to the regulations 1999
IND(G)181(L)	The complete idiot's guide to CHIP 2 1995
L5	General COSHH ACOP, Carcinogens ACOP (Control of Carcinogenic Substances) and Biological Agents ACOP (Control of Biological Agents) 1999 Control of Substances Hazardous to Health Regulations 1999
L62	ACOP Safety data sheets for substances and preparations dangerous for supply 1995 (ref CHIP2)
L63	Approved guide to the classification and labelling of substances and preparations dangerous for supply 1993 (ref CHIP2)
L86	Control of substances hazardous to health in fumigation operations 1996 (ACOP)

L115	Approved supply list. Information approved for the classification and labelling of substances dangerous for supply. 1998 (ref CHIP2)

방사선(Radiation)

HS(G) 49	The examination and testing of portable radiation instruments for external radiations 1990
HS(G) 90	VDUs. An easy guide to the regulations 1997
IND(G)36(revl)	Working with VDUs 1998
L7	Fees and charges Radioactive Substances Act Regulations 1993, 1995
L26	Display screen equipment work. Guidance on regulations 1992

장비(Equipment)

IACL16(Rev)	Protective clothing and footwear 1991
HSC	COP 37 Safety of pressure systems, 1990
HS(G) 57	Seating at work 1991, 1997
HS(R) 30	A guide to the Pressure Systems and Transportable Gas Containers Regulations 1990
L22	ACOP. Provision and use of work equipment 1998
L25	Personal protective equipment at work regulations. Guidance on regulations 1992

전력(Electricity)

HS(R) 25	A memorandum of guidance on the Electricity at Work Regulations 1989

다른 주제(Other topics)

Home Office	Fire precautions in the workplace. Information for employers about the Fire Precautions (Workplace) Regulations 1997, 1997
HSE	Watch your step: Prevention of slipping, tripping and falling accidents at work 1985
HSE 4(rev)	Employers' Liability (Compulsory Insurance) Act 1969: a short guide 1993
HSE 31	Everyone's guide to RIDDOR 95 1995
HS(G) 51	The storage of flammable liquids in containers 1990, 1998
IND(G) 113L	Your firm's injury records and how to use them 1991
IND(G) 118(L)	Policy statement on publication of reports on incidents 1991
L24	Workplace health, safety and welfare regulations 1992. ACOP and guidance 1992
L73	RIDDOR 95. A guide to the reporting of injuries, diseases and dangerous occurrences regulations 1995. 1996
L74	First-aid at work: The health and safety (first-aid) regulations 1981 approved code of practice and guidance 1997

영국표준 British Standards

EN은 Norme Europdene 혹은 유럽표준 (European Standard)이다. 다음의 리스트는 BS 발간자료 중 일부를 선정하였다.

흡입, 소음, 시력(Inhalation, noise, sight)

BS EN 141	Specifications for gas filters and combined filters used in respiratory protective equipment 1991
BS EN 143	Specification for particle filters used in respiratory protective equipment 1991
BS EN 149	Filtering half masks to protect against particles 1992
BS EN 165/166	Personal eye protection 1996
BS EN 352	Hearing protectors – safety requirements and testing 1993–97
BS EN 458	Hearing protectors – recommendations for selection, use, care and maintenance. Guidance document 1994

방사선(Radiation)

BS 5288	Sealed radioactive sources 1976
BS 6090	Personal photographic dosemeters 1981

컴퓨터 사용(Computer use)

BS 7033	Guide to the accommodation and operating environment for information technology (IT) equipment 1996
BS 7179 pt 5/6	Ergonomics of design and use of visual display terminals (VDTs) in offices 1990
BS EN 60950	Information technology equipment including electrical business equipment 1992

장비(Equipment)

BS 2646	Autoclaves for sterilisation in laboratories, 1991
BS 3813	Incinerators for waste from trade and residential premises
BS 5378	Safety signs and colours 1980/82
BS 5426	Workwear and career wear 1993
BS 5726 pt 4	Microbiological safety cabinets. Recomendations for selection, use and maintenance 1992
BS 7258	Laboratory fume cupboards 1994
BS 7320	Sharps containers 1990

소방(Fire)

BS 5266	Emergency lighting 1988
BS 5445	Components of automatic fire detection systems 1977-84

BS 5499	Fire safety signs, notices and graphic symbols 1990
BS 5839	Fire detection and alarm systems in buildings, 1988
BS EN 3 (1-6)	Portable fire extinguishers 1996

Other references and suggested additional reading

Advisory Committee on Dangerous Pathogens (ACDP) (1997) *Working safely with research animals: management of infection risks*. Sudbury: HSE Books

Advisory Committee on Dangerous Pathogens (ACDP) (1998) *Working safely with simians: Management of infection risks*. Sudbury: HSE Books

Association of the British Pharmaceutical Industry (1985) *Guidelines for the control of occupational exposure to therapeutic substances*. London: ABPI

Bell JC, Palmer SR, Payne JM (1988) *Zoonoses: infections transmitted from animals to man*. London: Edward Arnold

British Veterinary Association (1991) *COSHH: BVA guide to the initial assessment in veterinary practice*. London: BVA Publications

Collins CH, ed (1985) *Safety in biological laboratories*. London: Institute of Biology

Cooper ME (1987) *An introduction to animal law*. London: Academic Press

Croner Publications Ltd (Kingston upon Thames, KT2 6SR) (updated regularly) such as:
Croner's Dangerous Substances
Croner's Health and Safety Case Law Index
Croner's Substances Hazardous to Health
Croner's Premises Management
Croner's Environmental Management
Croner's Health and Safety at Work

Dewis M (1998) *Tolley's Health and Safety at Work*. Croydon: Tolley Publishing Company Ltd (regularly updated)

Health and Safety Commission (1995) Advisory Committee on Dangerous Pathogens. *Categorisation of biological agents according to hazard categories of containment*. 4th edn. Sudbury: HSE Books

Home Office (1989) *Code of practice for the housing and care of animals used in scientific procedures*. London: HMSO

James I, Preece D (1997) *Jordan's Health and Safety Management 1998*. Bristol: Jordan Publishing Ltd